数码摄影后期跨越性提升的320个致胜技巧

郑志强 谷岩 著

人民邮电出版社
北京

图书在版编目（CIP）数据

数码摄影后期跨越性提升的320个致胜技巧 / 郑志强，谷岩著. -- 北京 : 人民邮电出版社，2022.1
ISBN 978-7-115-57593-7

Ⅰ. ①数… Ⅱ. ①郑… ②谷… Ⅲ. ①数字照相机－摄影技术②图像处理软件 Ⅳ. ①TB86②J41③TP391.413

中国版本图书馆CIP数据核字(2021)第205363号

内 容 提 要

本书从零基础入门 Photoshop 与 ACR 开始介绍，进而讲解了明暗影调理论、ACR 全方位应用、Photoshop 常用工具的使用技巧、摄影后期的四大基石、五大调色原理、提升照片表现力的五大技法、二次构图、人像摄影后期技法、画质控制：合理锐化、学习摄影后期的思路、照片管理等内容。

本书内容由浅入深地展开，将大量的数码摄影后期知识总结为 320 个致胜技巧，为读者带来了知识的量化学习体验，让读者的学习变得更有节奏感、更轻松。相信读者经过本书系统的指导，再面对数码照片的后期处理时不会茫然无措，可以顺利地踏上精彩万分的摄影后期创作之旅。同时，希望本书对初学者的摄影后期水平的提升能有立竿见影的效果。

本书适合一般摄影爱好者、摄影从业人员阅读和参考。

◆ 著　　郑志强　谷　岩
　责任编辑　杨　婧
　责任印制　陈　犇
◆ 人民邮电出版社出版发行　　北京市丰台区成寿寺路 11 号
　邮编　100164　　电子邮件　315@ptpress.com.cn
　网址　https://www.ptpress.com.cn
　北京富诚彩色印刷有限公司印刷
◆ 开本：690×970　1/16
　印张：19.75　　2022 年 1 月第 1 版
　字数：476 千字　　2022 年 1 月北京第 1 次印刷

定价：118.00 元

读者服务热线：(010)81055296　印装质量热线：(010)81055316
反盗版热线：(010)81055315
广告经营许可证：京东市监广登字 20170147 号

前　言

Preface

想精通数码摄影后期技术，要注意两个方面：其一，对 Photoshop、ACR 等工具进行学习和掌握；其二，需要具有一定的审美和创意能力。

大部分初学者遇到的困难，主要出现在对后期软件的学习上。要想真正掌握数码摄影后期技术，我们不能太专注于后期软件的操作，而是应该先掌握一定的后期理论知识。举一个简单的例子，要学习后期调色，如果你先掌握了基本的色彩知识及混色原理，那后面的学习就很简单了，你只需花几分钟就能够掌握调色的技巧，并牢牢记住，再也不会忘记。这说明，学习数码摄影后期技术，我们不但要知其然，还要知其所以然，只有这样才能真正实现数码摄影后期的入门和提高。

当然，学好本书内容只是第一步，接下来你可能还要努力提升自己的美学修养，增强创意能力。

本套图书为广大读者准备了以下几个方向的学习教程，不同教程针对不同的摄影学习需求。

《摄影水平跨越性提升的 320 个致胜技巧》。

《风光摄影跨越性提升的 320 个致胜技巧》。

《人像摄影跨越性提升的 320 个致胜技巧》。

《数码摄影后期跨越性提升的 320 个致胜技巧》。

《手机摄影跨越性提升的 320 个致胜技巧》。

如果读者在学习过程中发现本书有欠妥之处，或对数码摄影后期等知识有进一步学习的需要，可以加入我们的摄影教学 QQ 群 7256518 或 151806681，与笔者（微信号 381153438）进行沟通和交流，还可以关注我们的公众号 shenduxingshe（深度行摄），学习更多的知识。

第1章 零基础入门Photoshop与ACR

第2章 明暗影调理论

第3章 ACR全方位应用

第4章 Photoshop常用工具的使用技巧

第5章 摄影后期的四大基石

第6章 五大调色原理

第7章 提升照片表现力的五大技法

第8章 二次构图

第9章 人像摄影后期技法

第10章 画质控制：合理锐化

第11章 学习摄影后期的思路

第12章 照片管理

第1章

零基础入门Photoshop与ACR

Chapter One

在正式学习摄影后期之前，摄影师需要提前掌握摄影后期处理常用工具Photoshop和ACR（Adobe Camera Raw的简称）的一些基本设置与基本操作。

本章将介绍Photoshop与ACR的一些基本设置与基本操作，为后续的学习做好准备。

1.1 Photoshop界面与基本操作

SKILL 001

Photoshop启动界面设置

安装好 Photoshop 之后，初次打开软件时会进入一个常规的主界面，如果之前没有使用过 Photoshop 或是新安装的 Photoshop 第一次启动，那么这个主界面就是空的。如果之前已经使用过 Photoshop，那么主界面中就会显示最近使用项，即使用过的照片的缩略图。在进行照片处理时，如果要打开之前使用过的照片，那么直接在主界面中单击这些缩略图即可。

打开照片之后，我们还可以设定关闭照片之后是否回到主界面，具体操作是，在“首选项”对话框的“常规”选项卡中勾选“自动显示主屏幕”复选框。这样之后如果我们关闭照片，软件就会自动回到主界面。

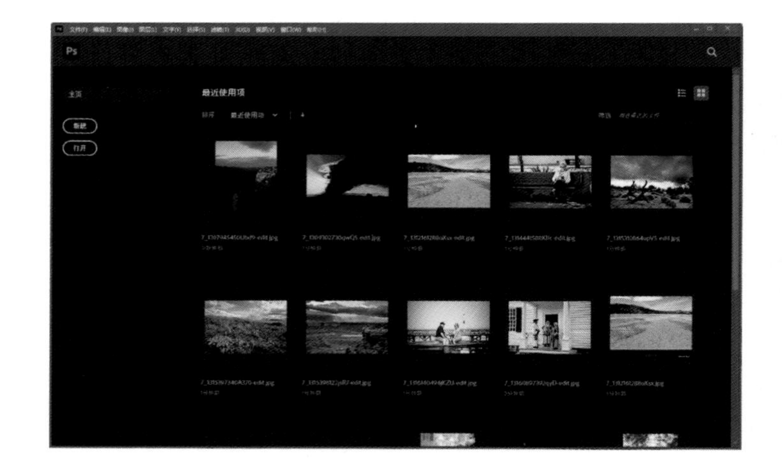

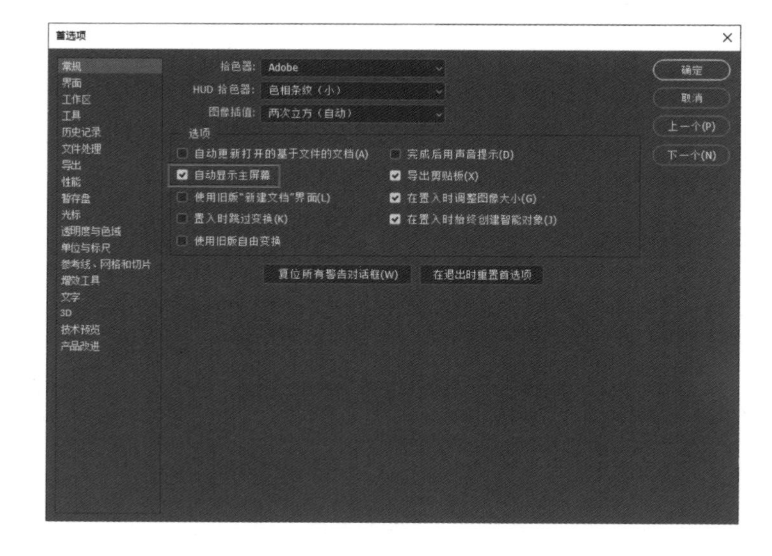

SKILL

002

单独打开照片

如果要单独打开其他照片，可以先在主界面左上角单击“打开”按钮，然后在“打开”对话框中单击选中要使用的照片，再单击右下角的“打开”按钮。当然，我们也可以在文件夹中单击选中要打开的照片，将其拖入 Photoshop 主界面左侧的空白处，这样也可以将照片在 Photoshop 中打开。

SKILL

003

Photoshop功能布局

Photoshop 主界面分为有很多区域，如果我们理清了各个区域的功能，那么后续的相关学习就会非常简单。在下页上图中，我们标注出了 Photoshop 主界面的不同功能版块，下面分别进行介绍。

①菜单栏。菜单栏集成了 Photoshop 绝大部分的功能和操作。通过菜单栏，我们还可以对软件的界面设置进行更改。

②工作区。工作区用于显示照片，包括显示照片的标题、像素、缩放比例、画面效果等。后续进行照片处理时，我们要随时关注工作区中显示的照片，并对照片进行局部的调整。

③工具栏。工具栏用于辅助我们使用其他功能对照片进行调整，当然，部分工具也可单独使用。

④选项栏。选项栏主要配合工具使用，用于设定工具的使用方式及参数。

⑤面板。该区域分布了大量展开的面板，部分面板处于折叠状态。

⑥处于折叠状态的面板。

⑦“最小化”“最大化”以及“关闭”按钮。

⑧“快捷操作”按钮，用于对主界面或整个 Photoshop 进行搜索，对界面布局进行设置等。

SKILL 004

Photoshop摄影界面设置

安装好 Photoshop 后，初次打开一张照片，我们看到的主界面可能如下方左图所示，面板的分布及工具栏中工具的分布并非像我们使用时看到的那样，后续我们可以将 Photoshop 主界面设置为符合自己使用习惯的处理照片的界面。

具体操作是，在 Photoshop 主界面的右上角单击展开工作区设置下拉菜单，在其中选择“摄影”选项，将 Photoshop 主界面设置为摄影界面。

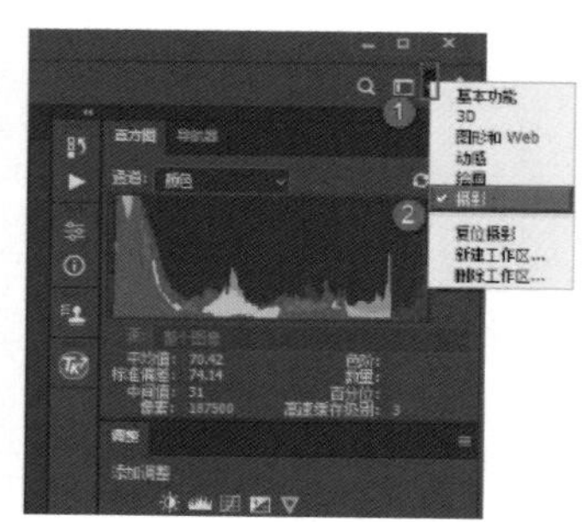

当然，打开“窗口”菜单，在其中选择“工作区”中的“摄影”命令，也可以将 Photoshop 主界面设置为摄影界面。

SKILL 005

Photoshop工具栏设定

默认状态下的 Photoshop 工具栏中，很多工具都处于单个摆放状态，这样会导致工具栏变得特别窄、特别高，使用起来不方便，因此可以对工具栏进行一定的设定。

具体设定时，在工具栏底部单击“编辑工具栏”按钮，选择“编辑工具栏”选项，打开“自定义工具栏”对话框，在其中我们可以看到许多工具都被拆分开了，这些被拆分开的工具会在工具栏中单独摆放，在此我们可以将其设置为折叠。

具体操作时，单击选中想要折叠的工具并将其拖动到另一个工具上，出现蓝框之后松开左键，这样就可以将这两个工具折叠起来。

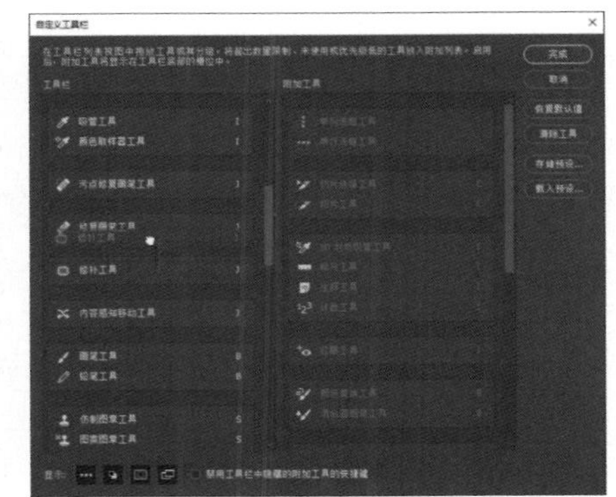

经过拖动之后，我们将“修复画笔工具”“修补工具”“内容感知移动工具”等几种工具折叠在了一起。在工具栏中，我们可以看到“污点修复画笔工具”右下角出现了一个三角标，单击该三角标可以展开这几种折叠的工具。

“自定义工具栏”对话框右侧是一些不经常使用的工具，如果个人偏好于使用一些比较特殊的工具，也可以从右侧的“附加工具”中单击选中某些工具并将其拖动到左侧，这样这些工具就会显示在工具栏中。设置完成之后，单击“完成”按钮即可返回。

我们还可以根据个人使用习惯单击工具栏上方的折叠按钮，将工具栏折叠为双栏的状态，再次单击又会将其变为单列显示。

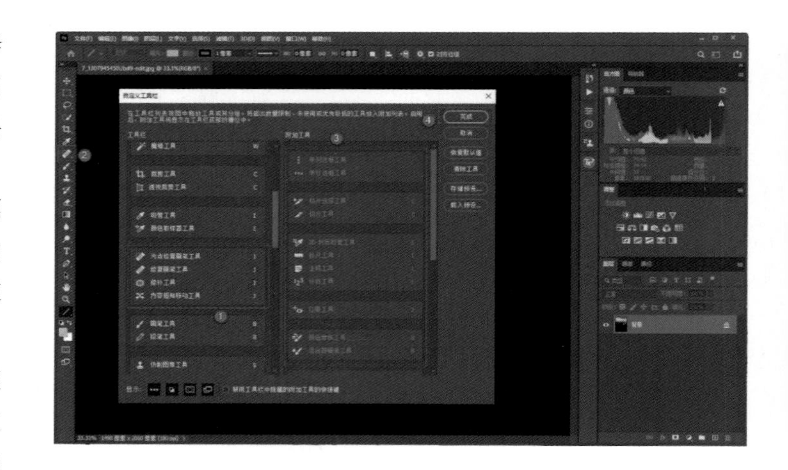

SKILL 006

Photoshop面板设定

Photoshop 主界面中的面板也可以根据个人的使用习惯以及照片显示的状态进行设定。比如，我们可以单击选中某个面板的标题栏并对其进行拖动，让其从停靠状态转变为漂浮状态。在下图中，我们就将“导航器”面板拖动到了工作区。

面板中也会有多个面板处于折叠状态。在处于折叠状态的面板中，标题高亮显示的是当前面板，非高亮显示的是处于折叠状态的面板，如右图所示的“图层”“通道”和“路径”3个面板中，我们可以看到“图层”的标题处于高亮显示状态，那么“通道”和“路径”就处于折叠状态，在后台运行。

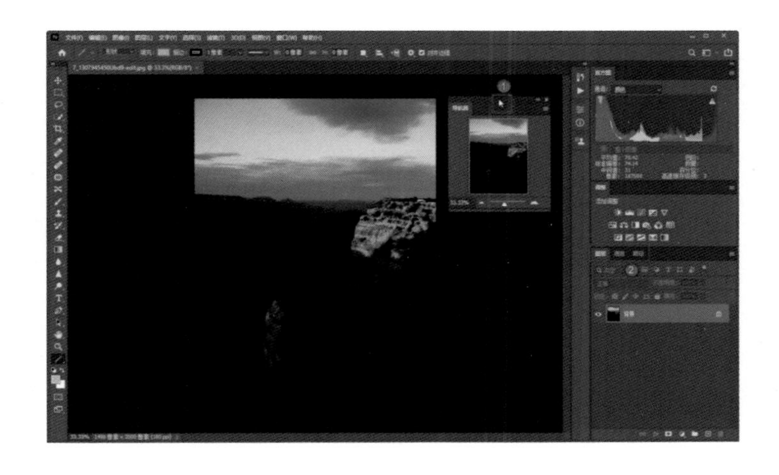

对于漂浮的面板，我们还可以通过选中其工具栏将其拖回到原先的停靠位置，拖动至停靠的面板的标题上出现蓝框时，松开左键就可以将漂浮的面板恢复原状。

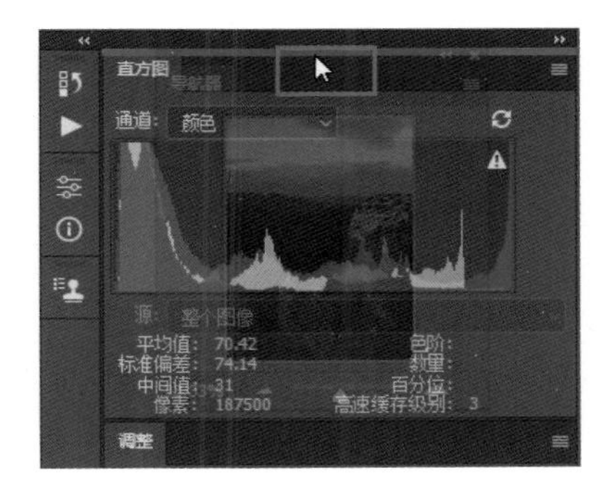

对于停靠的面板，单击选中其标题左右拖动，可以改变这些面板的排列次序。如果要激活后台运行的面板，则单击其标题栏即可让其在最前端显示，原来在前台显示的面板会处于后台。

之前介绍过，一部分面板处于展开状态，一部分处于折叠状态，还有一些折叠起来停靠在左侧的竖条上。除系统自带的面板之外，还有一些第三方的滤镜或插件，它们也可以停靠在竖条上。比如TK亮度蒙版这个插件，安装之后我们可以使其作为一种常态固定在竖条上。

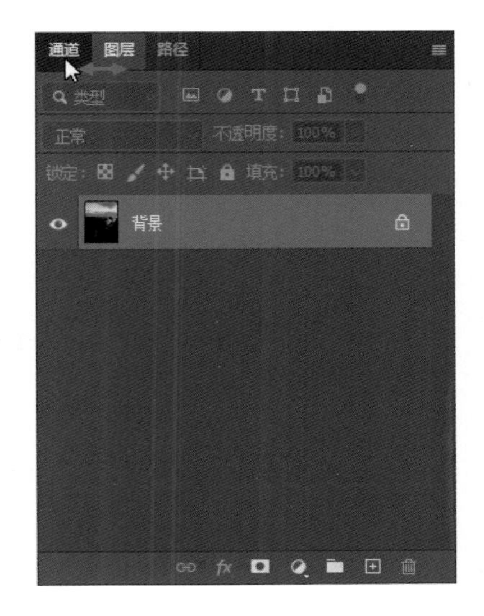

具体操作时，打开“窗口”菜单，在“扩展”选项中选择“TK7 Rapid Mask”，就可以将这个插件固定在竖条上。

对于Photoshop中所有的面板，我们都可以通过“窗口”菜单将其打开或关闭。打开“窗口”菜单之后，选择某个面板就可以将其打开，打开的面板为勾选状态，取消勾选相应的面板，就可以将其关闭。

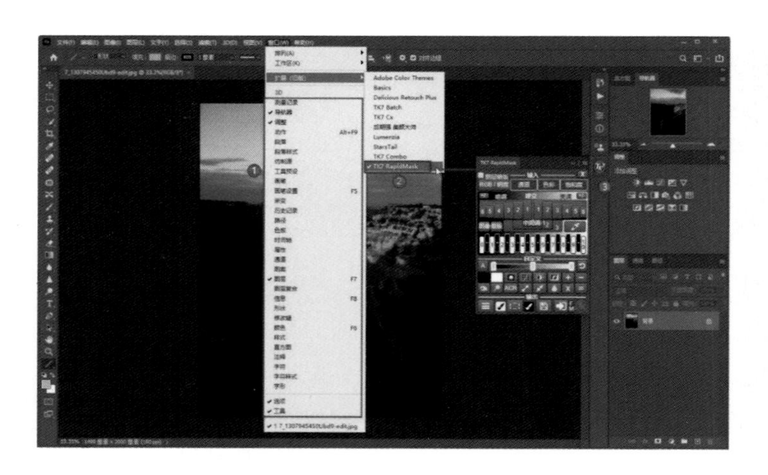

针对面板的设定，个人比较喜欢在上方显示“直方图”面板，中间显示“调整”面板，下方显示“图层”面板，而左侧的停靠区用于放置“历史记录”面板、“信息”面板以及安装的第三方工具。

对于“直方图”面板，默认显示的是紧凑视图，个人比较喜欢使用扩展视图，这样可以方便观察不同的直方图类型以及直方图下的一些具体信息。具体操作时，在“直方图”面板的右上角展开折叠菜单，在其中选择“扩展视图”选项即可。

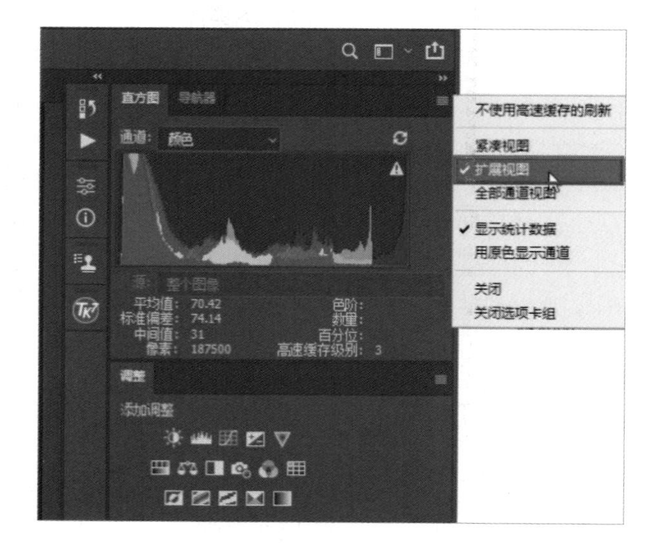

SKILL 007

色彩空间设定

进行照片处理时，色彩空间是非常重要的，我们需要提前进行一定的设定。

设定色彩空间时，在主界面中打开“编辑”菜单，选择“颜色设置”选项，打开“颜色设置”对话框，在其中将“工作空间”中的“RGB”设定为“Adobe RGB”，然后单击“确定”按钮，这样就将软件设定为了 Adobe RGB 色彩空间，这表示我们为软件这个处理照片的平台设定了一个比较大的色彩空间。当然此处也可以将“RGB”设定为 ProPhoto RGB，它有更大的色域，但是兼容性及普及性都稍稍差一些，有些初学者可能不太容易理解，后续进行单独查询相关资料和学习。

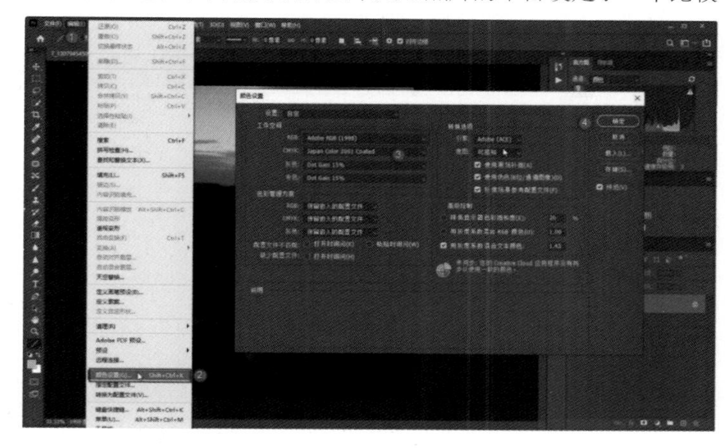

SKILL 008

输出色彩空间设定

设定输出色彩空间时，打开“编辑”菜单，选择“转换为配置文件”选项，打开“转换为配置文件”对话框，在其中将“目标空间”设定为“sRGB”，然后单击“确定”按钮。这表示我们处理完照片之后，将输出的照片设定为 sRGB，sRGB 的色域相对小一些，但是它的兼容性非常好。将照片设定为这种输出色彩空间之后，就可以确保照片在计算机、手机以及其他的显示设备中保持色彩一致，而不会出现照片在 Photoshop 中是一种色彩，在看图软件中是一种色彩，在手机中是一种色彩，在计算机中是一种色彩这样比较混乱的情况。

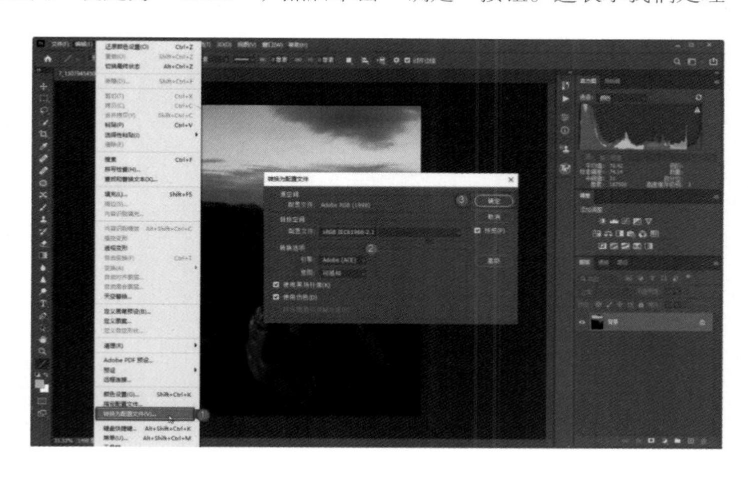

SKILL

009

色彩模式与位深度设定

对色彩模式与位深度的设定，主要是在“图像”菜单中进行。具体操作时，打开“图像”菜单，选择“模式”选项，在展开的选项列表中勾选“RGB 颜色”和“8 位 / 通道”选项。“RGB 颜色”是我们日常浏览以及处理照片所使用的一种最重要的模式，而“CMYK 颜色”主要用于印刷，“Lab 颜色”是一种比较老的在数码设备显示与印刷之间起衔接作用的色彩模式。通常情况下，我们将色彩模式设定为“RGB 颜色”即可。

位深度一般设定为“8 位 / 通道”。通常情况下，位深度越大越好，但是它与色彩空间相似，比较大的位深度的兼容性不是太理想，Photoshop 中绝大多数功能对“8 位 / 通道”的支持更好，如果将其设定为“16 位或 32 位 / 通道”，那么很多功能都是不支持的。

SKILL

010

照片尺寸设定

照片处理完毕之后，如果我们要缩小照片尺寸，将照片在网络上分享，可以展开“图像”菜单，选择“图像大小”选项，打开“图像大小”对话框，在其中缩小照片尺寸。

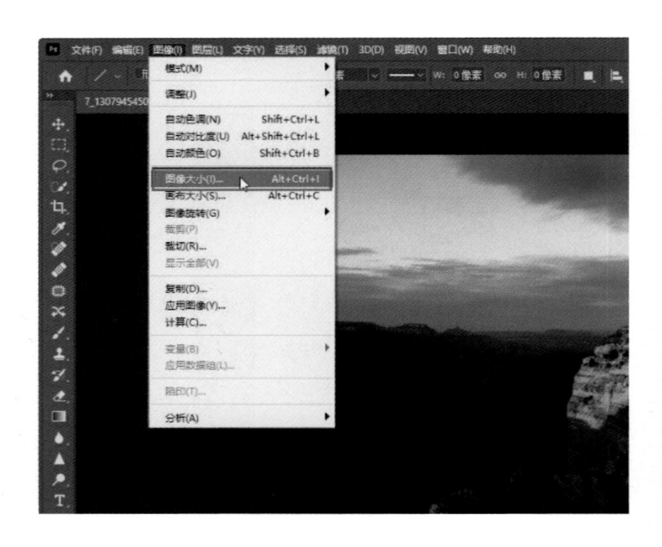

默认状态下，照片的长宽比处于锁定状态，如右图中我们设定了照片的高度为2000，那么照片的宽度就会根据照片原始的长宽比自动进行设定。

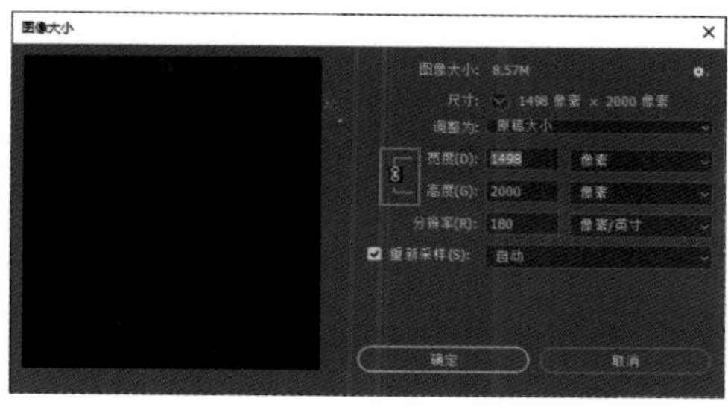

如果我们要改变照片的长宽比，可以取消照片尺寸左侧的链接按钮，取消之后可以看到链接图标上方和下方的连接线消失了，这表示照片的长宽比不再锁定，我们就可以根据自己的需求来调整照片的宽度和高度。比如，右图中我们将照片的高度改为了1000，但是宽度并没有随之发生变化，这是因为我们解除了照片尺寸长宽比的锁定状态。

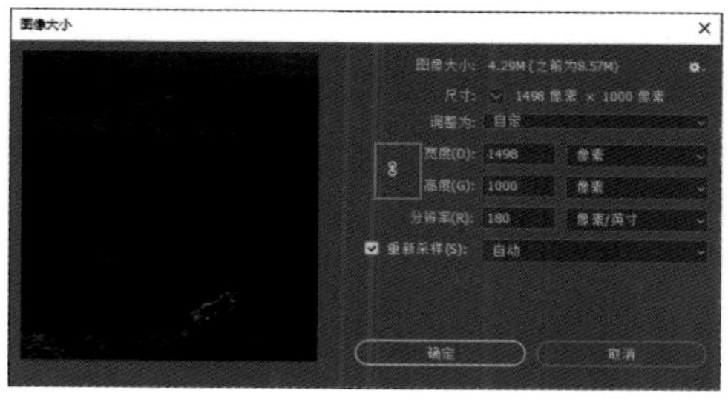

SKILL

011 照片画质设定

处理完照片进行保存时，展开“文件”菜单，选择“存储为”选项，打开“另存为”对话框，在其中我们设定的保存类型在大多数情况下都为JPEG格式，文件名之后会有“.jpg”或“JPG”的扩展名。

在“另存为”对话框右下方可以看到ICC配置文件为sRGB，这是因为我们在保存照片之前进行过色彩空间设定，表示照片与被设定为sRGB。单击“保存”按钮，这样会打开“JPEG格式选项”对话框。在其中我们可以设置照片画质，在“图像选项”组中，照片的品质可以设定为0 ~ 12中的任意数字，数字越大画质越好，数字越小画质越差。一般情况下，我们可以将照片的品质设定为10 ~ 12，以得到最佳画质。设定好之后单击“确定”按钮，这样我们就完成了照片从打开到配置再到保存的整个过程。

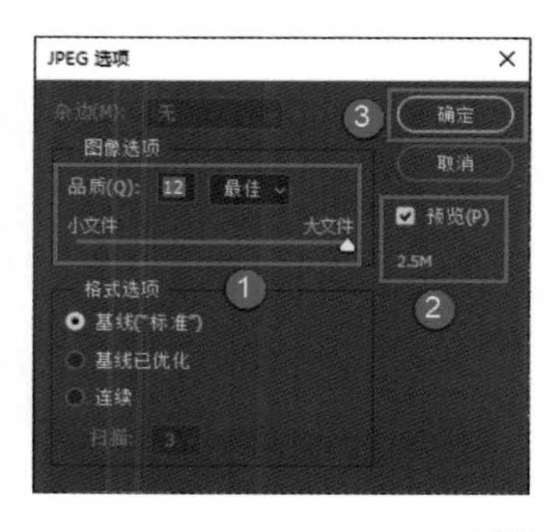

1.2 认识照片格式

SKILL 012

JPEG格式

JPEG 格式是摄影师最常用的照片格式，扩展名为 .jpg（可以在计算机内设定以大写还是小写字母的方式来显示扩展名，下图便是以小写字母 .jpg 的形式来显示的），因为JPEG 格式在高压缩性能和高显示品质之间找到了平衡，用通俗的话来说，即JPEG 格式的照片可以在占用很小空间的同时，具备很好的显示画质。并且，JPEG 格式是普及度和用户认知度都非常高的一种格式，我们的计算机、手机等设备自带的读图软件都可以畅行无阻地读取和显示这种格式的照片。对摄影师来说，无论什么时候，大多都要与这种照片格式打交道。

从技术的角度来讲，JPEG 格式可以把文件压缩得很小。在 Photoshop 中以JPEG 格式存储照片时，软件提供了 13 个压缩级别，以 0 ~ 12 级表示。其中 0 级压缩比最高，图像品质最差。以 12 级压缩比存储时，照片的压缩比例就会变小，这样照片所占的存储空间会增大。我们在计算机、手机中观看的照片往往不需要太高的画质，较小的存储空间和相对高的画质就是我们追求的目标，因此JPEG 格式是我们最常用的一种格式，它既能保证照片的质量，又可以大幅缩小照片的存储空间。

很多时候，当照片的压缩等级为 8 ~ 10 时，我们可以获得存储空间与图像质量的平衡。如果你有将照片用于商业或印刷的需求，将照片保存为JPEG 格式时建议采用压缩较少的等级 12 进行存储。

对于大部分摄影爱好者来说，无论最初拍摄的是 RAW、TIFF、DNG 格式的照片，还是曾经将照片保存为PSD格式，最终在计算机上浏览、在网络上分享照片时，通常还是要将照片转为JPEG 格式。

SKILL

013 RAW格式

从摄影的角度来看，RAW 格式与 JPEG 格式是绝佳的搭配。RAW 格式是数码单反相机的专用格式，是相机的感光元件 CMOS 或 CCD 图像感应器将捕捉到的光源信号转化为数字信号的原始数据。RAW 格式文件记录了相机传感器的原始信息，同时记录了相机拍摄时产生的一些原数据（如 ISO、快门速度、光圈值、白平衡等的设置）。RAW 格式是未经处理、也未经压缩的格式，我们可以把 RAW 格式概念化为“原始图像编码数据”，或更形象地称它为“数字底片”。不同的相机有不同的对应格式，如 NEF、CR2、CR3、ARW 等。

因为 RAW 格式文件保留了摄影师创作时的所有原始数据，照片没有因经过优化或压缩而产生细节损失，所以特别适合作为后期处理的底稿。

这样，我们可以将相机拍摄的 RAW 格式文件用于后期处理，最终转为 JPEG 格式照片，用于在计算机上查看和在网络上分享。所以说，这两种格式是绝佳的搭配！

在以前，计算机自带的看图软件往往无法读取 RAW 格式文件，并且许多读图软件也不行（当然，现在已经几乎不存在这个问题了）。从这个角度来看，RAW 格式在日常使用时并不方便。在 Photoshop 中，RAW 格式文件需要借助特定的增效工具 ACR 来进行读取和后期处理。

TIPS

单反相机拍摄的 RAW 格式文件是加密的，有自己独特的算法。这样一来，在相机厂商推出新机型后的一段时间内，作为第三方的 Adobe 公司（开发 Photoshop 与 Lightroom 等软件的公司）由于暂时不能解析新机型的 RAW 格式文件，所以 Photoshop 或 Lightroom 无法读取它们。只有在一段时间之后，Adobe 公司能够解析该新机型的 RAW 格式文件，我们才能使用 Photoshop 或 Lightroom 对其进行处理。

SKILL 014

XMP格式

如果利用ACR对RAW格式文件进行过处理，那你就会发现文件夹中出现了一个同名的文件，但扩展名是.XMP。该文件无法打开，是不能被识别的文件格式。

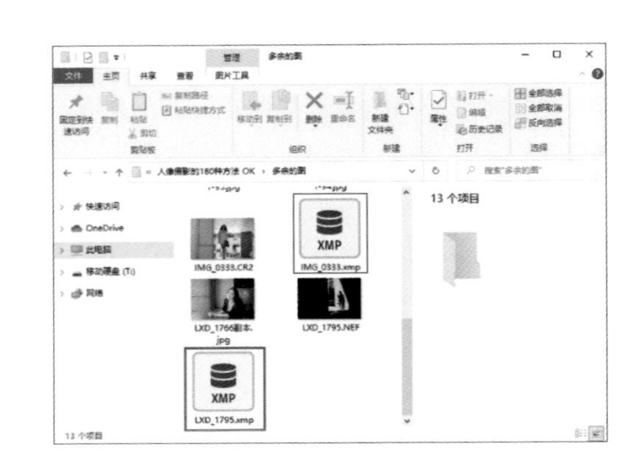

其实，XMP格式文件是一种操作记录文件，记录了我们对RAW格式文件进行的各种修改操作和参数设定，是一种经过加密的文件。正常情况下，该文件非常小，其占用的存储空间几乎可以忽略不计。但如果删除该文件，那么你对RAW格式文件进行的处理和操作就会消失。

SKILL 015

RAW格式与JPEG格式的对比

在后期处理方面，RAW格式比JPEG格式到底强在哪里呢？

1.RAW格式文件保留了所有原始信息

RAW格式文件就像一块未经加工的石料，如果将其压缩为JPEG格式照片，就像将石料加工成一座人物雕像。相信这个比喻可以让你很直观地了解RAW格式文件与JPEG格式文件的差别。在实际应用方面，将RAW格式文件导入后期软件后，我们可以直接调用日光、阴影、荧光灯、闪光灯等各种原始白平衡模式，从而实现更为准确的色彩还原，还可以如同在相机内设置照片风格（尼康与索尼称为“优化校准”）一样，在ACR中设定照片的风格。JPEG格式文件则不行，因为它已经在压缩过程中自动设定为某一种白平衡模式。另外，针对RAW格式文件，我们还可以对其色彩空间进行设置，而JPEG格式文件已经自动压缩为某种色彩空间（sRGB色彩空间较多）。

2.RAW 格式文件有更大的位深度，能确保照片有更丰富的细节和动态范围

打开一个 RAW 格式文件，在对照片进行大幅度的影调调整之后，画面的整体明暗发生了变化，追回了更多的暗部和高光区域的细节。针对 JPEG 格式文件进行这种处理时，暗部和高光区域的细节是无法追回太多的。

另外，我们在对 JPEG 格式文件进行明暗对比度调整时，文件经常会出现明暗过渡不够平滑、有明显断层的现象。这是因为 JPEG 格式是压缩后的照片格式，已经有一定的细节损失了。如下方这张 JPEG 格式的照片，处理后天空部分的过渡就不够平滑，出现了大量的波纹状断层。

之所以 RAW 格式文件能追回细节，而 JPEG 格式文件不行，主要是因为 RAW 格式文件与 JPEG 格式文件的位深度不同。JPEG 格式文件的位深度是 8 位，而 RAW 格式文件的位深度则为 12 位、14 位或 16 位。

JPEG 格式文件的位深度为 8 位，用通俗的话来说，即其 R、G、B 3 个色彩通道分别要用 28 级亮度来表现。

例如，我们在 Photoshop 中调色或调整明暗影调时，可以发现照片有 0 ~ 255 级亮度。这就说明所处理的照片有 256 级亮度，也就是有 2^8 级亮度，即位深度为 8 位。R 、G、B 3 个色彩通道分别都是 256 级亮度，3 种色彩通道任意组合，那么一共会组合出 256 × 256 × 256=16777216 种色彩。两者大致刚好能够匹配。

再来看 RAW 格式文件，差别就很大了。RAW 格式文件一般具有 12 位或更高的位深度，假设有 14 位的位深度，那么 R、G、B 三色通道分别具有 2^{14} 级亮度，最终构建出来的色彩数是 4398046511104。如此多的色彩数，远远超过了人眼能够识别的程度，这样的好处就是给后期处理带来了更大的余地，不会轻易出现 8 位位深度的照片会出现的宽容度不够的问题，如稍一提高曝光值就会出现高光过曝、细节损失的情况等。要注意的一点是，RAW 格式在转化为 JPEG 格式时，会转变为 8 位通道。

SKILL

016

DNG格式

如果理解了 RAW 格式，那么就很容易弄明白 DNG 格式。DNG 格式也是一种 RAW 格式，是 Adobe 公司开发的一种开源的 RAW 格式。Adobe 公司开发 DNG 格式的初衷是希望破除相机厂商在 RAW 格式方面的技术壁垒，从而形成一种统一的 RAW 格式文件标准，不再有细分的 CR2、NEF 等格式。虽然有哈苏、徕卡及理光等厂商的支持，但佳能及尼康等大众化的厂家并不买账，所以 DNG 格式并没有实现其开发的初衷。

当前，Adobe 公司的 Lightroom 会默认将 RAW 格式文件转为 DNG 格式文件进行处理，这样做的好处是不必产生额外的 XMP 记录文件，所以你在使用 Lightroom 进行原始文件照片处理后，是看不到 XMP 文件的。另外，Lightroom 在使用 DNG 格式原始文件进行修片时，处理速度可能要快于处理一般的 RAW 格式文件。但是 DNG 格式的缺陷也是显而易见的——兼容性是个大问题，当前 Adobe 旗下的软件支持这种格式，而其他的一些后期软件可能并不支持。

在 Lightroom 的首选项中，我们可以看到软件是以 DNG 格式对原始文件进行处理的。

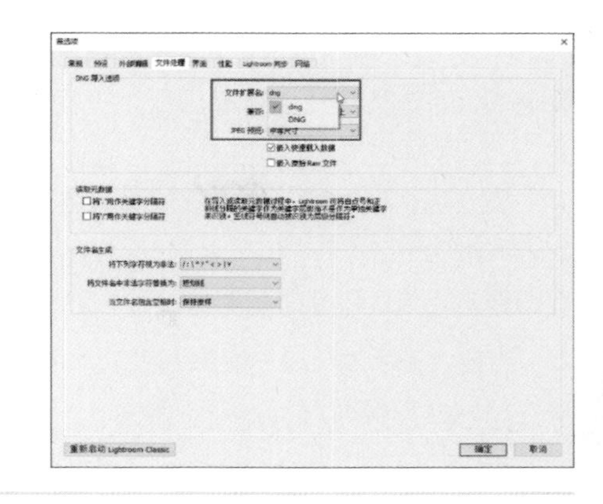

SKILL 017

PSD格式

PSD 格式是 Photoshop 的专用文件格式，文件扩展名是 .PSD 格式，它是一种无压缩的原始文件保存格式，我们也可以称之为 Photoshop 的工程文件格式（在计算机中双击 PSD 格式文件会自动打开 Photoshop 进行读取）。由于 PSD 格式可以记录所有之前的原始信息和操作步骤，因此对于尚未制作完成的图像，选用 PSD 格式保存是最佳的选择。保存以后再次打开 PSD 格式文件，之前编辑的图层、滤镜、调整图层等处理信息都存在，我们可以继续修改或者编辑。

因为 PSD 格式保存了所有的文件操作信息，所以 PSD 格式文件往往非常大，并且通用性很差，只能使用 Photoshop 读取和编辑，使用较为不便。

SKILL 018

TIFF格式

从对照片编辑信息的保存完整程度来看，TIFF 格式与 PSD 格式很像。TIFF 格式是由 Aldus 和 Microsoft 公司为印刷出版行业开发的一种较为通用的图像文件格式，扩展名为 .tif。TIFF 格式是现存图像文件格式中非常复杂的一种，好在它支持在多种计算机软件中进行图像读取和编辑。

当前几乎所有专业的照片输出，如印刷作品集等的输出，都会采用 TIFF 格式。文件以 TIFF 格式存储后会变得很大，但可以完整地保存照片信息。从摄影师的角度来看，如果要在确保照片有较高通用性的前提下保留图层信息，就可以将照片保存为 TIFF 格式；如果有印刷需求，也可以考虑将照片保存为 TIFF 格式。更多的时候，我们使用 TIFF 格式主要是看中其可以保留照片处理的图层信息。

PSD 格式文件是工作用文件，而 TIFF 格式文件更像是工作完成后输出的文件。我们在完成对 PSD 格式文件的处理后，如果将其输出为 TIFF 格式，就能确保在保存大量图层及编辑信息的前提下，使照片有较强的通用性。例如，假设我们对某张照片的处理没有完成，但必须要出门，就可以将照片保存为 PSD 格式，回家后可以重新打开保存的 PSD 格式文件继续进行后期处理；如果出门时将照片保存为 TIFF 格式，照片信息肯定会产生一定的压缩，我们返回后就无法继续进行很好的处理。而如果已经对照片处理完毕，又要保留图层信息，那将其保存为 TIFF 格式则是更好的选择；如果将其保存为 PSD 格式，则后续的使用会让你处处受限。

SKILL

019

GIF格式

GIF 格式可以存储多幅彩色图像，如果把存于一个文件中的多幅图像数据逐幅读出并显示到屏幕上，就可以构成一种最简单的动画（当然，也可能是一种静态的画面）。

GIF 格式自 1987 年由 CompuServe 公司引入后，因其体积小、成像相对清晰，特别适合于初期慢速的互联网，因而大受欢迎，当前很多网站首页的一些配图就是 GIF 格式的。将 GIF 格式的图片载入 Photoshop，可以看到它是由多个图层组成的，如右图所示。

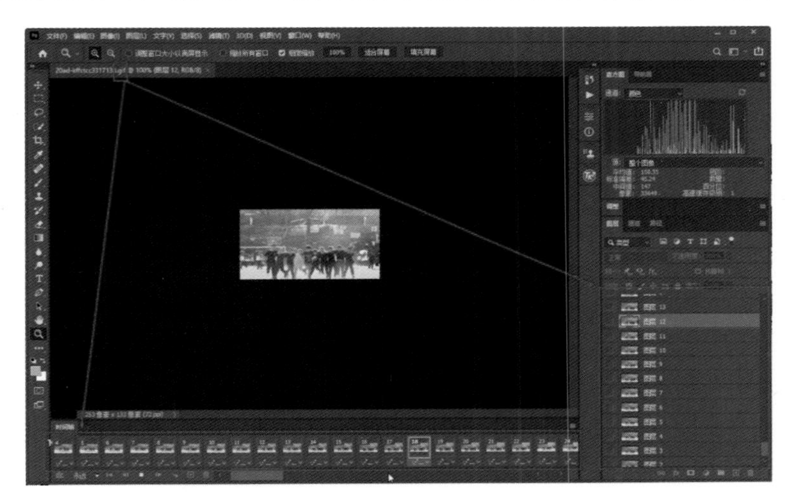

SKILL

020

PNG格式

相对来说，PNG 格式是一种较新的图像文件格式，其设计目的是试图替代 GIF 格式和 TIFF 格式，同时增加一些 GIF 格式所不具备的特性。

对于我们摄影用户来说，PNG 格式最大的优势往往在于其能很好地保存并支持透明效果。如果我们抠取出照片的主体景物或文字，删掉背景图层，然后将照片保存为 PNG 格式，在将该 PNG 格式文件插入 Word 文档、PPT 文档或嵌入网页时，其就会无痕地融入背景。

1.3 将照片载入ACR的5种方式

在摄影或后期学习群中，你总会遇到一些初学者问这样的问题：“怎样打开 ACR？”“JPEG 格式文件也能使用 ACR 进行处理吗？”这里我们一次性介绍 5 种将照片载入 ACR 的方式，无论你是要处理 RAW 格式文件，还是 JPEG 格式文件，均可以轻松使用 ACR 进行专业级处理。

SKILL 021

在ACR中打开RAW格式文件

针对 RAW 格式文件，无论是佳能的 CR2 格式、尼康的 NEF 格式，还是索尼的 ARW 格式，只要你的 ACR 版本足够高，那么先打开 Photoshop，然后直接将 RAW 格式文件拖入 Photoshop 中，就可以自动打开 ACR 处理界面。

SKILL 022

借助Bridge将JPEG格式照片载入ACR

针对JPEG格式照片，打开Photoshop，在“文件”菜单中选择“在Bridge中浏览”选项，打开Bridge界面，找到要处理的照片，在该照片上单击右键，选择“在Camera Raw中打开”选项，即可将该照片载入ACR。

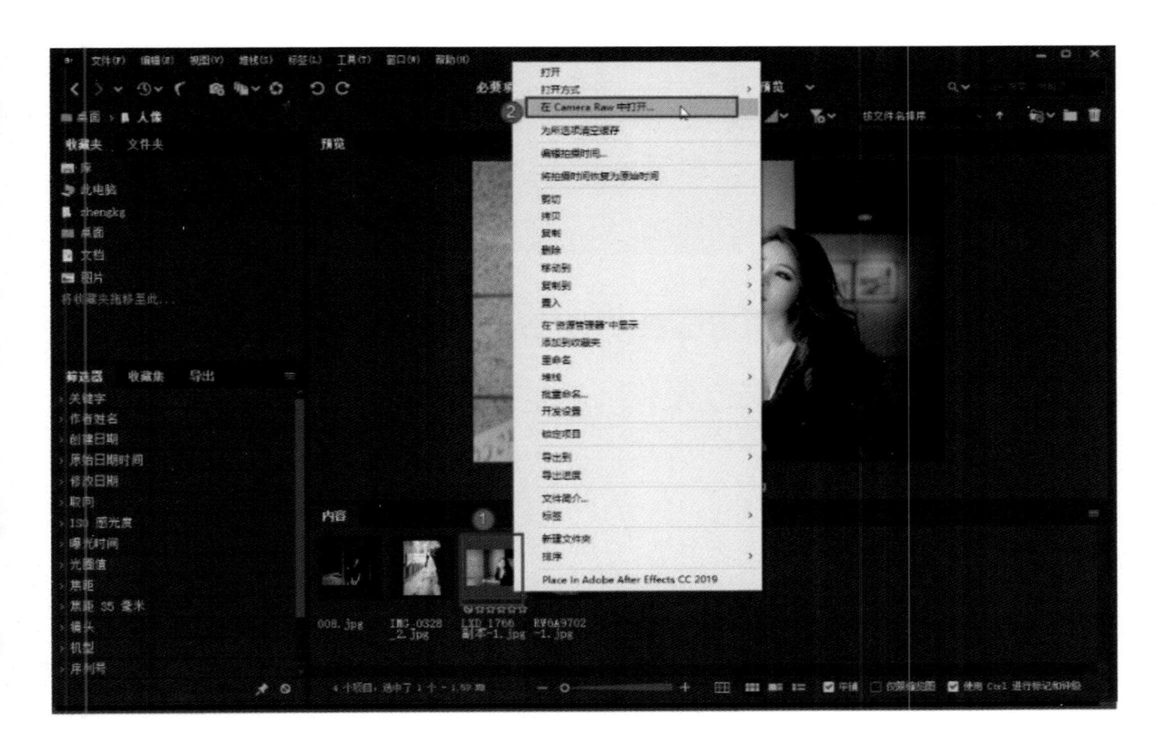

TIPS

需要注意的是，Bridge当前已经从Photoshop软件套装中分离了出来，成为一款单独的软件，所以如果要使用该软件，要单独进行下载。

如果照片是RAW格式，在Bridge中直接双击缩略图即可将其打开。

SKILL 023

借助Camera Raw打开JPEG格式文件

针对JPEG格式文件，打开Photoshop，在“文件”菜单中选择“打开为”选项，在弹出的“打开”对话框中，单击选中照片，然后在右下角的格式列表中选择“Camera Raw”，最后单击“打开”按钮。这样即可将JPEG格式文件在ACR中打开。

SKILL 024

借助Camera Raw滤镜打开JPEG格式文件

针对JPEG格式文件，先在Photoshop中打开要处理的JPEG格式文件，然后在“滤镜”菜单中选择“Camera Raw滤镜”选项，就可以在ACR中打开该JPEG格式文件。

需要注意一点，在“滤镜”菜单中选择“Camera Raw滤镜”可以将照片载入Camera Raw滤镜，但你会发现通过该操作打开的界面与以其他方式打开的界面不同，功能也不尽相同。如利用“滤镜”菜单操作打开的Camera Raw界面，虽然大部分功能都可以使用，但缺少裁剪、拉直等工具。相对来说，还是彻底进入ACR后能够使用的功能更全面一些，通过“滤镜”菜单进入虽然更为快捷，但是却有部分功能会受到限制。注意，如果在菜单中选择最上方的“Camera Raw滤镜”，则会直接对照片套用之前使用过的Camera Raw滤镜参数对照片进行处理。

SKILL

025 在ACR中批量打开JPEG格式文件

如果想让拖入 Photoshop 的 JPEG 格式文件直接在 ACR 中打开，或想要在 ACR 中批量打开 JPEG 格式文件，那下面这种打开方式是必须要掌握的技巧。

打开 Photoshop，展开"编辑"菜单，在底部的"首选项"中选择"Camera Raw"选项，在打开的"Camera Raw 首选项"对话框中，单击切换到"文件处理"选项卡，在"JPEG 和 TIFF 处理"这组参数的"JPEG"后的下拉列表中，选择"自动打开所有受支持的 JPEG"，然后单击"确定"按钮返回即可。

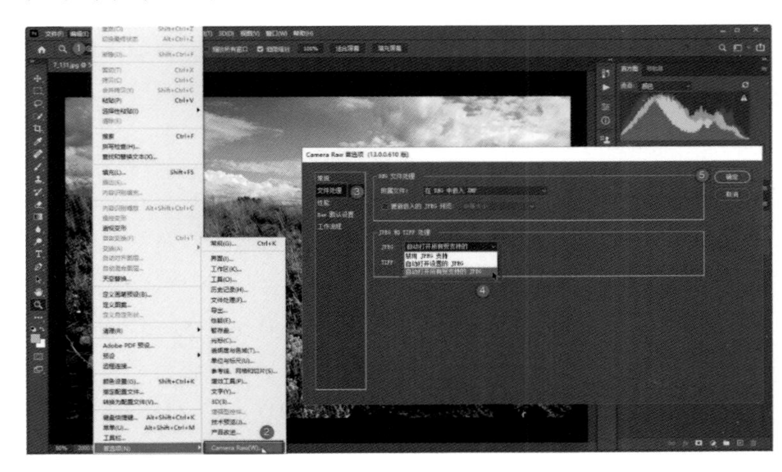

这样无论选中几个 JPEG 格式文件，将其拖入 Photoshop 后，就会自动载入 ACR。

1.4 ACR基本操作

SKILL 026

ACR的优势

ACR是Adobe公司为Photoshop增配的专门用于处理RAW格式文件的插件。之所以不称之为软件，是因为ACR需要依附于Photoshop存在，是内置在Photoshop中的，所以它也被称为Photoshop的增效工具。这款工具处理照片的内核与Lightroom这款单独的软件基本上完全一致，所以ACR的功能是非常强大的。ACR除了可以处理RAW格式文件之外，还可以对JPEG格式、TIFF格式等其他格式的文件进行处理。从功能分布来看，ACR可以一站式对照片进行从打开到批量处理再到全局和局部的调整等后期处理，并且它的功能分布更为集中。Photoshop虽然功能强大，但是它的功能相对来说比较分散，并且有些功能不是特别直观，用户需要有一定基础才能使用，但ACR却可以让零基础用户进行后期处理，也就说它的功能更易懂、更直观。

从界面的分布来看，我们打开一个RAW格式文件，可以看到在右侧的面板中有对照片的影调进行处理的“基本”面板，有对色调进行处理的“混色器”及“颜色分级”面板，有进行局部处理的调整画笔、径向滤镜、渐变滤镜，还有对照片进行降噪和锐化的“细节”面板等，这些功能基本上全集中在一个区域，并且设定得非常直观，这是ACR非常大的优势。总结一下，简单易懂和功能集中是ACR最主要的两个优势。

SKILL

027 ACR功能布局

在打开的 ACR 界面中，我们可以看到有这样 10 个主要的工作区。

①标题栏，标明了 ACR 的版本。

②工作区，用于显示照片的效果以及标题。我们在处理照片时，要随时注意观察照片效果，根据照片效果进行调整。

③直方图，对应的是照片的明暗以及色彩分布。

④面板区，集中了大量面板，这些面板也是对照片进行处理的主要区域。

⑤工具栏，其中有 3 个非常重要的工具，分别是调整画笔、径向滤镜和渐变滤镜。

⑥照片配置文件，它与相机中的照片风格设定文件基本上是对应的。

⑦胶片窗格，用于显示照片的缩略图。在 ACR12.3 及之前的版本中，胶片窗格是居左放置的，但在之后的版本中，胶片窗格默认放大，属于工作区的下方。当然，我们也可以对其进行配置，再次将其移到工作区的左侧。

⑧辅助命令栏，可以显示照片的缩放比例，并可以控制画面的布局以及照片处理前后的效果对比等。

⑨“打开”“取消”及“完成”等按钮。

⑩用于控制软件界面最大化或变为窗口状态，并可以对画面的功能进行一定的设置，另外还有“保存图像”按钮。

SKILL 028

Camera Raw滤镜与ACR的区别

我们在 Photoshop 中处理照片时，还可以从“滤镜”菜单中打开 Camera Raw 滤镜，Camera Raw 滤镜与 ACR 在处理照片时提供的功能几乎是完全一样的。

同一张照片，使用 ACR 打开后的界面如下方上图所示，使用 Camera Raw 滤镜打开后的界面如下方下图所示。

通过对比可以看到，二者下方的按钮不同，处理过照片之后，在 ACR 中我们可以单击“打开”或“完成”按钮直接退出，但 Camera Raw 滤镜中只有“确定”和“取消”两个按钮，单击“确定”按钮可以返回主界面，单击“取消”按钮则会取消调整。

除此之外，在工具栏中，ACR 多了“快照”和“裁剪工具”等几种比较常用的功能。Camera Raw 滤镜只是 Photoshop 内置的一种滤镜，如果要使用裁剪功能，就需要在 ACR 的工具栏中选择。整体来看，Camera Raw 滤镜与 ACR 对于照片的影调、色彩等的处理基本上完全一致，但 Camera Raw 滤镜不能对照片进行裁剪和关闭等操作。

SKILL 029

用ACR批处理照片

之前我们介绍的利用 ACR 进行照片处理的方法，都是针对单独的某张照片进行的。即便要快速处理大量照片，往往也需要将一张照片处理好之后，再打开下一张照片，利用预设功能进行快速处理。这其实仍然很麻烦，因为需要逐张照片进行操作。

其实，ACR 具备多张照片同时处理的功能。因为本次我们批处理的是 JPEG 格式文件，所以在将照片拖入 Photoshop 之前，先在 Camera Raw 首选项中设定用 ACR 自动打开所有受支持的 JPEG 格式文件。

设定好之后，在图库文件夹中按住 Ctrl 键，选中同场景中色彩、曝光等都相似的多个 JPEG 格式文件，然后将其向 Photoshop 内拖动。

被拖入 Photoshop 后，这些照片会同时在 ACR 中打开，照片的缩略图会显示在 ACR 的左侧。单击选中某一张照片，即可对该照片进行处理。也就是说，当前用户只要对这张照片进行全方位的处理即可，而不必关注打开的其他照片。

处理后，在左侧的缩略图中可以看到照片底部右侧有一般后期处理的标记，而缩略图的效果也会跟随工作区中的照片同时变化。

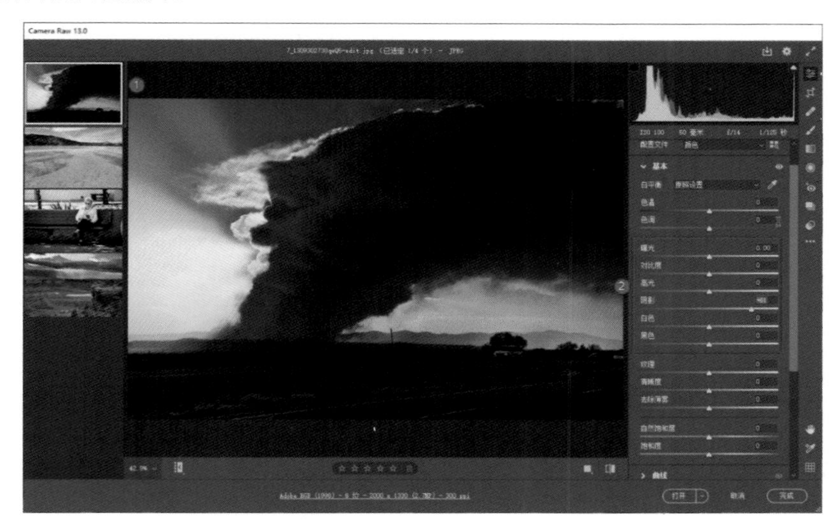

接下来，在左侧缩略图的上方，单击右键展开下拉列表，在该列表中选择“全选”选项，将在 ACR 中打开的所有照片都选中。

当然，你也可以按 Ctrl+A 组合键直接全选这些照片，还可以单击工作区左下角的折叠菜单按钮，打开菜单，选择“全选”选项。

全选打开的照片后，单击右键，在出现的列表中选择“同步设置”选项。

此时会打开“同步”对话框，在该对话框中，我们可以看到白平衡、曝光、锐化等很多能对照片进行的调整都被勾选了，其中自然包括我们之前进行的调整。

唯一需要注意的是下方的“裁剪”“污点去除”和“局部调整”这3个选项，之所以不能勾选，是因为每张照片的裁剪方式肯定是不一样的，并且污点的位置和局部调整方式也不一样。

接下来，单击“确定”按钮返回即可。

将对一张照片做的调整同步到其他照片，表示将所做的修改都套用到其他照片上，打开的所有照片就都完成了调整。

这样照片就都处理完了，用户可以在左侧列表中分别单击选中不同的照片查看处理效果，如果对某些效果不满意，还可以进行微调。

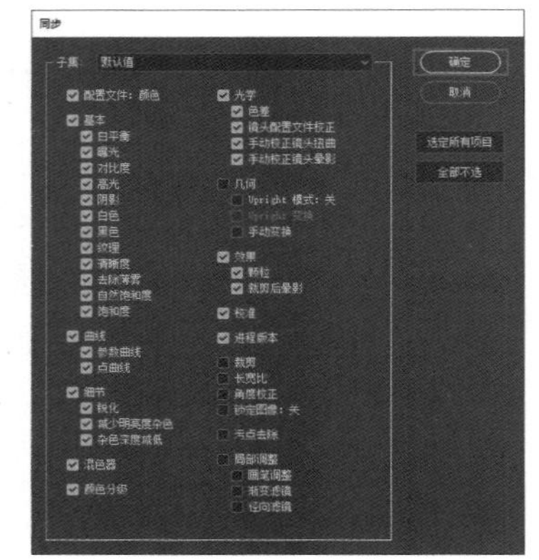

SKILL 030

照片的保存设定

处理完毕后，保持照片全选状态，进行照片的保存设定。

①单击界面右上角的存储图像按钮，打开“存储选项”对话框，在其中对存储选项进行设定。

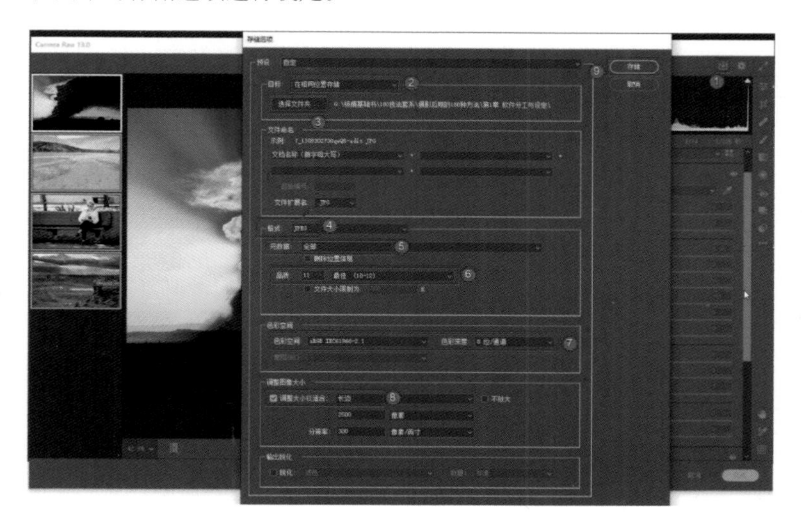

②“目标”默认的是“在相同位置存储”，即存储位置是原图所在文件夹。

③如果要更换存储位置，可单击“选择文件夹”按钮，重新选择存储位置。

④“格式”是指照片类型，扩展名是格式的后缀，例如JPEG格式是照片格式，其扩展名（后缀）为.jpg。另外，扩展名也可以使用大写的形式，如.JPG。

⑤“元数据”用于设定是否删除照片的EXIF信息，具体包括光圈、快门、感光度等参数值。

⑥“品质”从0～12共13个级别。品质越高，照片画面越细腻，细节越丰富，但是所占空间也越大。一般来说，将照片品质设定为8～10即可兼顾画质与存储的需求。

⑦“色彩空间”与“色彩深度”（位深度），这两个概念已经进行过详细介绍，这里不再赘述。大多数情况下，只要没有印刷需求，设定为sRGB+8位/通道即可。

⑧尺寸与品质有相似之处，尺寸较大时，可以方便用户放大照片观察细节，并且在冲洗时可以得到更大的成品。但尺寸越大，照片所占空间也越大。

⑨上述选项都设定完毕后，单击“存储”按钮，即可保存照片。

1.5 Photoshop与ACR的经验性操作

SKILL

031 Photoshop中缩放照片的3种方式

如果要在 Photoshop 中缩放照片的显示比例，可以先在工具栏中选择缩放工具，然后在上方的选项栏中选择放大或缩小工具，再将光标移动到工作区，单击就可以放大或缩小照片。但是这种操作比较烦琐，并且有时我们可能已经开启了其他功能或正在使用其他工具，这时是没有办法再选择缩放工具的，我们就需要通过其他方式来缩放照片。

缩放照片的第2种方式是在“首选项”对话框中，切换到“工具”选项卡，在其中勾选“用滚轮缩放”复选框，然后单击“确定”按钮，这样在 Photoshop 主界面只要拨动鼠标上的滚轮，就可以放大或缩小照片，非常方便。

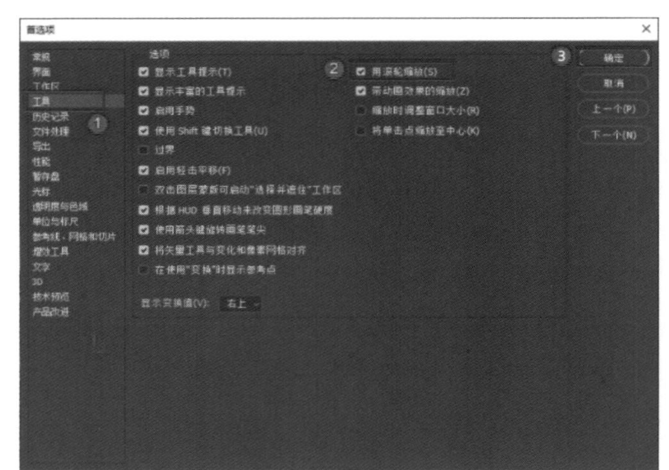

缩放照片的第 3 种方式则是用键盘控制。如果我们要放大或缩小照片，可以分别按 Ctrl++ 或 Ctrl+- 组合键。如果我们要将照片缩放到与工作区的比例相符合，那么直接按 Ctrl+0 组合键即可。

SKILL

032

抓手工具与其他工具的切换

照片放大之后，我们看到的可能是照片的某个局部，如果要看放大状态下照片的其他局部，可以在工具栏中选择抓手工具，然后将光标移动到画面上，单击并拖动即可。

同样，我们在使用其他工具时，如果要观察不同的区域，并且不能退出当前使用工具，就可以按住空格键，此时我们所使用的工具会暂时切换为抓手工具，单击并拖动就可以查看不同的区域，松开空格键则自动切回到我们之前正在使用的工具，非常方便。

比如我们正在使用套索工具建立选区，建立至一半时，我们需要观察照片不同的区域，如果这时在工具栏中选择抓手工具，那么之前建立的选区就会作废。这时，我们可以按住空格键，指针就会变为抓手状态，在工作区单击并拖动就可以查看其他区域。松开空格键就会自动切换回套索工具，我们之前建立的选区和工具的状态都不会受到任何影响。

SKILL

033 快速缩放鼠标光标

我们在使用画笔进行一些蒙版的操作或其他操作时，如果要调整鼠标光标的大小，可以在选项栏中展开光标半径设置面板，在其中改变光标的大小。当然，我们也可以在工作区单击右键，打开这个设置面板，然后拖动滑块或输入参数进行调整，但这种操作非常麻烦，较为浪费时间。

实际上有一种非常简单的方法，可以帮我们快速缩放鼠标光标。具体操作时，要将输入法切换为英文输入状态，按 [或] 键就可以快速缩放鼠标光标。

SKILL 034

前景色与背景色的设置

工具栏下方有两个色块，分别是前景色与背景色。设置前景色可以为我们的画笔设定颜色，设定背景色则可以让我们很轻松地使用渐变工具等。设置前景色与背景色的操作非常简单，将光标移动到上方的色块上单击，就可以打开“拾色器”对话框，在其中可以设置前景色。设置背景色时，单击工具栏下方的色块，打开“拾色器”对话框，即可在其中进行设置。

在“拾色器”对话框的标题栏中我们可以看到当前打开的是背景色还是前景色，下图中打开的是背景色。在色块右侧的色条中上下拖动，可以选择我们想要的主色调，在左侧可以选择具体的颜色。当然，我们也可以通过在对话框右侧设置不同的 RGB 值来进行配色。要设置 RGB 的值，可能需要摄影师有非常强的软件应用能力。

实际上，对于前景色与背景色，设置纯白色与纯黑色的情况是比较多的。设置纯白色时，只要按住鼠标左键，向色块左上角进行拖动即可；如果要设置为纯黑色，则按住鼠标左键向左下角拖动即可。最后单击“确定”按钮就设置好了前景色或背景色。

第2章

明暗影调理论

Chapter Two

本章将介绍在Photoshop中对照片进行后期处理时所涉及的一些基本知识和原理。只有掌握了这些基本知识和原理，以及各类工具的功能、用法，我们才能真正地在摄影后期中做到得心应手、游刃有余。

后续章节会对本章所介绍的基本原理提供具体的案例，并进行反复练习，方便大家理解和掌握。

2.1 直方图基础

SKILL 035

Photoshop中0与255的来历

先来看一个问题：01011001、11001001、10101010……，8 位的二进制数字，一共可以排列出多少个值？其实答案非常简单，一共有 2^8 共 256 种组合方式，即可以组合出 256 个值。计算机以二进制为基础，如果某种软件是 8 位的位深度，那么就能呈现 256 种具体的运算结果。Photoshop 在呈现图像时，默认的就是 8 位的位深度，因此能呈现 256 种数据结果。

用这 256 种数据结果表现照片的明暗时，纯黑用 0 表示，纯白用 255 表示，即 0 ~ 255 共计 256 种明暗程度。

在 Photoshop 内很多具体的功能设定中，都有 0 ~ 255 的色条，很容易辨识。

SKILL 036

直方图的构成

直方图是用于展示照片明暗的一个重要示意图，在相机中查看照片时，我们可以调出直方图，查看照片的曝光状态。在后期软件中，直方图是指导摄影后期明暗调整的最重要的工具。Photoshop 或 ACR 的主界面右上角都会有一个直方图，它是非常重要的衡量标尺。一般来说，在调整明暗时，我们需要随时观察照片调整之后的明暗状态。由于不同显示器的明暗显示状态不同，如果只靠肉眼观察，我们可能无法非常客观地描述照片的高光区域与暗部的影调分布状态；但借助直方图，再结合肉眼的观察，我们就能够进行更为准确的明暗调整。下面来看看直方图的构图原理。

首先在 Photoshop 中打开一张从黑（亮度为 0）到白（亮度为 255）像素分布在不同亮度的图像。这是一张有黑色、深灰、中间灰、浅灰和白色的图像，打开之后，界面右上方出现了直方图，但是直方图并不是连续的波形，而是一条条的竖线，根据它们之间的对应关系，直方图从左向右对应了不同亮度的像素，最左侧对应的是纯黑，最右侧对应的是纯白，中间对应的是深浅不一的灰色。因为像素由纯黑到纯白的过渡并不是平滑的，所以表现在直方图中就是一条条孤立的竖线。直方图不同线条的高度则对应的是不同亮度的像素的多少，纯黑的像素和纯白的像素非常少，它们对应的竖线也比较矮，中间的一些灰色像素比较多，它们对应的竖线也比较高。由此，我们就可以较为轻易地理解直方图与像素的对应关系。

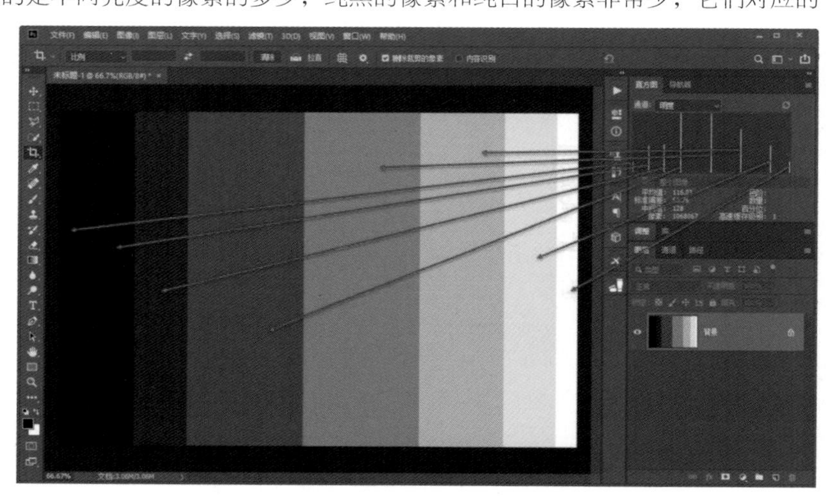

再来看一张正常的照片。右图中，像素从纯黑到纯白的过渡是非常平滑且连续的，表现在直方图中也是如此。这样，我们就掌握了直方图与照片的明暗对应关系。

SKILL 037

直方图的属性与用途

打开一张照片之后，初始状态的直方图如下方左图所示，直方图中有不同的色彩，对应的是不同色彩的明暗分布关系。

如果要把直方图调整为比较详细的状态，可以在直方图面板右上角展开折叠菜单，选择“扩展视图”选项，这样就可以调出更为详细的直方图状态。在“通道”列表中选择“明度”，可以更为直观地在直方图中观察明暗关系，注意是明度直方图。

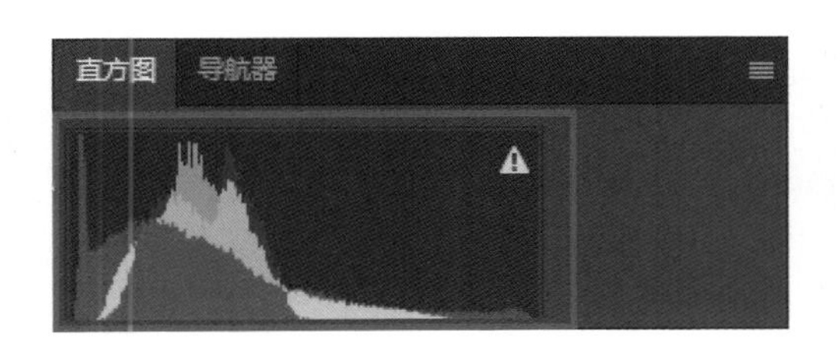

SKILL 038

高速缓存如何设定

初次打开的明度直方图的右上角有一个警告标记，其对应的是“高速缓存”。所谓高速缓存，是指在处理照片时，直方图处于抽样的状态，并非与完整的照片像素一一对应，这样在处理时，软件会对整个画面进行简单的抽样，从而会提高处理时的显示速度。如果取消高速缓存标记，此时的直方图与画面会形成准确的对应关系，但在处理照片时，它的刷新速度会变慢，从而影响后期处理的效率。大部分情况下，高速缓存默认是自动运行的，当然，我们也可以在软件的首选项中进行设定。高速缓存的级别越高，抽样的程度会越大，直方图与画面对应的准确度也会越低，但是运行速度会越快。如果设定较低的高速缓存级别，如没有高速缓存，则直方图与画面的对应程度就非常准确，但是刷新的效率会比较慢。从下页上方左图中可以看到，下方的高速缓存级别为 2，是一个比较高的级别。如果取消高速缓存标记，直方图及下方的参数就会有一定的变化。

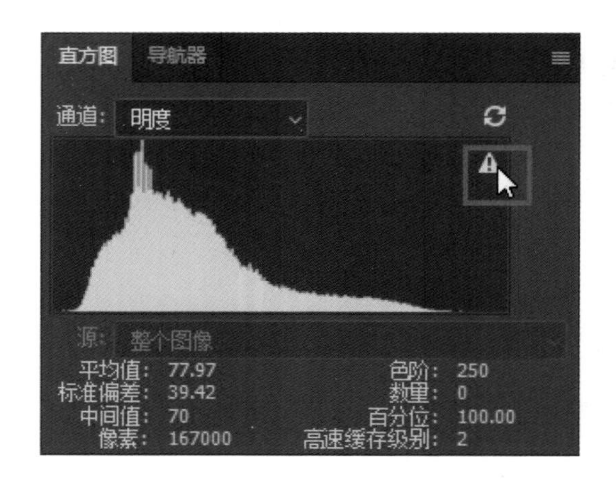

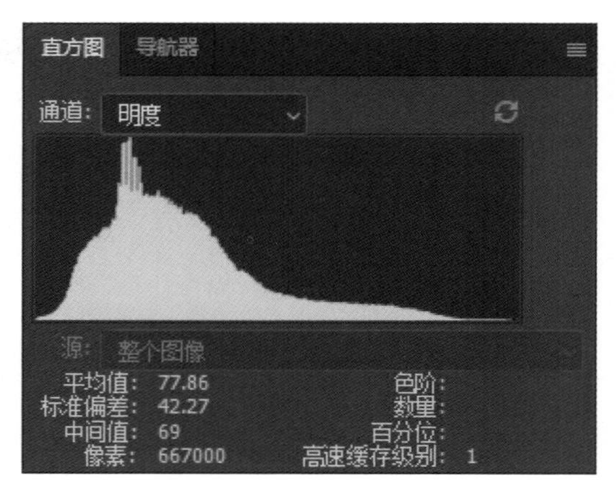

SKILL 039

直方图参数解读

打开一张照片，在直方图上单击，下方会出现大量的参数值。

其中，平均值指的是画面所有像素的平均亮度。例如，亮度为 0 的像素有多少个，亮度为 128 的像素有多少个，亮度为 255 的像素有多少个，将这些像素亮度相加，再除以亮度总数，就能得出平均值，平均值能反映照片整体的明暗状态。在这里普及一个小知识——一张照片或图像在 Photoshop 中的亮度共有 256 级，纯黑为 0 级亮度，纯白为 255 级亮度，其他大部分亮度为 0 ~ 255 级，当然，某个亮度的像素可能会有很多个。

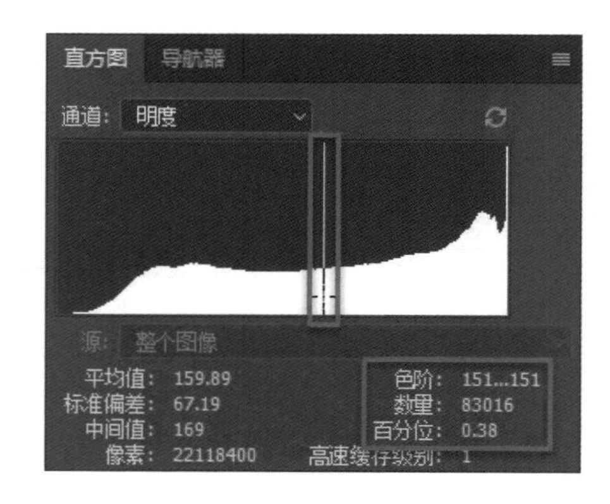

标准偏差是统计学上的概念，这里不做过多的介绍。

中间值可以在一定程度上反映照片整体的明亮程度，此处的中间值为 169，表示这张照片的亮度比一般亮度要稍亮一些，照片整体是偏亮的。

像素对应的是照片所有的像素数，用照片的长边像素乘以宽边像素，就能得到照片的总像素。

色阶表示当前鼠标单击位置所选择的像素亮度。

数量表示所选择的亮度为 151 的像素的总数，图中亮度为 151 的像素共有 83016 个。

百分位是指亮度为 151 的像素占总像素的百分比。

以上就是直方图参数的详细解读。

SKILL 040

256级全影调

摄影中的影调，其实就是指画面的明暗层次。这种明暗层次的变化，是由景物之间不同的受光、景物自身的明暗与色彩变化带来的。如果说构图是摄影的基础，那影调则在一定程度上决定着照片的深度与灵魂。

我们来看以下 3 张图片，左侧的图片中只剩下纯黑和纯白像素，中间的灰调区域几乎没有，细节和层次都丢失了，这只能称为图像而不能称为照片。

中间的图片，除了黑色和白色之外，中间亮度部分出现了一些灰色的像素，这样画面虽然依旧缺乏大量细节，并且层次过渡不够平滑，但相对前一张图片变好了很多。

右侧的图片，从纯黑到纯白有大量灰调像素进行过渡，明暗影调层次的过渡是很平滑的，因此细节也非常丰富和完整。一般来说，照片都应该如此。

2 级明暗，只有黑和白

5 级明暗，有黑、灰和白

256 级明暗，从黑到白过渡平滑

由上面 3 张图片我们可以知道：照片的明暗层次应该是从暗到亮、平滑过渡的，我们不能为了追求强烈的视觉冲击力而让照片损失大量中间灰调的细节。

下面我们通过一张有意思的示意图来对前面的知识进行总结。下页上方左图中的第 1 行，只有纯黑和纯白两级的明暗层次，称为 2 级动态，这与左上图中只有纯黑和纯白两种像素的画面效果就对应了起来；第 2 行，除纯黑和纯白之外，还有灰调进行过渡，这就与上中图的画面效果对应了起来；而第 3 行，从纯黑到纯白共有 256 级动态，并且逐级变亮，明暗层次的过渡已经非常平滑了，这就与右上图所示的画面效果对应了起来。

之前我们已经介绍过直方图的概念，如果将 256 级明暗过渡色阶放到直方图下面，就可以非常直观地看出直方图的横坐标对应了从纯黑到纯白的影调。

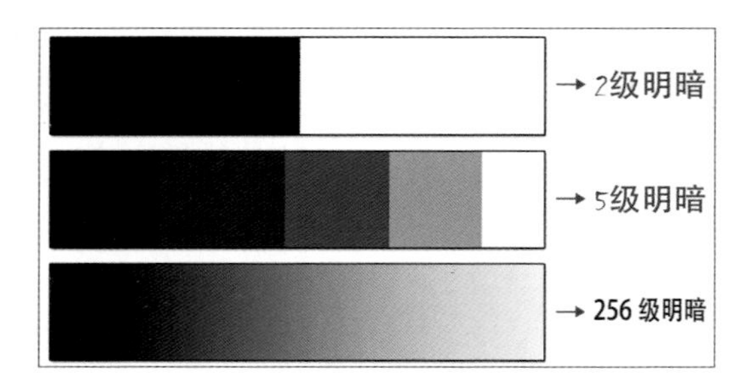

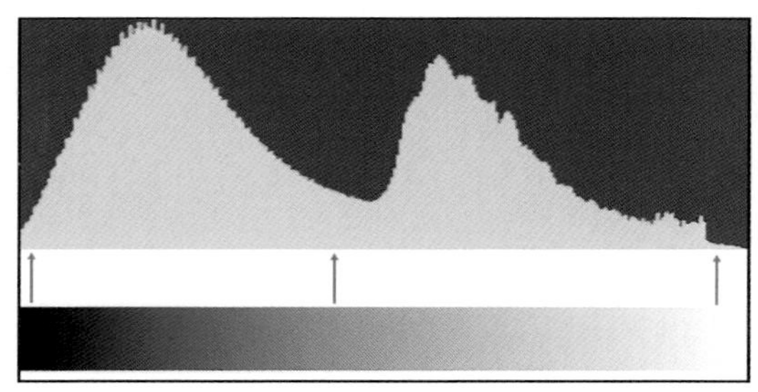

对于一张照片来说，如果从纯黑到纯白都有足够丰富的明暗影调层次，并且过渡平滑，那么它就是全影调的，对应的直方图看起来也会比较正常。总之，照片从纯黑到纯白应有平滑的影调过渡，这样照片整体的影调层次才会丰富。

2.2 5类常见直方图

通常情况下，对于绝大部分进行后期处理的照片来说，其显示出的直方图可以分为5类。

SKILL
041 曝光不足的直方图

第1类是曝光不足的直方图。从直方图来看，暗部的像素比较多，亮部缺乏像素，有些区域甚至没有像素，因此照片看起来比较暗，这表示照片可能曝光不足。从照片来看，这确实是一张曝光不足的照片。

SKILL

042

曝光过度的直方图

第 2 类是曝光过度的直方图。从直方图来看，大部分像素位于比较亮的区域，而暗部的像素比较少，可见这是一种曝光过度的直方图。从照片来看也确实如此。

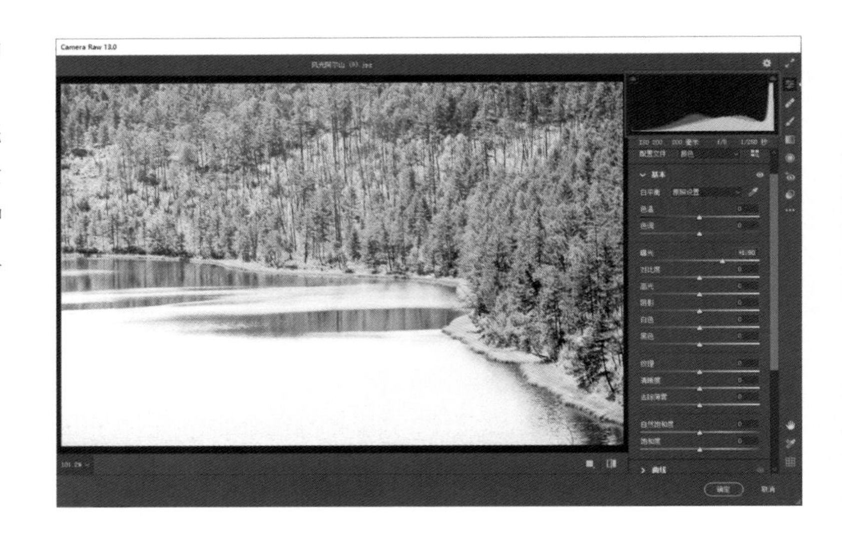

SKILL

043

反差过大的直方图

第 3 类是反差过大的直方图。从直方图来看，照片中最暗部与最亮部的像素比较多，中间调区域的像素比较少，这表示照片的反差过大，缺乏影调的过渡。从照片来看也是如此，亮部与暗部的像素都比较多，中间调的过渡不够自然、平滑，反差过大。

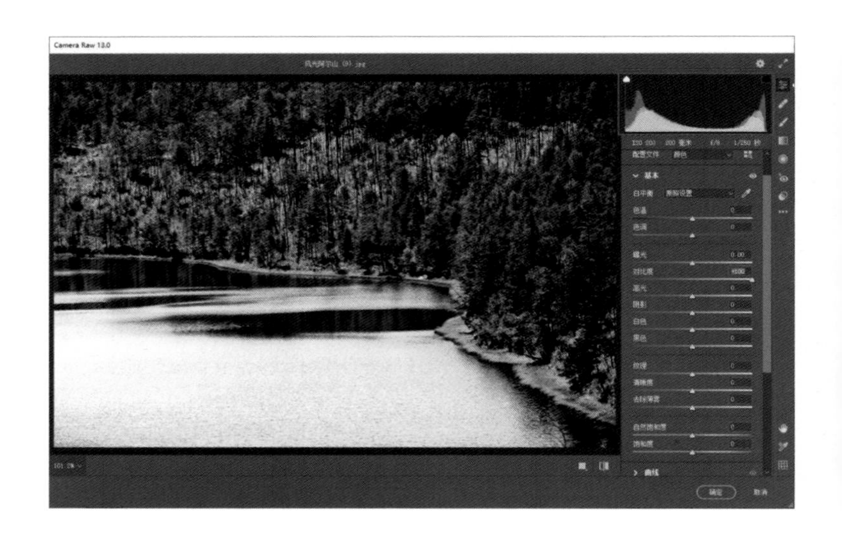

SKILL 044

反差较小的直方图

第 4 类是反差较小的直方图。从直方图来看，左侧的暗部缺乏像素，右侧的亮部缺乏像素，大部分像素集中于中间调区域，这种直方图对应的照片反差较小，灰度比较高，画面的宽容度会有所欠缺。从照片来看也确实如此。

SKILL 045

曝光合理的直方图

第 5 类是曝光合理的直方图，是比较正常的一类。大部分照片在经过调整之后，都会有这样的直方图，无论是暗部还是亮部都有像素出现，从最暗到最亮的各个区域像素分布都比较均匀。例如下面这张照片虽然暗部和亮部的像素比较多，反差稍大，但整体来看是比较正常的。

如果直方图的右端或左端，即最亮或最暗的部分有大量像素堆积，直方图就是有问题的。比如黑色的 0 级像素非常多，就会出现暗部溢出的问题，大量像素变为纯黑之后，这些纯黑的像素是无法呈现像素信息的；白色的 255 级像素也是如此，如果纯白的像素非常多，就会出现高光溢出的问题。正常情况下，大部分直方图的亮度应该位于 0 ~ 255 级，需要有像素达到 0 级亮度和 255 级亮度，在两端不能出堆积的现像素，这是直方图的标准和要求。

2.3 特殊直方图

之前介绍了直方图的 5 种常见形式，下面有一些特例也要单独介绍一下。

SKILL 046

高调的直方图

第 1 类特殊直方图中更多的像素位于直方图的右侧，也就是说照片的整体亮度非常高，是一种曝光过度的直方图。从照片来看，浅色系景物占据了绝大多数的画面，这种画面本身就有一种高调的效果。所以，有时看似曝光过度的直方图，实际上它对应的是高调的风光或人像画面，在这种情况下，只要没有出现大量像素曝光过度，那也是没有问题的。曝光过度时，直方图右上角的警告标记（三角标）会变为白色。

SKILL 047

高反差的直方图

第 2 类特殊直方图是一种反差过大的直方图，左侧暗部有一些像素堆积，右侧亮部也有像素堆积，中间范围的像素有所欠缺，明暗的层次过渡不够理想。从照片来看，我们会发现照片本身就是如此，因为是逆光拍摄的画面，白色的云雾亮度非常高，逆光的山体接近于黑色，所以画面的反差本身就比较大，这也是比较正常的。在高反差场景中，如拍摄日落或日出时的逆光场景，画面中往往会有较大的反差，直方图波形也是看似不正常的，这也是一种比较特殊的影调输出状态。

SKILL

048

低调的直方图

第 3 类特殊直方图中，左侧暗部有大量像素堆积，这是有问题的。但从照片来看，它本身强调的是日照金山的场景，有意压低了周边的曝光值，是一种明暗对比的画面效果，是没有问题的。虽然直方图看似曝光不足，且左上角的警告标记变白，表示有大量像素变为了纯黑色，但从照片效果来看，这是一种比较有创意的曝光，是没有问题的。

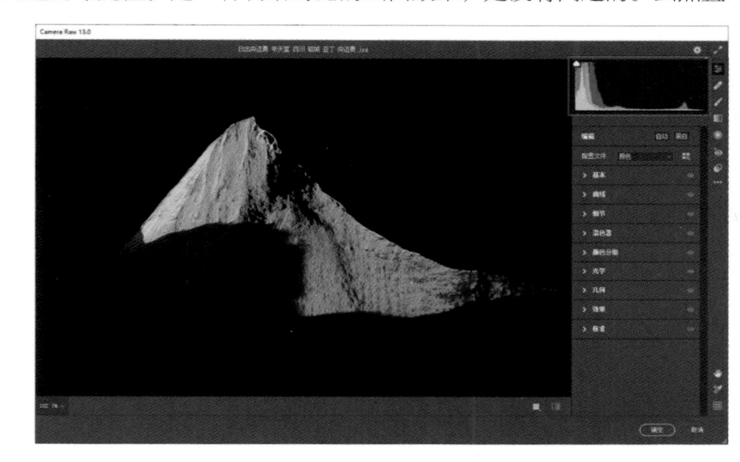

SKILL

049

灰调的直方图

第 4 类特殊直方图中，左侧的暗部区域和右侧的亮部区域都缺乏像素，大部分像素集中于中间偏亮的位置，是一种灰调的直方图。这种直方图对应的画面，通透度有所欠缺，对比度色比较低。但从照片来看，其追求的就是比较朦胧的影调，是没有问题的，这也是一种比较特殊的情况。

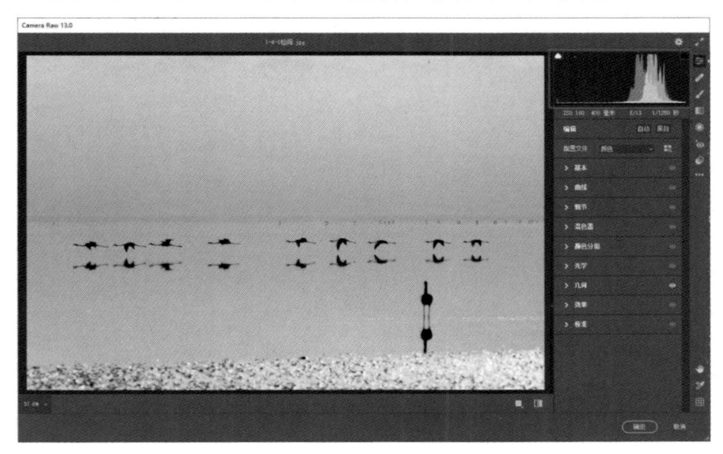

2.4 常见影调

SKILL 050

高、中、低调

依据直方图波形重心的位置，我们可以将直方图划分为高、中、低 3 种不同的影调。波形居左对应低调照片，波形居中对应中调照片，波形居右对应高调照片。右图中，直方图波形重心居中，对应的是中调照片。

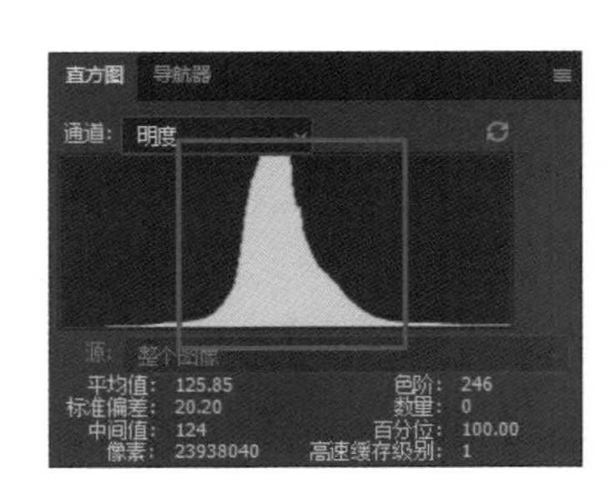

SKILL 051

长、中、短调

影调除可以根据直方图波形重心的位置来划分之外，还可以根据波形的长短，划分为长、中、短调。

下方左图中，画面的影调被称为长调，从图中可以看到，波形的左侧到了纯黑位置，右侧到了纯白位置，中间区域有平滑过渡。

中调与长调最明显的区别是中调的暗部、亮部可能会缺少一些像素分布，或两个区域同时缺乏像素，如下方中图所示。因为缺乏了暗部或亮部，这种影调对应的照片的通透度可能会有些欠缺，但这类摄影作品给人的感觉会比较柔和，没有强烈的反差。

短调通常是指直方图左右宽度不足直方图框左右宽度的一半。整个直方图框从左到右是 0 ~ 255 总共 256 级亮度，短调的波形分布不足一半，也就是不足 128 级亮度。

这样，将高、中、低调与长、中、短调进行组合，可以组合出高长调、高中调、高短调、中长调、中中调、中短调、低长调、低中调和低短调，除此之外还有一种比较特殊的全长调，一共 10 种影调。

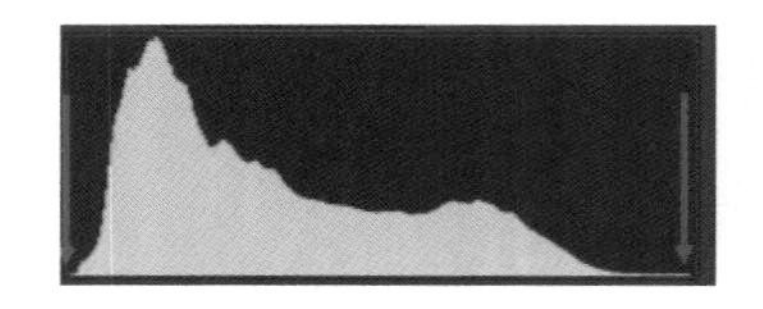

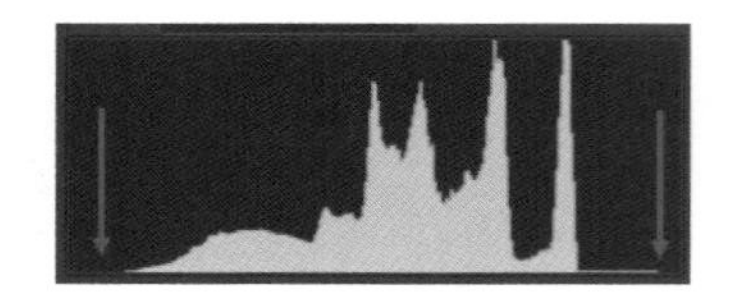

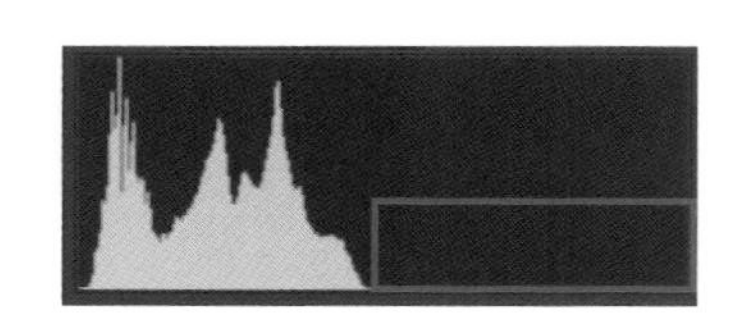

SKILL 052

高长调

下方这张照片的波形重心位于直方图框右侧，位于高调区域，影调是高调，像素从纯黑到纯白都有分布，是长调，所以综合起来就是高长调。

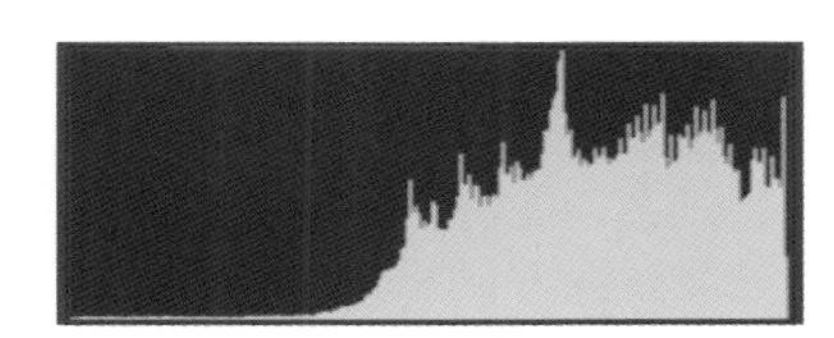

SKILL 053

高中调

下方这张照片从直方图波形来看，影调是一种非常明显的高调，而从直方图波形左右的宽度来看，暗部缺少一些像素，是一种中调效果，所以最终这张照片的影调就是高中调。

SKILL 054

高短调

对于下方这张照片，首先可以判断其是一张高调的照片，而根据直方图波形的左右宽度来看，则是一张短调的照片，所以最终这张照片的影调就是高短调。

SKILL 055

中长调

下方这张照片从直方图波形的重心位置来看，影调是中调，而根据直方图波形左右的宽度，可以判定它是一张长调的照片，所以这张照片的影调就是中长调。

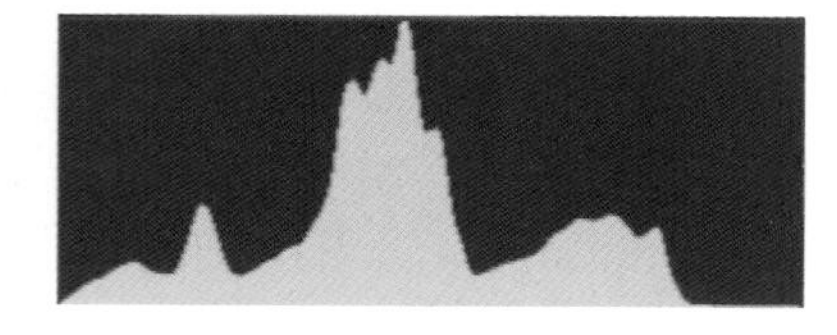

SKILL

056 中中调

下方这张照片的直方图波形位于直方图框的中间，是一张中调（高中低的中）的照片，根据直方图波形的左右宽度，可以判断其是一张中调（长中短的中）的照片，所以这张照片的影调是中中调。

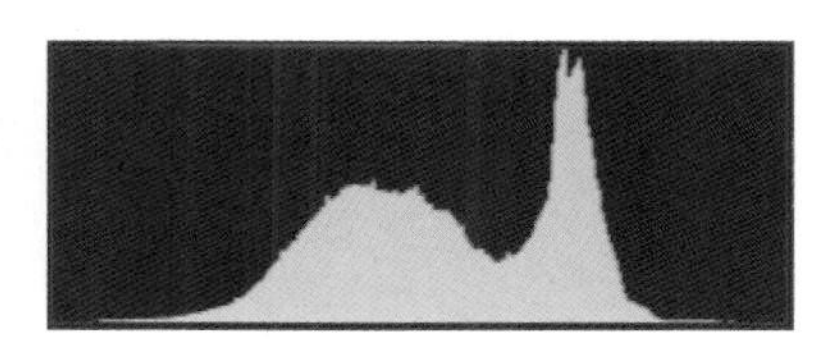

SKILL

057 中短调

对于下方这张照片，根据直方图波形重心的位置可以判定其影调是中调，而根据直方图波形的左右宽度可以判定是短调，所以这张照片的影调就是中短调。

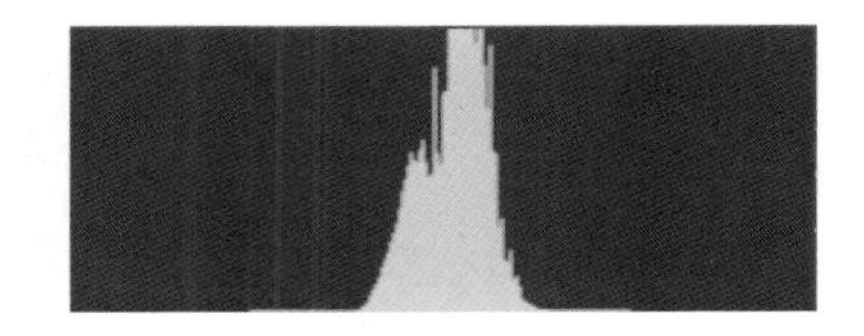

SKILL 058

低长调

对于下方这张照片，首先可以判定其影调是低调，然后根据直方图波形的左右宽度，可以判定它是长调，所以这张照片的影调是低长调。

SKILL 059

低中调

对于下面这张照片，从直方图来看，波形重心位于低调区域，是一幅低调的风光摄影作品。我们再从影调的长短来看，这张照片的影调不属于长调或短调，而属于中调。所以综合起来，就可以称这张照片的影调为低中调。

SKILL 060

低短调

下方这张照片是低短调的摄影作品。可以看到，直方图波形主要位于左侧，右侧没有像素分布，照片画面比较灰暗，缺乏大量的亮部像素。通常情况下，短调的摄影作品比较少见，在一些夜景微光场景中，可能会出现这种影调的摄影作品。

总结一下，高、中、低 3 种影调的照片，每一种又可以按影调长短分为 3 类，最终就会有高长调、高中调、高短调、中长调、中中调、中短调、低长调、低中调、低短调 9 种影调。

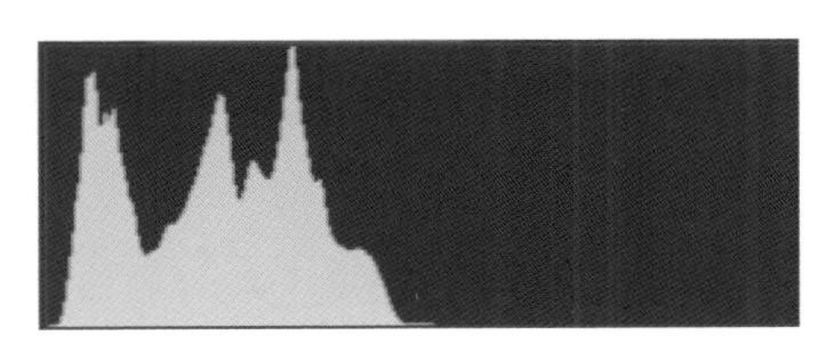

不同影调的摄影作品给人的感觉会有较大差别，如高调的摄影作品会让人感受到明媚、干净、平和；低调的摄影作品则往往充满神秘感，还可能有大气、深沉的氛围；中调的摄影作品则往往比较柔和。

需要注意的是，低短调、中短调和高短调的摄影作品因为缺乏的影调层次较多，所以画面效果可能不太容易控制，我们在使用时要谨慎一些。

SKILL 061

全长调

除以上 9 种常见影调之外，还有一种比较特殊的影调——全长调。这种影调照片的画面中，主要像素为黑和白两色，中间灰调区域很少。从这个角度来说，全长调的画面效果的控制难度会非常大，稍不注意，画面就会让人感觉不舒服。

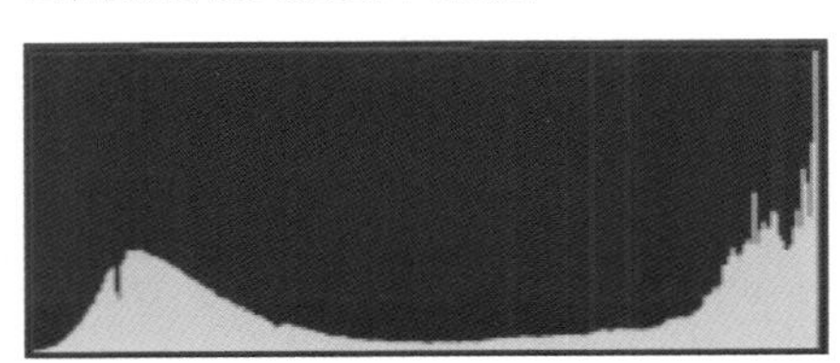

第3章

ACR全方位应用

Chapter Three

本章将对ACR的所有功能、工具以及这些功能与工具的常规用法进行全方位的介绍。

3.1 基本

本章将结合一张照片的具体后处理期过程，来介绍 ACR 的各种功能、工具及其详细使用方法。首先来看“基本”面板。

SKILL 062

曝光

大多数情况下，在“基本”面板中，我们可用第一个选项“曝光”来调整画面整体的明暗。打开照片之后，观察照片的明暗状态，如果感觉照片偏暗，那么可以提高“曝光”值，提亮照片；反之，则可以降低“曝光”值，压暗照片。

首先，在 ACR 中打开原始照片。

对于本照片来说，整体是偏暗的，所以要提高“曝光”值，但提高的幅度不宜过大。观察直方图的波形可以看到，提高“曝光”值之后，直方图的中心位置稍稍向右偏移了。

SKILL 063

高光与阴影

“曝光”值改变的是照片整体的明暗，但改变后可能仍有一些局部的明暗状态不是很合理、细节的显示不是太理想，那么这时我们可以通过调整“高光”和“阴影”的值，来进行局部的改变。本照片中，太阳周边亮度过高，那么可以降低“高光”值，以恢复照片亮部的细节和层次。背光的暗部，同样丢失了细节和层次，因此可通过提高“阴影”值使背光的山体部分显示出细节。

SKILL 064

白色与黑色

“白色”与“黑色”这组参数和“高光”与“阴影”这组参数有些相似，但这两组参数之间有明显的差别，“白色”与“黑色”对应的是照片最亮与最暗的部分，只有“白色”足够亮、“黑色”足够暗，照片才能显得更加通透，看起来效果更加自然，影调层次更加丰富。通常情况下，在降低“高光”值与提高“阴影”值之后，要适当地提高“白色”的值、降低“黑色”的值，从而让照片最亮与最暗的部分变得合理。

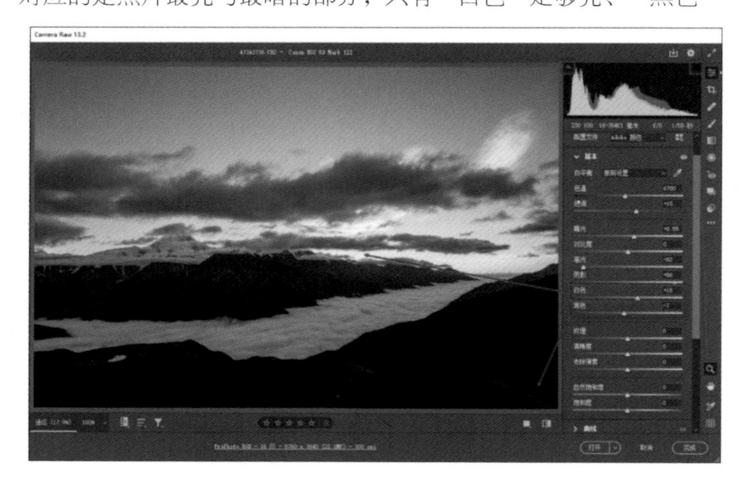

在改变“白色”与“黑色”的值时，可以先大幅度地提高“白色”的值，此时观察直方图右上角的三角标，待三角标变白之后，在直方图框中单击该三角标。

这时可以看到，高光溢出的部分会以红色色块的方式显示，这表示高光出现了严重溢出。如果出现这种情况，要向左拖动“白色”滑块，或向右拖动“黑色”滑块，以避免大面积的高光溢出。这里演示的是“白色”部分溢出的情况，“黑色”部分不再演示，但其原理是一样的。

SKILL

065

对比度

在“基本”面板中，通过调整之前介绍的 5 个参数，就能将照片基本调整到位。而第 6 个参数是“对比度”。通过提高对比度，我们可以让原本对比度不够的画面变得更加通透，反差更加明显，影调层次更加丰富。如果反差过大，则需要降低“对比度”。很多初学者在调整“对比度”时可能存在一个误区，往往喜欢大幅度地提高“对比度”，以加强反差。在大部分情况下，这样做没有问题，但如果要处理类似于下图这种逆光拍摄的大光比场景，经常需要适当降低“对比度”，以降低反差，让画面由亮到暗的影调层次过渡变得更加平滑。一般来说，无论提高还是降低“对比度”，幅度都不宜过大，否则容易让画面出现失真的问题。

066 白平衡

再来看“白平衡”，它用于控制画面的基本色调。我们拍摄的是RAW格式文件，ACR的“白平衡”列表中有多种内置的白平衡模式可供选择，这与拍摄时直接在相机中设定白平衡的效果基本一致。下图中画面的色彩没有太大的问题，但为了讲解白平衡的功能，这里展开“白平衡”列表，在其中选择“阴天”白平衡模式，可以看到画面的色彩有了轻微的改变。实际上这张照片中虽然有明显的太阳光线，但因为被乌云遮挡，更接近于多云或阴天的场景，所以这里选择了“阴天”。比较容易混淆的是“阴天”与“阴影”这两种模式，“阴影”主要用于对一些没有高光区域而有比较明显的背光区域的场景进行白平衡调整。类似于下图这种多云的场景，设定“阴天”白平衡模式的效果会更好一些。

SKILL

067 白平衡工具

调整白平衡的第2种方式是使用白平衡工具。具体使用时，先在“白平衡”选项右侧单击吸管按钮，也就是白平衡工具，然后将光标移动到照片中原本是白色或灰色的区域单击，以此位置为基准来还原照片的色彩，这样往往就能得到非常准确的色彩效果。后续我们会介绍参考色原理，相信大家在学习后就能够明白我们如此选择的原因。

SKILL

068 色温与色调

如果利用白平衡工具选择的位置有明显的色彩倾向，那么这种调整就是不够准确的。“白平衡”下方是“色温”与“色调”，它们其实就是白平衡调整所改变的两个参数。无论我们是选择特定的白平衡值，还是使用白平衡工具进行调整，本质上调整的都是这两个参数。可以看到，“色温”对应的是蓝色与黄色，也就是冷色调与暖色调；“色调”对应的则是绿色与洋红，这两种色彩对应的是照片的一种色彩偏好。即便我们不进行白平衡模式的选择，不使用白平衡工具调整画面色彩，也可以直接通过判断画面色彩来改变“色温”与“色调”的值，从而让画面色彩变得合理。

3.2 校正

下面再来看“校正”面板，“校正”面板主要针对的是“光学”面板。打开“光学”面板，在其中可以看到“删除色差”与“使用配置文件校正”两个复选框。

SKILL 069

删除色差

放大照片可以看到，在明暗反差非常大的边缘线位置有明显的紫边现象，而有的照片中会有绿边现象。这是一种色差，一般来说，容易在高反差景物交界线的位置产生。

要修复这种色差，直接勾选“删除色差”复选框即可。

SKILL 070

使用配置文件校正

如果我们使用广角镜头拍摄，画面四周就会存在一些比较明显的暗角，这是镜头边缘通光量不足导致的，这样的暗角会让画面整体的曝光显得不是特别均匀。

要修复这种暗角，可以勾选“使用配置文件校正”复选框。勾选之后，可以看到四周的暗角得到了提亮，画面的整体曝光变得更加均匀。实际上，如果使用超广角镜头拍摄，除暗角之外，画面四周可能还会存在一些几何畸变，只是因为下图的画面是自然风光，所以几何畸变不是特别明显。如果画面是建筑等，那么四周的几何畸变可能会更加明显。但勾选“使用配置文件校正”复选框后，无论是暗角还是几何畸变都会得到校正。

SKILL 071

载入配置数据

当然，能否使用“配置文件校正”让画面得到校正，还有一个决定性因素，即镜头配置文件是否被正确载入。大多数情况下，如果我们使用的镜头与相机是同一品牌的，也就是原厂镜头，那么镜头型号及配置文件都会被正确载入；如果我们使用的镜头与相机非同一品牌，也就是副厂镜头，那么可能就需要手动选择镜头型号。这样，即便是使用副厂镜头拍摄的照片，也能够正确载入校正文件，让画面得到合理的曝光，并且让几何畸变得到很好的校正。

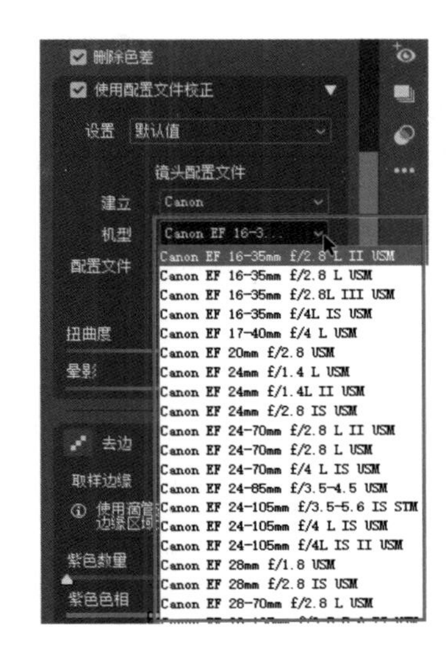

SKILL 072

校正量恢复

“使用配置文件校正”的下方还有一组参数为“校正量”。“校正量”用于避免软件自动校正过度，导致画面四周变得太亮。具体操作时，我们可以在“校正量”中稍稍向左拖动“晕影”滑块，从而避免四周过亮。“扭曲度”参数也可以这样调整，向左拖动滑块表示降低校正量，向右拖动则表示提高校正量。对于右图，可以适当降低“晕影”参数，从而避免四周过亮。

SKILL

073

手动校正

在一些特殊情况下，可能软件的自动校正不能带来非常完美的效果，或者我们打开的是一些没有拍摄数据的照片，软件无法自动完成校正，这时我们就需要进行手动校正。

假设我们通过自动校正没有将下图的色差完全修复，这时可以切换到“手动”面板，在下方可以看到“去边”这组参数，其中有紫色和绿色色差两组调整参数。本例中主要是紫色色差，所以首先将“紫色色相”定位到色差颜色，即确保色差颜色处于两个滑块的中间，然后稍稍提高“紫色数量”值就可以完成对紫边的修复。可以看到，通过这种手动校正，图中边缘的色差就被很好地修复了。

3.3 偏好调整

“基本”面板底部有两组比较特殊的参数，一组是“纹理”“清晰度”“去除薄雾”，另一组是“自然饱和度”与“饱和度”。

●◐◐◐◐ SKILL

074 纹理与清晰度

“纹理”主要用于提升画面整体的锐度，类似于“细节”面板中的“锐化”。

“清晰度”用于强化景物的轮廓线条，让景物更清晰。

SKILL 075

去除薄雾

稍稍提高“去除薄雾”的值，可消除照片中的雾霾或雾气，让画面显得更加通透。

右图中基本没有太多的雾霾或雾气，所以可以稍稍提高“去除薄雾”的值，注意提高的值一定不能过大。

SKILL 076

自然饱和度与饱和度

其实“自然饱和度”与“饱和度”的关系非常简单。在大多数情况下，我们主要调整“自然饱和度”。所谓的“饱和度”调整，是指不区分颜色的分布状态，整体上提高或降低所有色彩信息的饱和度，让色感整体变强或变弱。但是“自然饱和度”调整却不是如此，我们在提高“自然饱和度”时，软件会检测照片中各种不同色彩的强度，只提高原本色感比较弱，也就是色彩饱和度比较低的一些色彩的饱和度。如果降低“自然饱和度”的值，软件同样会进行检测，只降低饱和度过高的一些色彩的饱和度，从而让画面的整体效果显得更加自然。所以在自然风光摄影中，我们主要调整的往往是“自然饱和度”。

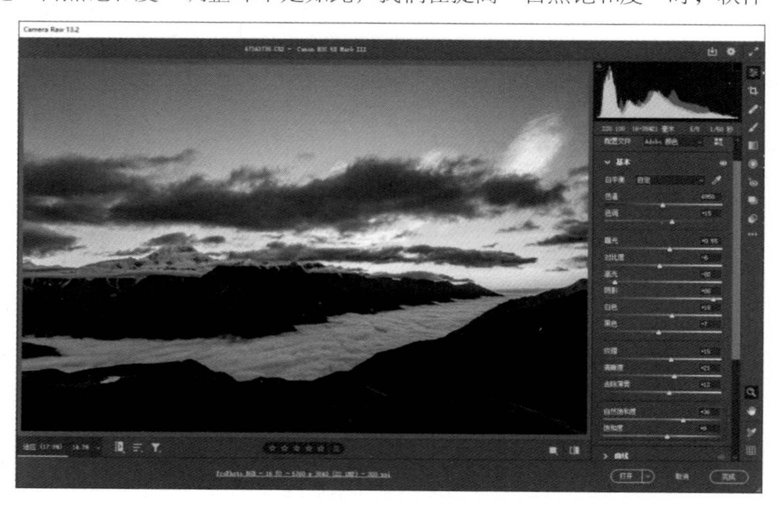

3.4 曲线

接下来介绍“曲线”功能。实际上，ACR 中的“曲线”功能与 Photoshop 中的“曲线”功能基本上一致，这里只进行简单的介绍，后续在 Photoshop 的功能运用中会详细介绍“曲线”功能的使用方法。

SKILL

077 参数曲线

展开“曲线”面板，在其中选择“调整”列表中的第 1 项，也就是参数曲线。此时，在曲线框下方可以看到“高光”“亮调”“暗调”“阴影”4 个参数。

具体调整时，只要分别拖动这 4 个参数的滑块即可。“高光”与“阴影”对应的是照片中最亮与最暗的部分，“亮调”与“暗调”对应的则是照片整体的亮调部分与暗调部分。这个比较容易理解，即便不理解，那么拖动滑块就可以看到曲线的变化，从而实现特定的调整效果。

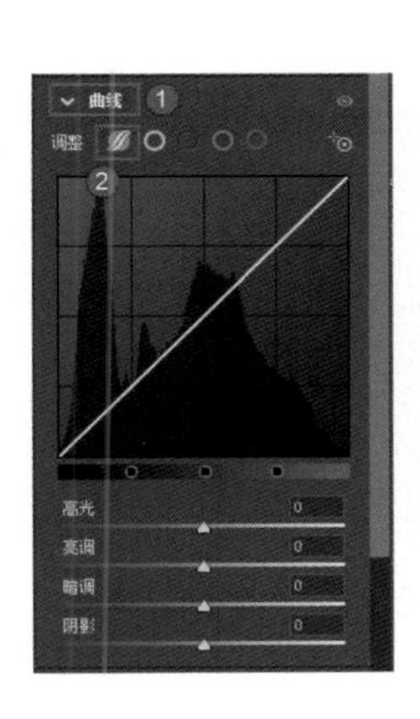

SKILL

078

点曲线

在“曲线”面板的“调整”列表中，第 2 项为点曲线，它与 Photoshop 中的曲线基本一致。可以看到其下方没有参数项，而出现了“输入”“输出”。后期软件中的“输入”与“输出”非常有代表性，“输入”对应的是照片的原始状态，“输出”对应的是照片调整之后的状态。

SKILL

079

输入与输出

在点曲线右上方单击选中锚点，向下拖动，此时可以看到“输入”为 255、“输出”为 249，这表示原始照片的像素亮度是 255 级亮度，即纯白色。调整之后“输出”是 249，这表示我们将原本的纯白色调整为了 249 级亮度，将画面压暗了一些。

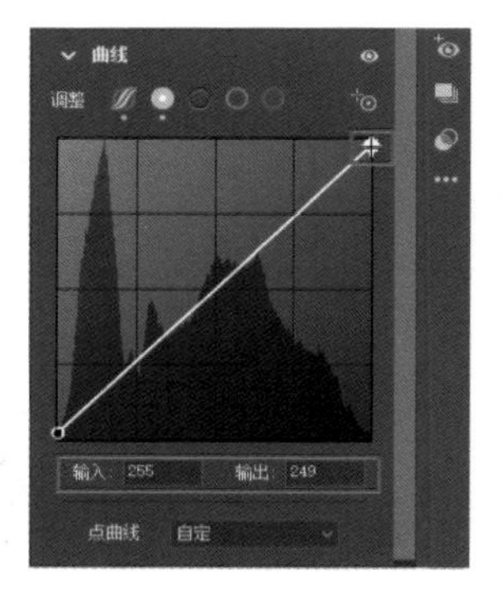

SKILL

080

曲线调色

在“曲线”面板的“调整”列表中，右侧 3 个选项为红色曲线、绿色曲线和蓝色曲线，通过调整这 3 条曲线就可以进行调色。在 ACR 中利用曲线进行调色时，我们每选择一种不同的色彩曲线，就可以在曲线框中看到曲线上下两部分对应的是不同的颜色。这种有不同颜色标志的曲线对于初学者是非常友好的。比如在蓝色曲线中创建一个锚点，将其向下拖动，则表示让照片的色彩向偏黄的方向变化。

如果选择红色曲线，那么我们一般会让高光区域，也就是让太阳周边变得暖一些，为此在曲线的右上方创建一个锚点，选中后向上拖动；对于暗部，则要保持原有的冷色调，所以要在曲线左下方创建一个锚点，选中后向下拖动恢复，这样画面的色彩会更自然。

在蓝色曲线中，对高光区域增加黄色，对暗部进行恢复，这样是合理的调色方式。可以看到，经过这样简单的调色，画面不仅没有出现太大的问题，而且色彩还比较纯净。

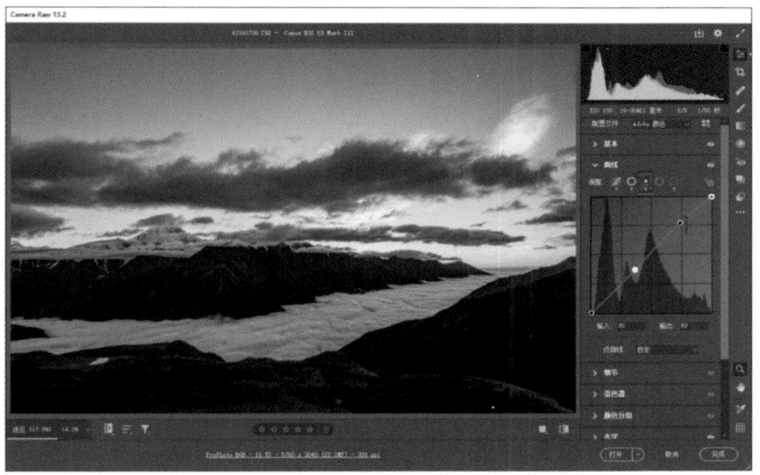

●◐◐◐◐ SKILL

081 目标调整工具

实际上，不只“曲线”面板，在后续将要介绍的“混色器”等面板中都存在一个目标调整工具，这同样是对初学者非常友好的一个工具。比如我们选择点曲线进行调整，在右侧选择目标调整工具，将光标移动到想要提亮或压暗的位置，选中后向左或向右拖动，就可以对这个局部的明暗进行调整。下图中地景的亮度比较高，因此将光标移动到地景，选中后向左拖动，可以看到地景被压暗了，实际上这一变化表现在曲线上，就是曲线左下部分被向下拖动了。

天空部分的亮度比较低，因此将光标移动到天空部分，选中后向右拖动进行提亮。这样就形成了一条非常轻微的S形曲线，表示强化了画面的反差，也就是加强了对比，从而让照片变得更通透。

这就是目标调整工具的使用方法。

3.5 画质优化

切换到“细节”面板，在其中可以看到“锐化”以及“减少杂色”两组参数。“锐化”这组参数主要用于调整照片的锐度，以提高画面的清晰度，“减少杂色”这组参数主要用于消除照片中的噪点。

SKILL

082 锐化与细节

“锐化”这组参数中包含了“锐化”“半径”“细节”和“蒙版”4个参数。一般来说，“锐化”“半径”“细节”这3个参数都可用于提高照片的锐化程度，而最常用的是“锐化”。如果提高“锐化”值，那么画面的锐利程度就会得到明显提升。但要注意，“锐化”的数值不宜提得过高，否则画面会显得不自然。“细节”也是如此，提高“细节”的值，可以让画面中的细节信息更加丰富、清晰和锐利。

SKILL

083 半径

这里单独讲一下“半径”值，因为这个值理解起来可能比较抽象。“半径”值的用法其实非常简单，提高“半径”值也可以提高锐化程度，让画面变得更加清晰、锐利。如果将“半径”值降到最低，那么“锐化”与“细节”的调整效果也会变弱。

实际上，“半径”值是指像素的距离，如我们设定某一个“半径”值，那么它是指以某个像素为基点，向周边扩展我们所设定的“半径”值数量的像素。假设设定“半径”值为8，那么选定某个像素之后，会向周边扩展8个像素，在这个范围内的像素的对比度和清晰度会被强化，也就是会被锐化。如果设定“半径”值为2，那么这个像素周边两个像素范围内的像素的对比度会被强化，锐化效果自然会变弱一些，这就是锐化的原理。

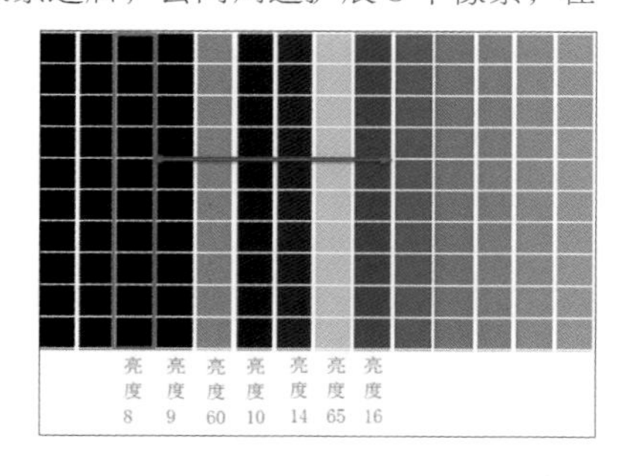

SKILL

084 蒙版

“锐化”这组参数中，最下方的参数为“蒙版”。“蒙版”的功能非常强大，它主要用于限定我们进行锐化处理的区域。调整时，按住Alt键，选中滑块向右拖动，可以看到照片中有些区域变为白色，有些区域变为黑色。白色表示进行调整之后所影响的区域，黑色表示不进行调整的区域，即通过调整“蒙版”值，限定了锐化的区域。一般来说，我们主要锐化的是景物中比较明显的边缘区域，大片的平面区域则不进行锐化，如天空等位置是不进行锐化的。

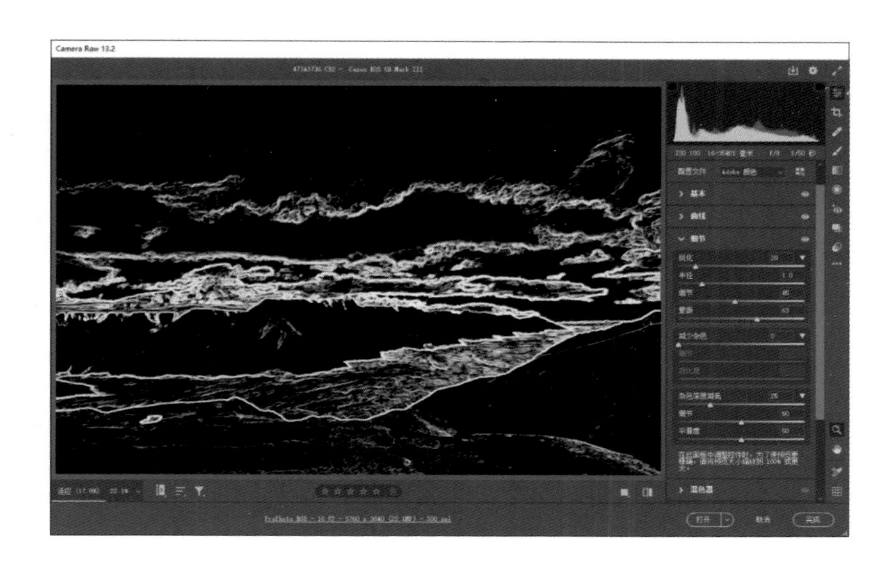

SKILL 085

减少杂色

与锐化相对应的是降噪。降噪有两组参数，一组是“减少杂色”，另一组是“杂色深度减低”。首先将这两组参数都归零。然后将“减少杂色”的值适当提高，再对比调整前后的效果，可以看到照片中的噪点明显变少。

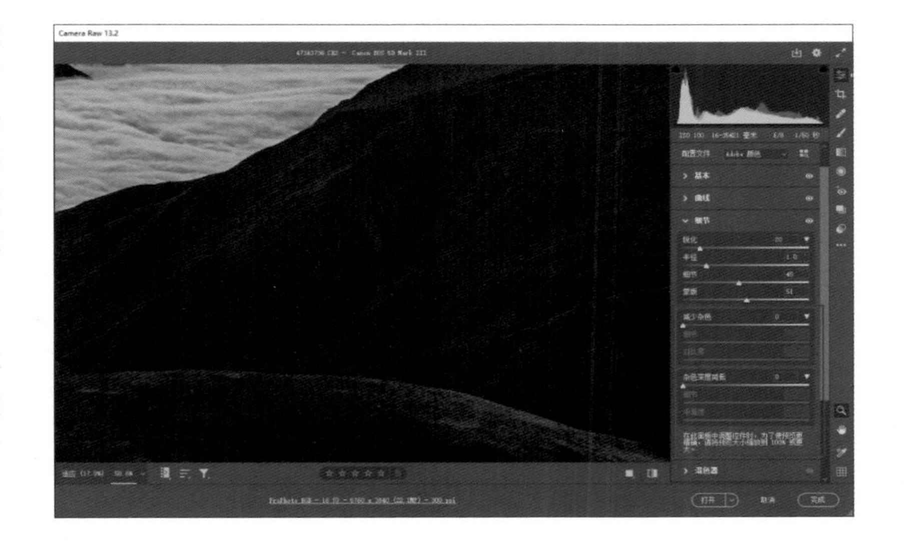

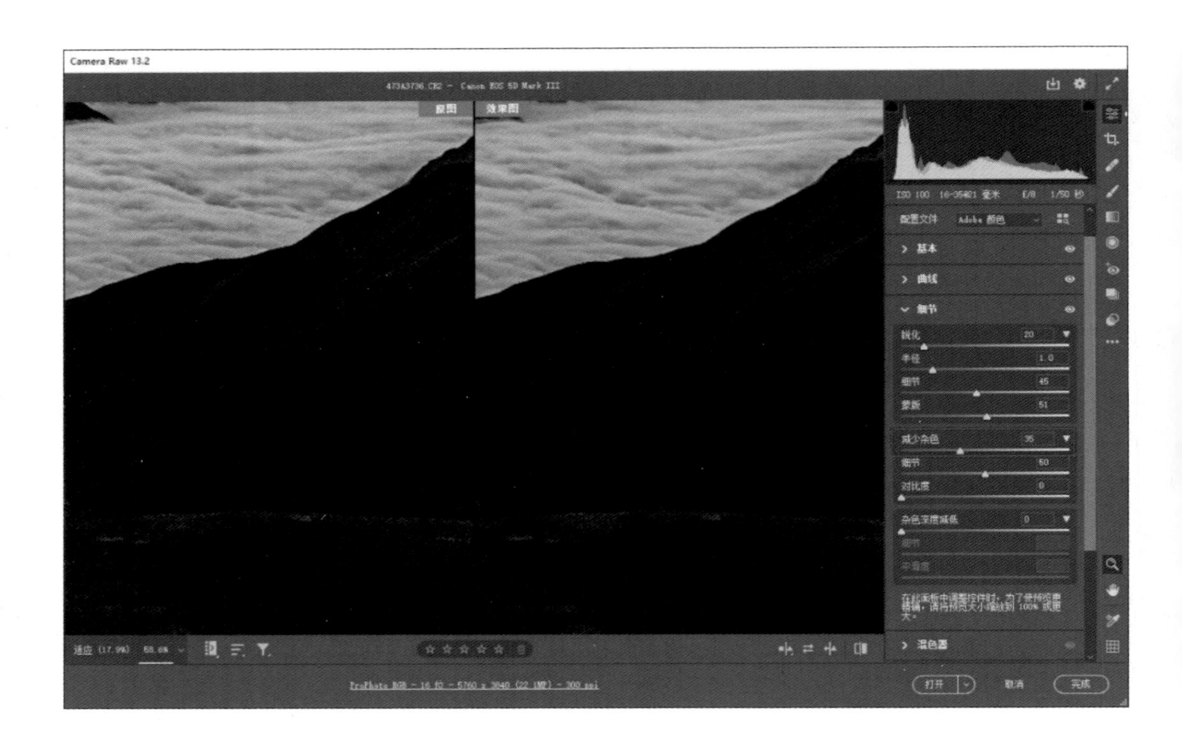

SKILL

086 杂色深度减低

“杂色深度减低”与“减少杂色”不同，“减少杂色”用于消除单色的噪点，而“杂色深度减低”则用于消除彩色的噪点。从右图中可以看到，提高“杂色深度减低”的值之后，画面中的彩色噪点得到了消除。

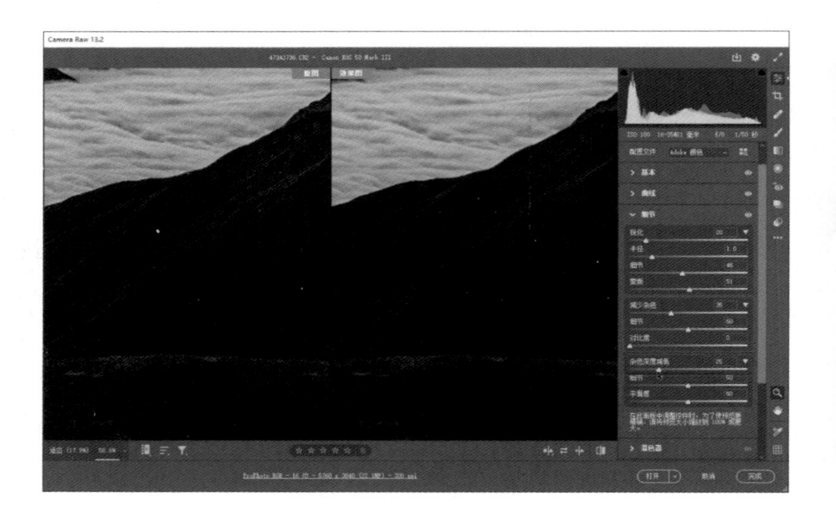

3.6 调色

之前我们介绍的一些功能和参数主要用于对照片的影调和画质进行调整，下面再来看看 ACR 中的一些具体的调色功能。

SKILL 087

原色

展开“校准”面板，在其中可以看到“原色”这种参数。

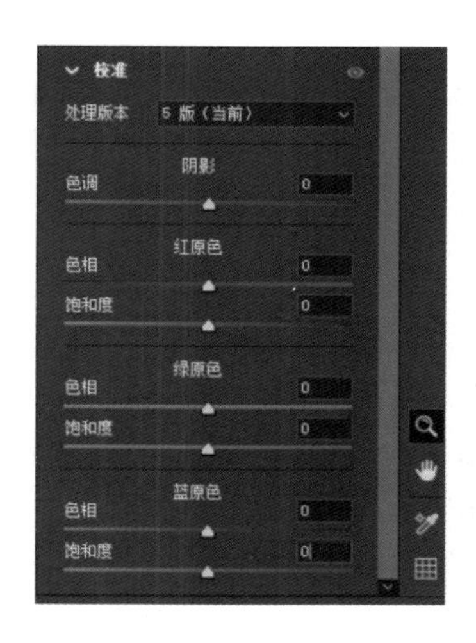

“校准”面板近年来在摄影后期处理中非常流行。进入面板看到这些参数后，许多初学者可能不明所以，不知道不同的调整项代表的意义。其实非常简单。而且借助不同的原色调整，我们可以快速统一画面的色调。

这里以蓝原色为例，如果向左拖动“蓝原色”的“色相”滑块，那么画面中的冷色调都会向青色靠拢（蓝原色色条左侧为青色），这样就让冷色趋于一致、变得统一；如果向右拖动，则画面中的冷色调会向蓝色统一（蓝原色色条右侧为蓝色）。

TIPS

拖动“蓝原色”的“色相”滑块时，冷色调发生变化，对应的暖色调也会发生变化。如果向左拖动滑块，冷色调偏青，那么暖色调也会向青色的互补色方向偏移（有关互补色的原理，本书第 6 章会详细介绍）。

SKILL

088

（原色）饱和度

在右图中，向左拖动“蓝原色”的“色相”滑块，可以看到照片中的冷色调开始整体趋向青色，变得一致和协调。

提高“蓝原色”的“饱和度”，那么画面中冷色调的饱和度会变高。

SKILL

089

颜色分级功能分布

“颜色分级”面板在ACR 12.4之前的版本中称为“分离色调”面板，新版本中该面板的功能更为强大，可以让一些大光比的照片变得非常漂亮。在该面板中，我们可以对高反差的照片分别进行亮部及暗部色彩的渲染，如为亮部渲染一种暖色调，为暗部渲染一种冷色调，让画面亮部和暗部的色彩都非常干净，同时产生强烈的冷暖对比，以获得一种漂亮的色彩效果。

在进行色彩渲染时，只有提高对应的饱和度，渲染的色彩才能起作用，“饱和度”上方的“色相”用于确定渲染哪一种色彩。

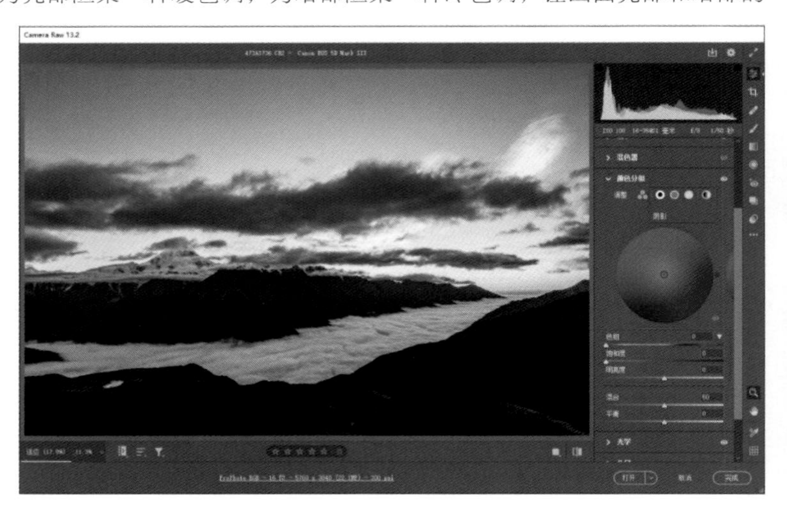

SKILL 090

高光渲染

针对下图，对高光区域一般要渲染暖色调。高光用于限定照片的亮部渲染哪一种颜色。由于亮部渲染了暖色调，色彩过于偏红，所以稍稍向右拖动“色相”滑块，从而让渲染的色彩不会过于偏红。

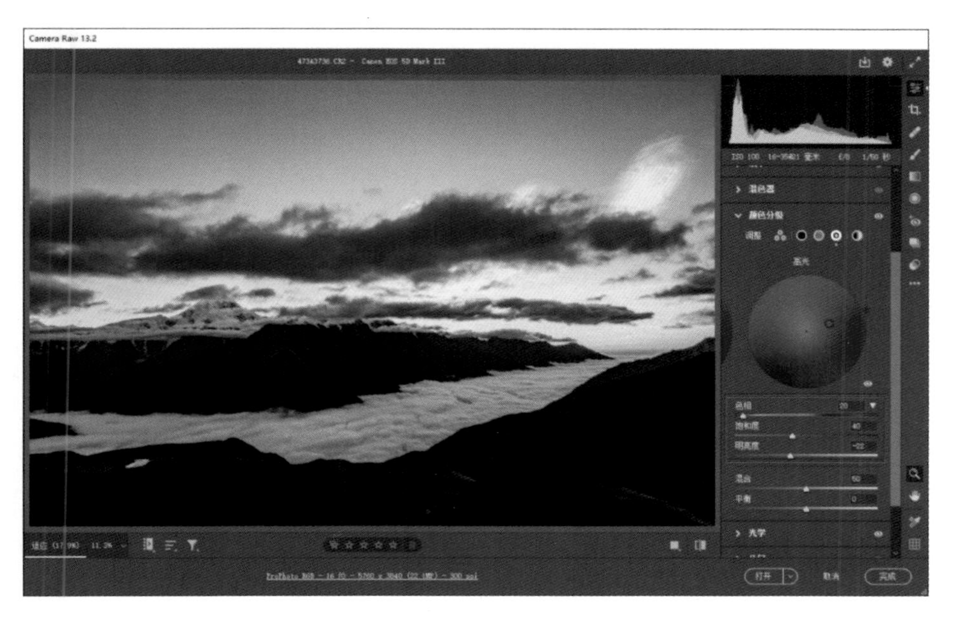

SKILL 091

暗部渲染

右图中，暗部渲染了青蓝色，可以看到渲染之后画面的色彩变得更加统一、干净。

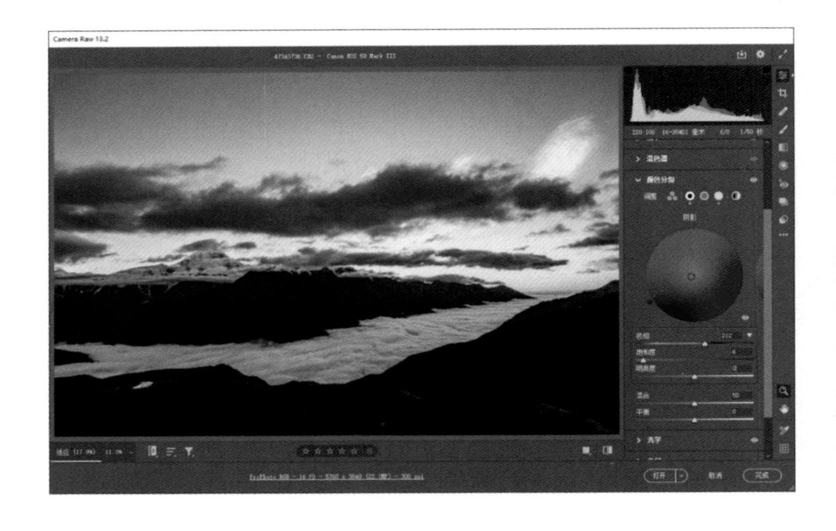

SKILL 092

平衡

“平衡”的用法其实非常简单，用来限定我们对高光区域与暗部的色彩渲染更加倾向于哪一边。比如向左拖动“平衡”滑块，就表示我们对暗部进行的渲染所占的比重更大一些，而降低了高光区域色彩渲染的强度；反之则是提高高光区域色彩渲染的强度，降低暗部色彩渲染的强度，从而让画面的色调整体倾向于更冷或更暖。

SKILL 093

中间调与全局

“中间调”与“全局”是新版本的ACR增加的功能，主要用于对中间调区域或全局进行色彩渲染。一般来说，我们主要对高光区域和暗部分别进行色彩渲染即可，如果对中间调或全局进行色彩渲染，就容易导致画面出现严重的偏色问题。

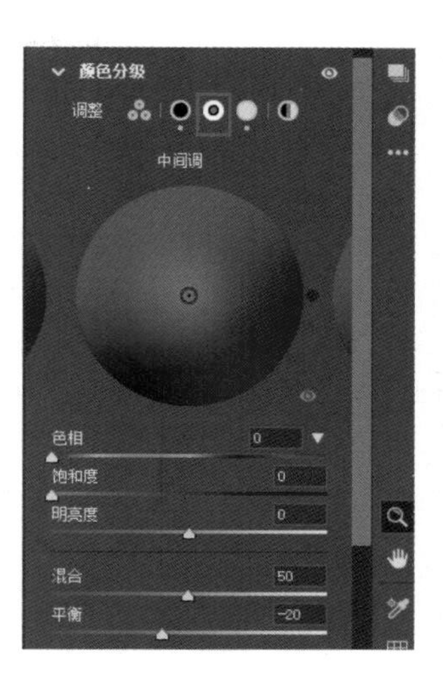

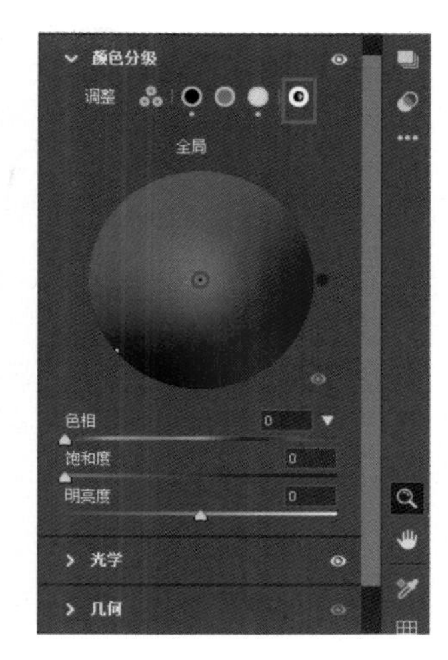

SKILL 094

HSL与颜色

在“混色器”中有两个调整选项，分别为“HSL”和“颜色”。这两个选项在本质上并没有什么不同，它们调整的都是HSL，其中H代表色相，S代表饱和度，L代表明亮度。它们只是参数功能的组合方式不同，我们可以分别进行调整和查看。

选择“HSL”之后，我们可以看到，多种不同颜色的“色相”统一集中展示在一个面板中，“饱和度”“明亮度”也是如此。

“颜色”的调整则是将每一种颜色的“色相”“饱和度”“明亮度”放在一个面板中，是以颜色为基准进行分类的。

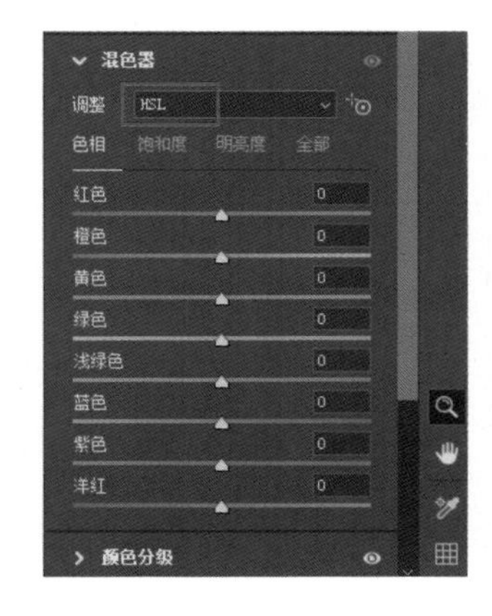

SKILL

095

暖色调的统一

在本例中，要实现暖色调的统一，我们可以进行“色相”的调整。观察照片后发现，高光中的天空有黄色、红色和橙色，这些不同的色相虽然让高光区域显得比较自然，但是显得比较杂乱，令画面看起来不是那么干净。我们可以通过拖动“色相”滑块，让高光区域变得更加干净。首先向左拖动“黄色”滑块，让黄色变暖一些，再向左拖动“橙色”滑块，继续让黄色变暖，向偏橙色的方向发展。然后向右拖动“红色”滑块，让红色也向偏橙色的方向发展。通过这样的调整，天空部分的色彩，特别是暖色调部分就变得更加相近，整体偏橙色，显得非常干净。

SKILL

096

冷色调的统一

实际上，让暖色调向橙色方向发展，冷色调向蓝色方向发展，这样暖色调部分和冷色调部分都会变得非常干净，这是“色相”的一种用法。前面我们统一的主要是暖色调，下面再来看冷色调的统一。对于冷色调，我们可以看到，照片的暗部虽然是青蓝色，但是蓝色中带有紫色，显得不够纯粹。因此，我们要向左拖动“蓝色”滑块和“紫色”滑块，让蓝色变得更加纯净，这样就统一了冷色调，让画面中的冷色调整体变得更加干净。

SKILL 097

饱和度的调整

对于自然风光摄影作品来说，大部分情况下，画面中会存在一些饱和度过高的色彩。饱和度容易过高的色彩主要是蓝色、青蓝色等冷色调。一般来说，高光区域的橙色、黄色、红色等的饱和度不会太高，而暗部只要有稍稍的冷色调即可，没有必要让冷色调的饱和度太高，否则画面就会显得不自然、太油腻。对于右图也是如此，画面中天空的冷色调太重，它与暖色调形成了强烈的对比，显得主次不够分明。调整时切换到“饱和度”子面板，降低“浅绿色”“蓝色”“紫色”的饱和度，这样画面色彩的主次会更加分明，显得更有秩序感。

SKILL 098

明亮度的调整

降低“蓝色”等的饱和度之后，画面的层次感会变弱，这时要切换到“明亮度”子面板，降低“浅绿色”“蓝色”“紫色”的明亮度，压暗3种色彩对应的部分，从而追回这些部分的影调信息，让画面有更明显的反差。

SKILL 099

目标调整工具

在“混色器”面板右侧也有一个目标调整工具。选择该工具之后，在画面中单击右键，可以在弹出的菜单中选择不同的调整项，如“饱和度”“明亮度”等。

在本例中，对于高光区域，可以选中该区域并向右拖动，以增加饱和度。对于冷色调部分，往往要降低它的饱和度，而对于暖色调部分，往往要增加它的饱和度。当然，借助目标调整工具，我们还可以对“色相”“明亮度”等进行调整，这里就不再演示了。

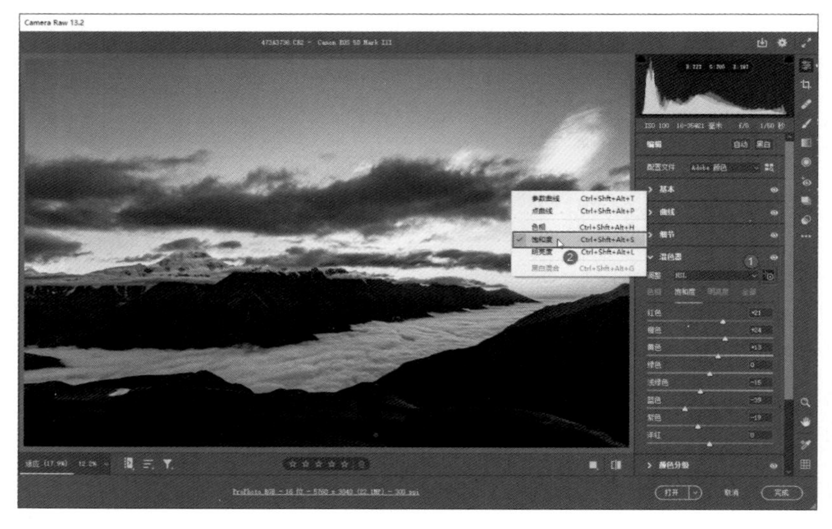

3.7 瑕疵修复

下面介绍 ACR 中的瑕疵修复功能，这一功能主要通过“污点去除”工具来实现。

SKILL 100 污点去除——修复

我们在工具栏中选择“污点去除”工具，将输入法切换为英文输入状态，然后按 [或] 键，就可以改变画笔的直径。当然，也可以通过在画面中单击点住右键向左拖动来缩小画笔直径，或向右拖动来放大画笔直径。

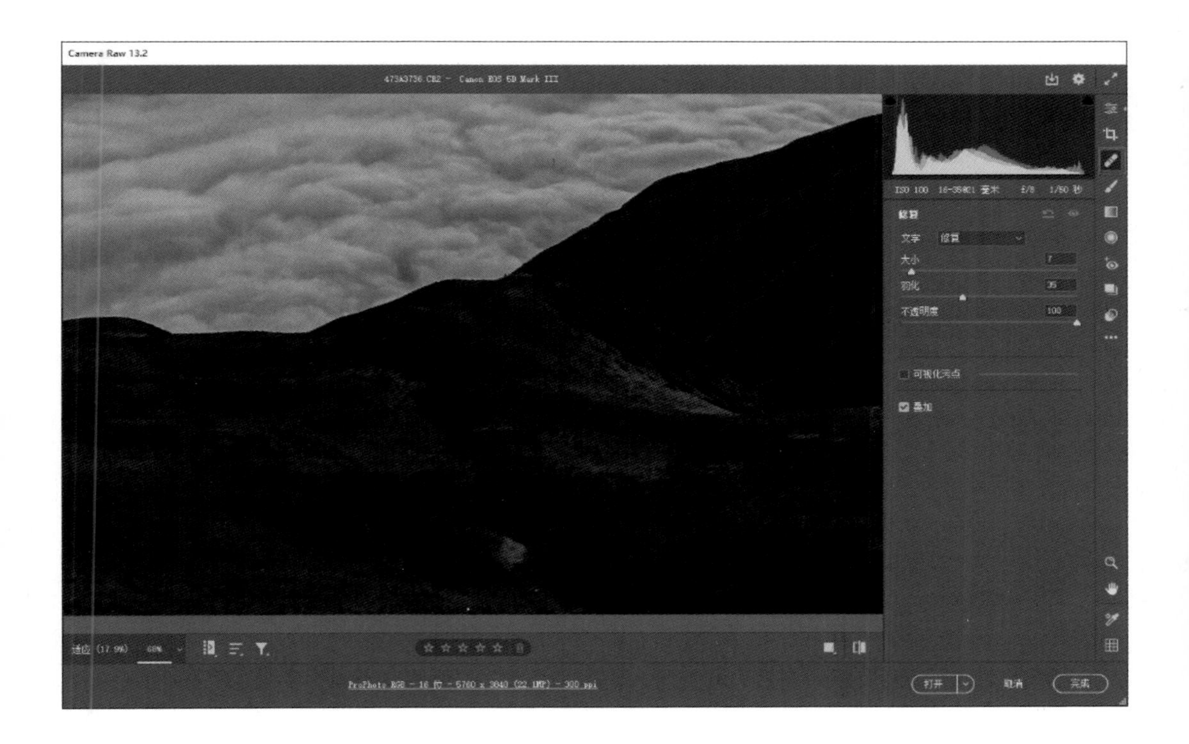

将画笔直径调整到合适的大小之后，把光标移动到瑕疵上单击并拖动涂抹，就可以将瑕疵修复。

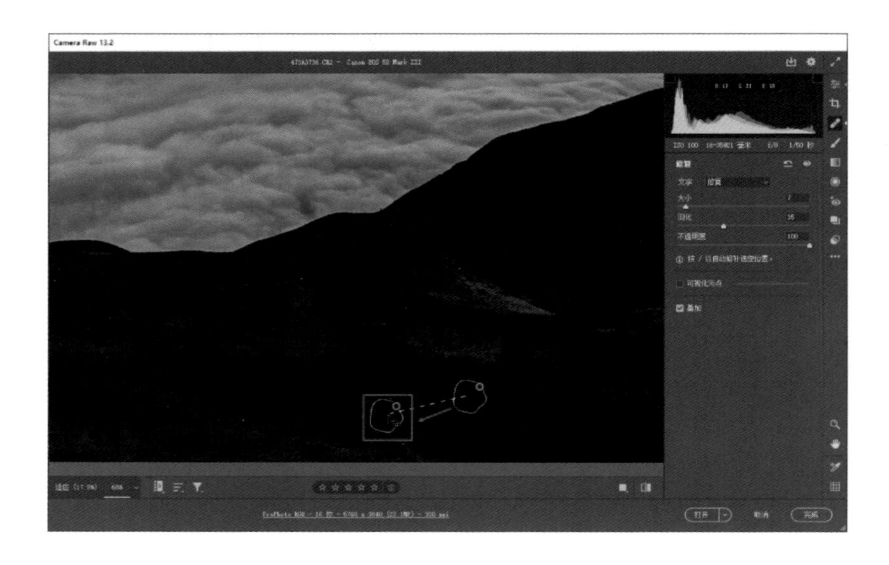

SKILL

101

污点去除——仿制

在“污点去除”工具的“文字”列表中，还有另外一种模式——“仿制”，这个模式看起来比较抽象，但其功能非常简单。“修复”主要用于去除照片中间部位的瑕疵，而“仿制”则主要用于去除画面边缘，特别是位于边缘线上的瑕疵。对于边缘线上的瑕疵，如果使用“修复”模式，则容易产生一些比较杂乱的纹理，但如果使用“仿制”模式，就可以将边缘的瑕疵很好地修复掉，操作方法与“修复”是一样的。

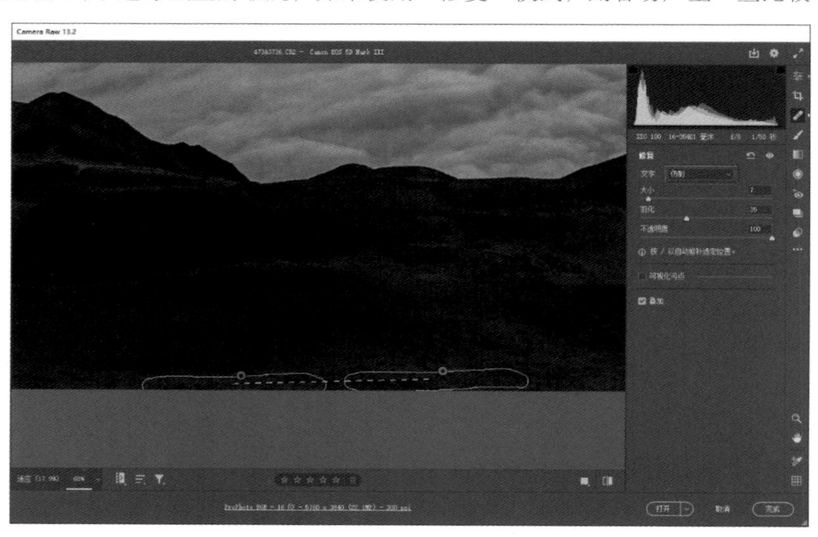

SKILL

102 污点去除——可视化污点与叠加

“污点去除”面板中还有两个参数比较重要，分别为“可视化污点”与“叠加”。

勾选“可视化污点”复选框之后，画面会变为黑白状态，照片中的污点大多会呈现为一些白色的圆环，这样污点会更加直观，我们直接在照片中单击污点即可将其去除。

“叠加”可用于设定是否显示我们操作的标记。勾选“叠加”复选框之后，我们进行污点去除操作就会留下一些特定的标记，能帮助我们进行后续调整；如果取消勾选该复选框，操作过程就不会留下任何痕迹。

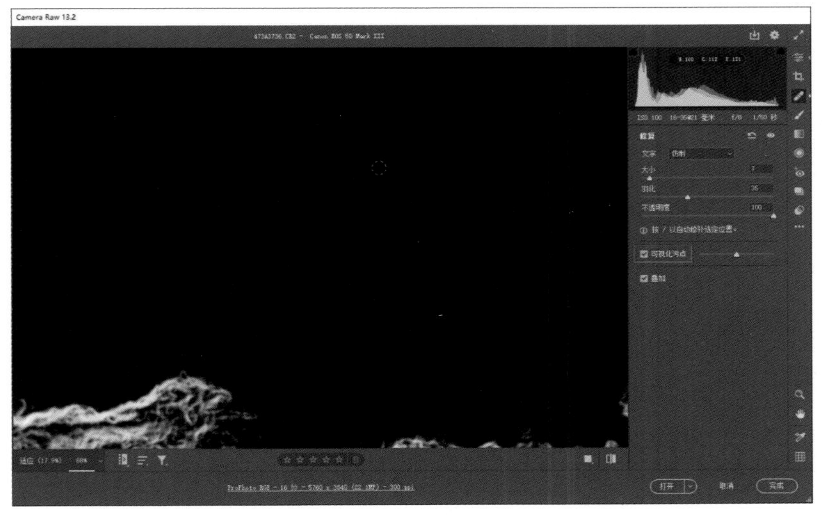

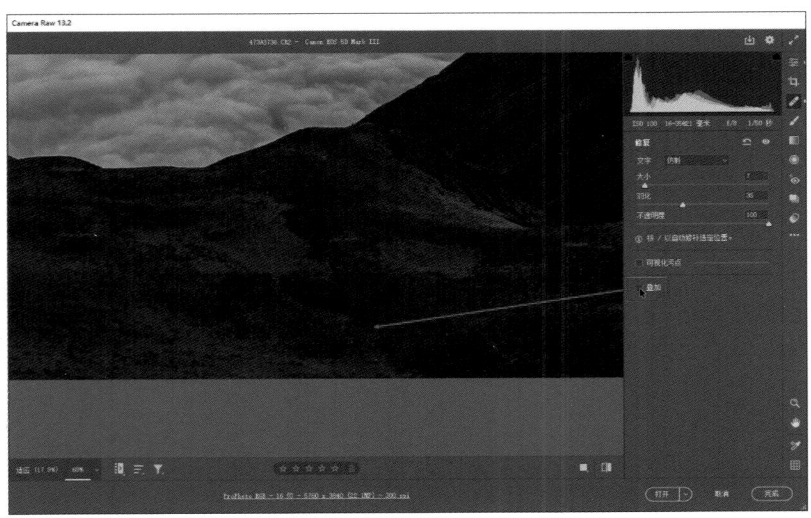

3.8 局部调整

下面来看一个比较核心的功能——局部调整。局部调整主要是指借助调整画笔、渐变工具、渐变滤镜、径向滤镜，来对照片局部的影调及色彩进行调整，最终让画面整体变得更加干净，主次更加分明，效果更加理想。

SKILL 103

参数复位

我们来看参数复位，先选择“调整画笔”工具，然后在下方的“选择性编辑”面板右上角单击“复位参数”按钮，这样可以将我们之前设定过的参数复位。如此就可以重新设定参数，对照片的局部进行调整。

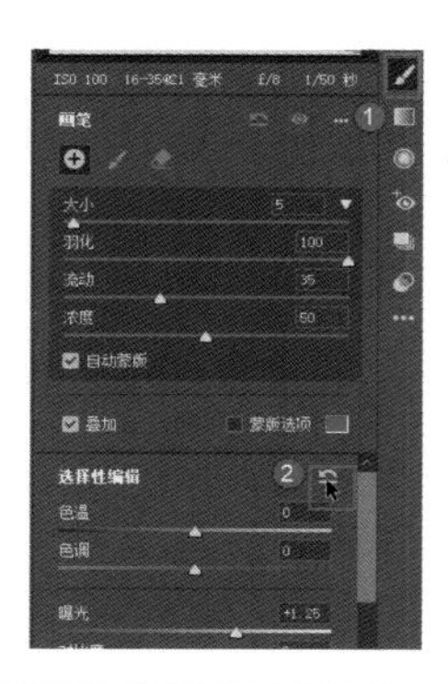

SKILL 104

画笔局部修复功能

本例中，近处的地面亮度过高，我们可以降低“曝光”“高光”和“白色”值，并在近处的地面涂抹，这样就可以将地面的亮度压下来，从而避免该区域分散注意力。

SKILL

105 参数再微调

调整之后，如果感觉调整的效果不太合理，可以在确保当前的调整处于激活状态的情况下，也就是画笔依然处于红色选中状态时，微调参数值，让调整效果变得更加符合我们的预期。调整画笔非常灵活，可以对一些比较零散的区域进行调整。

SKILL

106 制作光感

我们利用径向滤镜可以创建一个圆形或椭圆形的径向区域，然后可以对这个区域进行提亮和压暗操作，或制作一些光线效果。本例中，我们可以沿着太阳光线的方向制作径向区域，从制作出隐约的光感，让画面的光线布局更加合理。选择“径向滤镜”之后，沿着太阳光线的方向由远及近制作一个径向区域，然后设定参数，主要是稍稍提高“曝光”“高光”“阴影”的值。因为模拟的是太阳光照的效果，所以往往还要稍稍提高“色温”和“色调”的值，让光线变暖一些。另外，还要稍稍降低“黑色”的值，让光感更自然，否则我们制作的光感区域的光线会比较明亮、模糊，显得对比度不够。经过调整，我们隐约能看到，一束很浅的光线由太阳周边照向近景，这更符合自然规律。

我们还可以将光标移动到近景的一些受光面上，拖动出一些很小的径向区域，对这些区域进行提亮，模拟出太阳光照的效果。

SKILL

107

汇聚光线

我们利用渐变滤镜可以汇聚光线。具体操作时，先选择“渐变滤镜”，再由天空向下拖动制作一个渐变区域，然后降低“曝光”值，这样可以让天空产生由暗到亮的渐变，从而起到汇聚光线的作用，避免因四周亮度太高而让画面光线显得不够理想。此外，适当降低黑色值，可以让调整区域的影调过渡更自然一些。

我们可以用同样的方法在四周制作渐变，将四周压暗，从而让观者的视线汇聚到画面中比较重要的景物上。

SKILL

108

局部影响区域修改

对于本例来说，压暗天空之后我们发现，照片左上角和右上角因为原本就带有暗角效果，亮度变得过低。针对这种情况，我们可以先单击选中之前创建的渐变滤镜，接着在参数面板上方选择擦除工具，然后将左上角和右上角的调整效果擦除，从而让天空部分的渐变显得更加流畅、自然。

3.9 输出之前

调整完照片之后，在输出之前，我们还可以对画面的效果进行微调。

SKILL

109 颗粒

打开“效果”面板，在其中可以看到“颗粒”与“晕影”两个主要的参数。

“颗粒”主要用于为画面添加杂色，以模拟噪点的效果，从而让画面产生胶片般的质感。

SKILL

110 晕影

“晕影”主要用于为画面添加暗角效果。添加暗角效果之后，我们还可以在下方对暗角的“中点”“圆度”等参数进行一定的调整，让暗角效果更加自然。

SKILL 111

参数整体微调

实际上，经过前面大量的调整，我们已经将这张照片调整到了相对比较理想的状态。当然，即使一些参数不做调整，画面也能呈现很好的效果，为了展示各种不同功能和工具的使用方法，我们还是对所有的功能和工具都进行了使用和介绍。调整完毕之后，回到“基本”面板，我们还可以在整体上对画面的色彩、影调、偏好等参数进行微调，让画面整体更协调。

SKILL 112

S形曲线

在输出照片之前，切换到“曲线”面板，选择点曲线，创建一条略微弯曲的S形曲线，这样可以强化画面的反差，让画面的通透度更高。完成之后，就可以输出照片了。

3.10 其他调整

● ◖ ◖ ◖ ◖ SKILL

113 自动调整

打开一张建筑类的照片，在面板上方的“编辑”右侧单击“自动”按钮，这样软件会根据直方图以及色彩状态对画面进行优化。可以看到，下方的影调、自然饱和度等参数都发生了变化，照片整体的影调层次变得更加理想。

但是观察画面可以发现亮度过高，因此我们还需要进一步手动微调影调及色彩等参数，让画面的整体效果变得更理想。

SKILL

114 配置风格

在“配置文件”列表中，有“颜色”“标准”“风景”“人像”“鲜艳”“单色”等不同的照片风格，这与我们拍摄时在相机中设定的照片风格是完全一样的。本例使用的是一张风光照片，所以可以直接配置“风景”。大多数情况下，因为我们后续要对照片进行大量的影调与色彩调整，所以此处即使不配置这种风格也没有什么问题。这里我们主要讲解的是这种参数配置的原理。

SKILL 115

选择更多配置文件

“配置文件”右侧有一个更多选项按钮，单击该按钮可以展开更多的配置文件。

在其中我们可以选择一种自己喜欢的色调风格，这里选择的是“现代 08”配置文件，它是一种清新的色调，配置之后，照片更具文艺气息。

配置好之后，可以单击上方的后退按钮回到“基本”面板。实际上，在更多配置文件中，有“黑白”“老式”“现代”等多组风格不同的配置文件，所以在选择不同的配置文件时，我们可以多次进行尝试和查看、对比，找到最合适的或自己最喜欢的一种配置文件。

SKILL

116 配置后调整

返回“基本”面板之后，我们首先可以拖动上方的“数量”滑块，使我们选择的配置文件的效果更强烈或更自然。这里稍稍降低了“数量”值，从避免青橙的色调过于浓郁，让画面显得失真和偏色。接下来，我们还可以在下方的参数面板中微调影调与色彩参数，让画面效果更加理想。

之后进入“混色器”面板，切换到“饱和度”子面板，稍稍降低“蓝色”的饱和度（主要是因为照片中天空的饱和度过高）。对于建筑画面部分，可以稍稍提高“红色”“橙色”的饱和度，让主体更突出。尤其要注意的是，画面右下角的绿色饱和度过高，因此要大幅度降低“绿色”“浅绿色”的饱和度。

然后切换到“明亮度”子面板，降低“红色”“橙色”“绿色”等色彩的明亮度，让色调更加沉稳，让影调更加丰富，这样这张照片的影调与色彩就变得更加理想了。

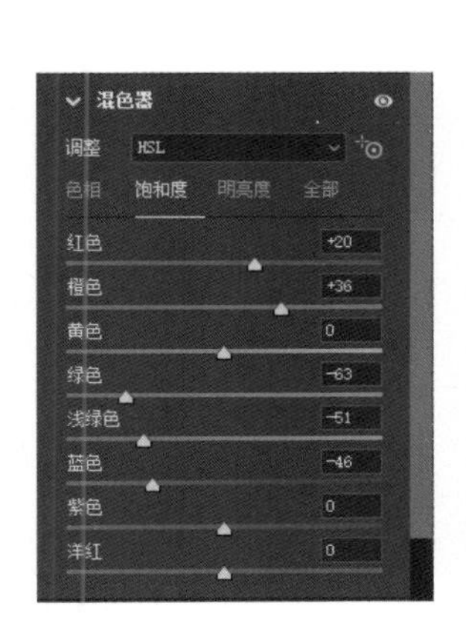

3.11 几何调整

所谓几何调整，主要是指对照片中有明显几何形状的一些建筑物、地平线等进行校正。

SKILL 117

水平调整

切换到“几何”面板，在其中直接单击“水平调整”按钮，这样软件会自动校正照片的水平方向的内容。可以看到，操作后建筑的水平被校正了。

SKILL 118

竖直调整

此时，因为角度及透视的关系，建筑的竖直方向存在一些问题。对此，可以直接单击“竖直调整”按钮。操作后，可以看到建筑的竖直方向也被校正了，但是画面左下角和右下角因为透视的调整，出现了空白像素区域，最后在完成校正时要裁掉空白区域。

SKILL 119

水平与竖直同时调整

对于这种建筑类题材的照片，如果要进行水平与竖直两个方向的调整，可以直接单击能够同时调整水平和竖直两个方向的按钮选项，一步到位地对照片进行校正。

SKILL 120

自动调整

另外，直接在调整选项中单击“自动调整”按钮，也可以自动、快速地完成对照片的几何校正。

SKILL

121 参考线调整

无论是自动调整，还是同时调整水平与竖直，得到的效果可能与我们的预期都有一定差距，并且效果可能不是尽善尽美的。这时我们就可以使用一种难度更高但更为专业的调整方式，即通过建立参考线来调整照片。先单击“参考线调整”按钮，然后勾选“放大镜”与“显示参考线”这两个复选框。“显示参考线”顾名思义是在我们建立参考线时将参考线显示出来。“放大镜”则是新版本 ACR 新增的一个功能，是指在建立参考线时，将鼠标所在的位置放大，便于我们观察参考线的位置和方向。操作时，首先我们沿着照片中原本的竖直方向创建第 1 个锚点，创建时可以看到局部放大效果，这有助于我们精确定位线条边缘。

然后将光标移动到下一个位置，同样借助放大镜将第 2 个锚点定位到合理的位置，这样通过两点就确定了一条直线。

用同样的方法在建筑的左侧建立另外一条参考线。这样，通过两条参考线，竖直方向的校正就完成了，并且校正得非常准确。

接下来我们再用同样的方法建立两条水平的参考线，这样，整个建筑在水平和竖直方向上都被校正好了。如果感觉校正效果不是特别理想，还可以选中参考线，点住拖动即可调整参考线的倾斜角度，从而得到更完美的效果。

调整完毕之后，选择“裁剪工具”，裁掉照片右侧以及上方过于空旷的部分，让建筑处于画面的中心位置，这样就完成了对这张照片的调整。

3.12 快照与预设

完成调整之后，我们可以先将当前的效果通过快照的方式保存起来，然后再对照片进行其他的调整。

SKILL 122

创建快照

创建快照时，在右侧工具栏中选择“快照工具”，这样会切换到“快照”面板，在“快照”面板右侧单击“创建快照”按钮。

打开“创建快照”对话框，先在其中为当前的快照命名，这里设置“名称”为“青橙”，然后单击“确定”按钮。此时可以看到“快照”面板中出现了“青橙”快照。

接下来继续对照片进行处理，将照片处理为黑白状态之后，再创建一个名称为“黑白”的快照。可以看到，“快照”列表中有“黑白”和“青橙”两种快照，每一种快照都表示一种处理效果。

SKILL

123

使用快照

如果要使用快照，只需在“快照”面板中单击相应的快照名称即可。比如单击“青橙”快照，就返回到了之前处理过的青橙色调。

SKILL 124

使用第三方预设

接下来介绍预设功能的使用方法。在工具栏中单击“预设”按钮，进入“预设”面板。在其中我们可以看到两大类主要的预设：第一类是“颜色”“创意”“黑白”等，这一系列预设是系统自带的；而下方的预设则是从网络上下载的第三方预设，它们被内置到ACR中，这种预设的使用方法，读者可以在网上学习相关的教程。直接单击相应的预设，就可以套用这种预设进行一键修片。当然，这种一键修片与我们使用配置文件实现的效果有些相似，还需要进行后续的参数调整。也就是说它并不能真正达成一键修片，使用该功能后我们仍然需要进行其他的调整。

SKILL 125

创建预设

之前我们介绍了预设的一些类型，下面介绍如何在ACR中创建预设。依然是这一张照片，我们处理完毕之后，在工具栏中间的位置单击“扩展菜单”按钮，在展开的菜单中选择“创建预设”选项。

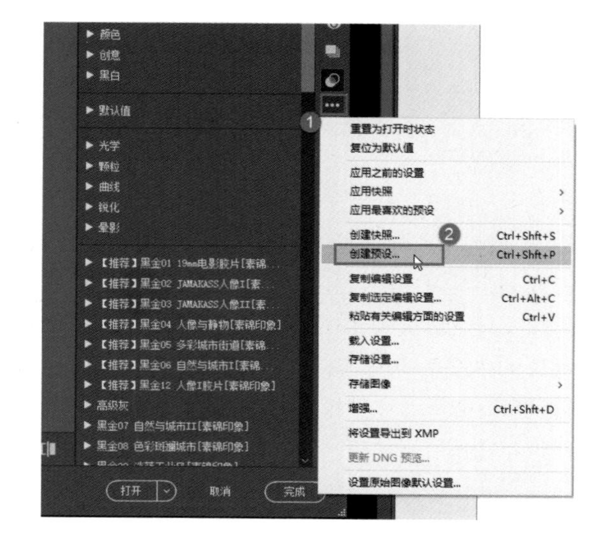

打开“创建预设”对话框，在其中为预设命名，这里命名为“川西青橙色”。在下方的参数列表中，取消勾选“几何”这组参数，因为不同照片的倾斜程度是不一样的，我们不可能将对这张照片的水平和竖直方向的调整套用到其他照片上，但对于它的影调、色彩等的调整则可以套用到其他照片上。设定好之后，单击“确定”按钮，这样就创建了一个新的预设。

在“预设”面板下方，我们可以看到刚刚创建的“川西青橙色”预设，单击“完成”按钮即可。

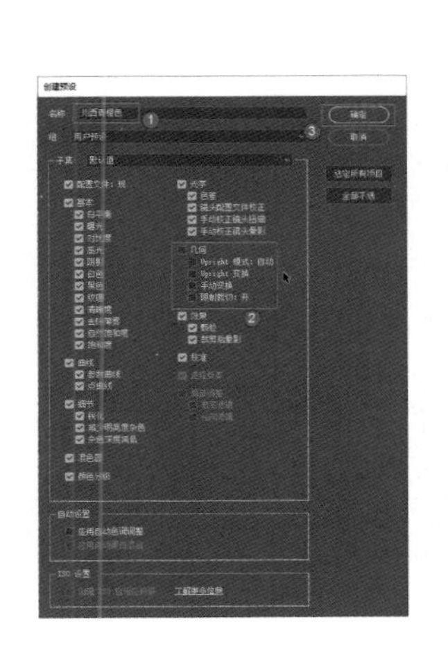

SKILL

126 套用预设

打开另外一张照片，直接切换到“预设”面板，在下方单击“川西青橙色”预设，那么这张照片就套用了我们之前创建的预设。可以看到，这张照片也有大量的水平和竖直线条，但它与之前那张照片中的线条的倾斜度是不一样的，所以不能套用之前那张照片的水平和竖直方向的调整，这也是在创建预设时应该注意的一个问题。

3.13 经验性操作

下面再来介绍有关 ACR 的一些经验性操作。

SKILL 127 复位默认值

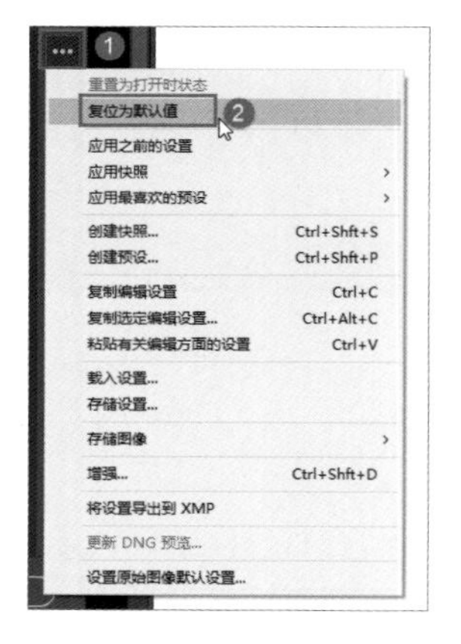

首先来看复位默认值。如果我们对照片进行了大量的调整，但是发现调整出现了严重问题，或调整思路有问题，这时就可以先将我们的处理效果进行复位。具体操作时，在工具栏的中间位置单击“扩展菜单”按钮，在展开的菜单列表中选择“复位为默认值”选项，这样就可以将我们当前的调整效果复位。

复位之后，可以看到照片恢复了原始状态。

SKILL 128

载入设置

接下来再来看载入设置。载入设置是一个非常好用的功能，如果我们打开了大量的原始照片，全选之后就可以通过“载入设置”进行照片的批处理，有兴趣的读者可以尝试。下面我们通过单张照片来进行介绍，依然用之前的建筑照片。展开“扩展菜单”后选择“载入设置”选项。打开“载入设置”对话框，在其中选择我们之前对这张照片或对同类照片进行处理时所产生的XMP格式文件，选中后单击“打开”按钮。

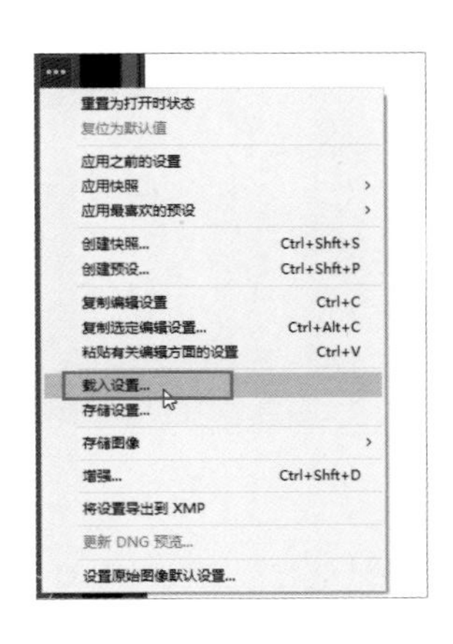

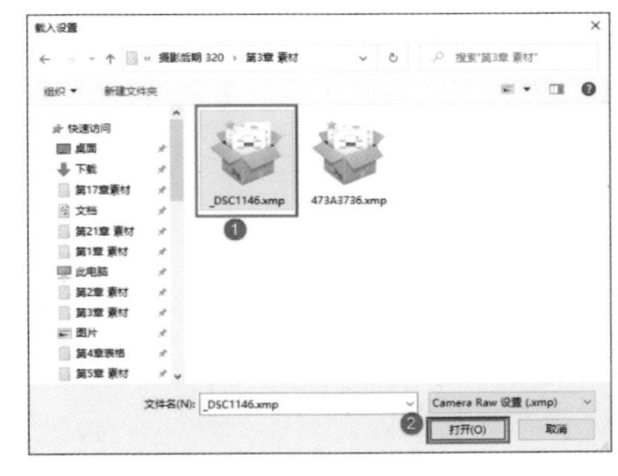

这样我们就将之前对照片进行的处理套用到了当前照片上。可以看到，这样就快速完成了照片的后期处理。

SKILL

129

增强图像

下面介绍新版本 ACR 新增的增强功能，这个功能可以用于放大我们拍摄的 RAW 格式文件，并且放大之后画质不会严重下降——这是通过比较先进的算法实现的功能。如果我们对照片有广告、商用等后续的应用需求，这个功能就非常有用。

具体操作时，先在“扩展菜单”中选择“增强”选项，打开“增强预览”对话框，在其中勾选“超分辨率”复选框，然后在左侧的预览区域中就可以看到照片放大之后的效果。如果对这种效果比较满意，直接单击“增强”按钮，我们就可以放大（或者说扩展）RAW 格式文件，从而为后续的广告、商用等做好准备。

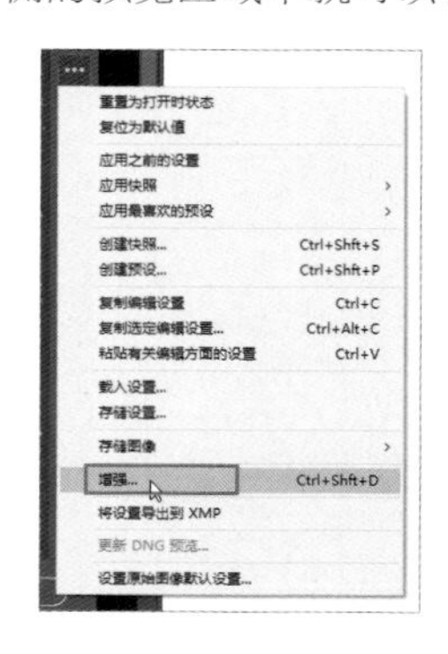

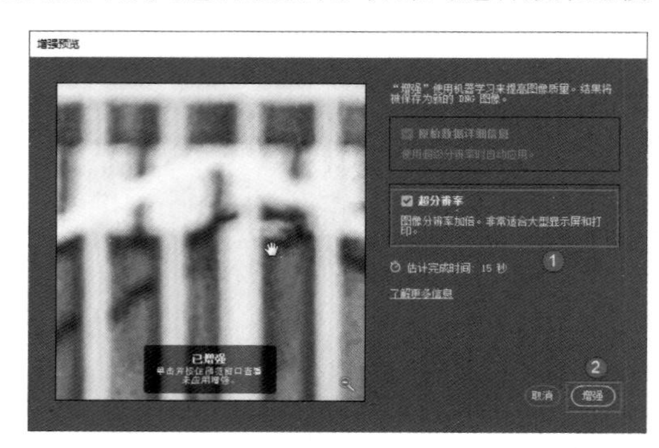

SKILL

130

缩放显示的比例

下面再来看看照片的显示设置。在工作区左下角，我们可以设定照片显示的比例。大部分情况下，我们可以直接设定为“符合视图大小”，也就是让照片填充整个工作区。当然我们还可以根据实际情况，在列表中选择放大或缩小照片，这对照片本身是不会产生影响的，只是为了方便观察而对照片进行了放大视图或缩小视图的操作。

SKILL 131

设定符合视图大小

在实际使用中，我们不可能在每一次放大或缩小显示的比例之后，在要恢复到正常大小时，都通过打开列表来选择。这里其实有一种非常简单的方法，即直接按 Ctrl+0 组合键，这样就能一步到位地将照片设定为符合视图大小。这既是 Photoshop 软件主体延伸出来的一种功能，也是一种快捷键的应用。

SKILL 132

其他Photoshop操作习惯

这里另外介绍一些 Photoshop 的操作习惯在 ACR 中的迁移应用。比如，如果我们要放大或缩小照片，方法与在 Photoshop 中的操作完全相同：直接按 Ctrl++ 组合键可以放大照片，按 Ctrl+- 组合键可以缩小照片。如果我们在 Photoshop 的首选项中设定了可以通过滚动滚轮来放大或缩小照片，那么这种设定在 ACR 中同样也是适用的。

SKILL 133

界面布局

从 12.4 版本开始，ACR 的界面布局发生了较大变化：右侧的照片调整面板由横向的布局变为了纵向的布局；而对于胶片窗格，则由默认的左侧竖排，改为了默认的下方横排，但是为了照顾老用户的使用习惯，新版本的 ACR 仍然设定了垂直和水平两种布局方式。展开设定菜单，选择“垂直”选项，可以让胶片窗格位于界面的左侧；如果选择“水平”选项，则可以让胶片窗格位于工作区的下方，这有点类似于 Lightroom 的界面布局方法。

SKILL 134

照片管理

新版本的 ACR 对照片管理功能进行了增强，我们可以对照片进行简单的星级评定。在工作区下方，我们可以看到有 5 个星形的标记，在此可以通过单击相应数量的星形，对照片进行评级。

评级之后，打开“照片筛选依据：”列表，在其中选择不同的分类。比如这里选择了 4 星，那么之前我们设定的 4 星照片就会被选择出来。其实 ACR 新增的照片管理功能相对来说还是比较简单，如果要进行专业的照片管理，还是应该在 Lightroom 中操作。

3.14 功能设定

接下来再来介绍 ACR 的一些功能设定，主要包括首选项与工作流程以及紧凑布局、针对 XMP 格式文件的设定等。

SKILL 135 首选项与工作流程

首先来看看首选项与工作流程。新版本 ACR 的首选项位置发生了变化，被设定到了界面的右上角。工作区下方的色彩空间链接，之前被称为“工作流程”，现在单击该链接之后，可以直接打开“首选项”对话框，即工作流程被内置到了“首选项”对话框中。在打开的“首选项”对话框中，左侧列表中有“常规”“文件处理”“性能”等不同的选项卡。

SKILL 136

紧凑布局

对于“常规”的设定，这里需要注意“使用紧凑布局”复选框。勾选该复选框之后，单击“确定”按钮 ACR 会自动退出，再次载入时，ACR 界面的文字会以非常小的形式呈现。

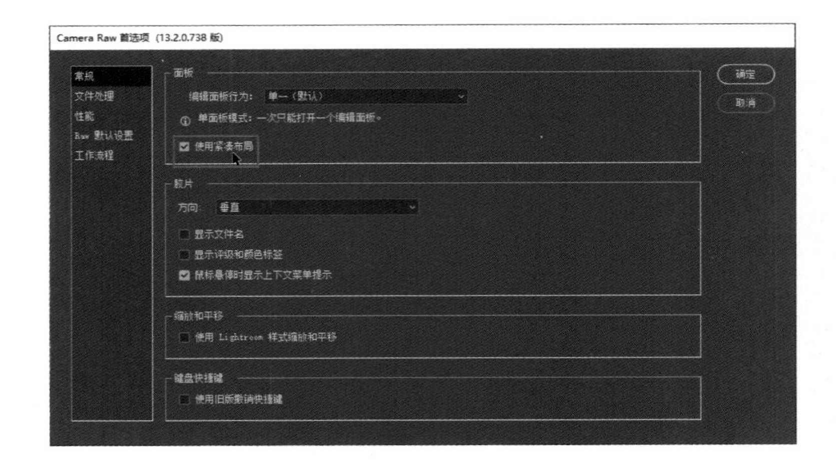

SKILL 137

针对XMP格式文件的设定

在“文件处理”选项卡中，“附属文件”列表中有 3 个选项。大多数情况下，我们要选择“始终使用附属 XMP 文件”选项，因为通过 XMP 格式文件记录我们对 RAW 格式文件的处理过程，能为后续我们进行批处理以及应用做好准备。如果没有 XMP 格式文件，后续我们对照片进行的处理就可能丢失，并且也没有办法进行快速的批处理。

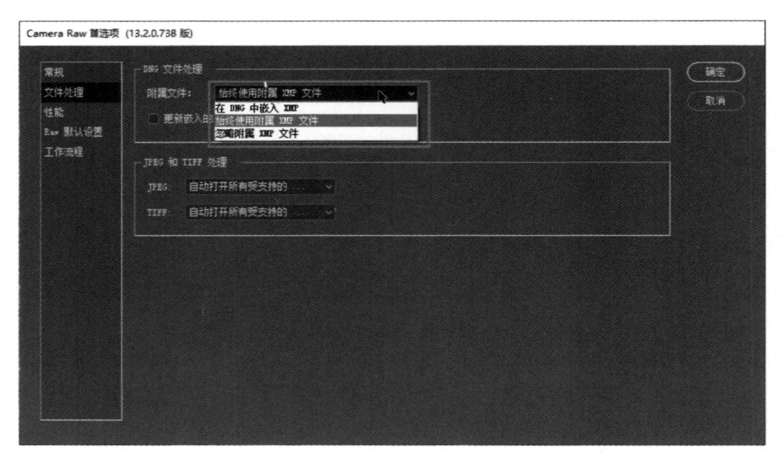

SKILL 138

针对JPEG格式文件的设定

在“文件处理”选项卡中，另一个重要的设定是JPEG格式列表中的3个选项。我们要注意“自动打开设置的JPEG”和“自动打开所有受支持的JPEG”这两个选项，如果我们要使用ACR对JPEG格式文件进行处理，就可以设定“自动打开所有受支持的JPEG”，这样我们将JPEG格式文件拖入Photoshop后，照片就会自动在ACR中打开，我们也能够使用ACR的所有功能。并且如果我们选择多个JPEG格式文件，同时将它们拖入Photoshop，这些照片就会同时在ACR中被打开，我们也可以快速地进行批处理、裁剪等操作。

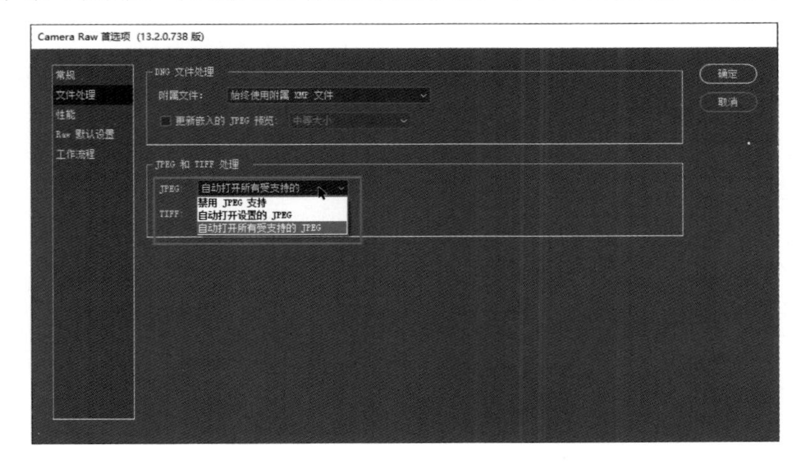

SKILL 139

图像处理器与高速缓存

在“性能”选项卡中，我们要注意“为图像处理使用GPU”及“Camera Raw高速缓存”这两组参数。如果计算机的性能足够好，勾选“为图像处理使用GPU”复选框就可以提高计算机运行Photoshop及ACR的速度。在“Camera Raw高速缓存”选项组中，建议将“最大大小”设定为50GB甚至更高。使用ACR一段时间之后，可以单击“清空高速缓存”按钮，这样可以对高速缓存进行清理，从而提高ACR的运行速度。

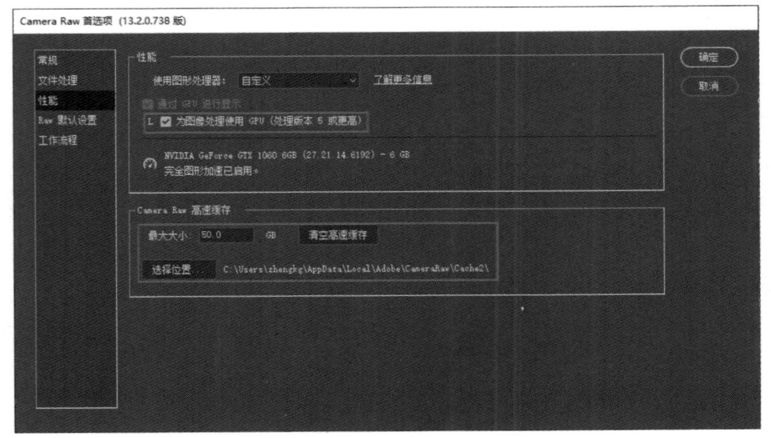

SKILL

140

处理时的图像大小调整

在“工作流程”选项卡中，我们要注意“调整图像大小”这组参数。设定好这组参数，可以确保我们在对照片进行了压缩后，减少我们在处理照片时产生的数据量，从而提高软件的运行速度。设定时要勾选“调整大小以适合”复选框，在其后的列表中选择“长边”后，宽边就会由软件自动根据原始照片的长宽比进行设定，所以我们没有必要对长边和宽边都手动进行设定。

SKILL

141

在Photoshop中打开智能对象

在“工作流程”选项卡中，另外一个值得注意的选项是“在 Photoshop 中打开为智能对象”。

勾选该复选框之后，ACR 主界面右下角的“打开图像”按钮就变为了“打开对象”按钮。单击该按钮，我们处理的RAW格式文件就会在Photoshop中以智能对象的形式打开，在Photoshop主界面的“图层”面板中，我们可以看到照片缩略图右下角出现了智能对象的标记。出现这个标记之后，如果我们再次双击该照片的缩略图，就可以再次回到ACR 中，这样我们就能在ACR 与Photoshop 间快速地切换。

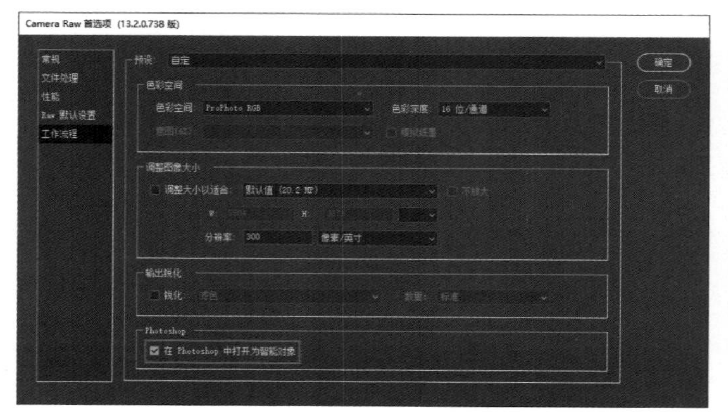

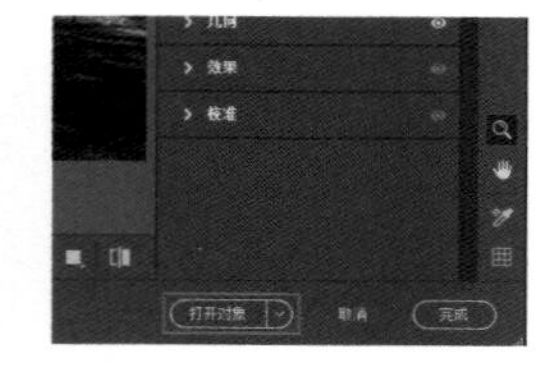

3.15 去红眼

接下来再来看看去红眼工具，该工具主要用于对人以及部分动物的眼睛进行修饰。红眼之所以产生，是因为在一些比较幽暗的环境中，瞳孔要放大才能有足够多的进光量，人以及动物才能观察清楚周边的环境，这时如果拍摄者突然使用闪光灯对人或部分动物进行拍摄，强烈的灯光会通过瞳孔照射到其视网膜底部的一些毛细血管上。

SKILL

142 红眼修复

在 ACR 中，我们可以对红眼现象进行修复。具体操作时，先在工具栏中选择“红眼工具”，然后将光标移动到红眼上，单击并拖动框选出红眼，软件会自动识别红眼区域并进行修复。

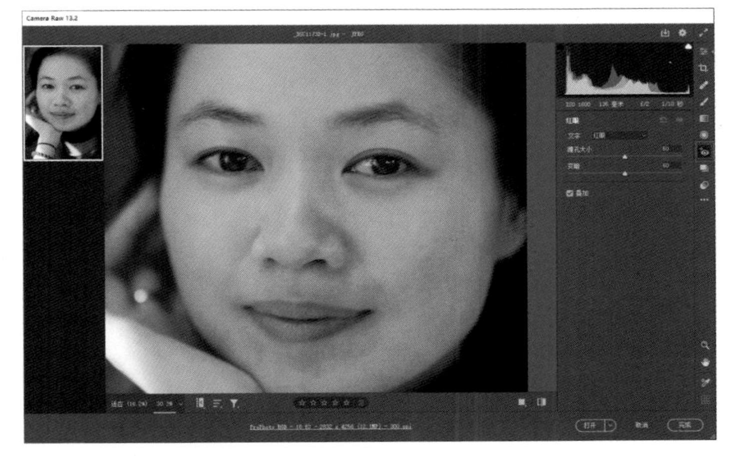

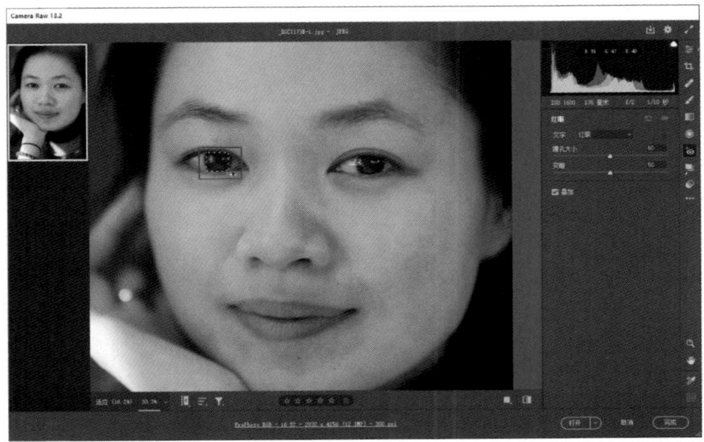

如果感觉软件修复的区域过小，还可以将建立的选区向外扩展，从而将红眼完全修复。

SKILL

143 宠物眼

接下来再来看看另外一个功能，即红眼功能中的“宠物眼”。“宠物眼”的使用方法与一般的红眼的修复方法完全一样，只是在“宠物眼”状态下修复时，软件会非常智能地创建眼神光。

3.16 高级调整

SKILL 144

认识范围遮罩

下面介绍局部工具中一些特殊功能的使用方法，主要是范围遮罩及其包含的一系列功能的设定。我们在使用“调整画笔”“径向滤镜”“渐变滤镜”等对照片进行局部调整时，总会产生一些不可避免的瑕疵。借助范围遮罩功能，我们就可以更好地进行调整。

首先来认识一下范围遮罩。

打开这张照片，可以看到天空部分的亮度和饱和度都过高。在工具栏中选择“渐变工具”，由上向下拖动制作一个渐变区域，压暗天空。

由于我们只想压暗天空而不想压暗天空中白色的云层，因为云层被压暗之后会变得灰蒙蒙的，不太好看，所以

这时就可以选择“擦除工具”，通过擦除恢复白云处的渐变效果。但是这种擦除非常不准确，可能将天空部分也还原了，所以这时就需要使用范围遮罩功能。

范围遮罩功能在新版本的ACR中被称为“范围蒙版”，“范围蒙版”列表中有“无”“颜色”“明亮度”3个选项，我们通过设定“颜色”或“明亮度”，就可以取得想要的效果。

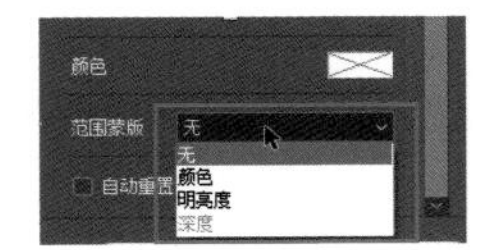

SKILL

145 明亮度

首先来看“明亮度”。因为我们要让渐变效果只影响天空部分而不影响白云部分，所以可以先在“范围蒙版”列表中选择“明亮度”。然后勾选“蒙版选项”复选框，该复选框主要用于显示我们的调整所影响的区域，一般以红色显示，当然也可以设定为其他颜色。在“明亮度”下方可以看到“亮度范围”这个参数，它用于限定我们建立的渐变滤镜所影响的亮度范围。它有两个滑块，两个滑块之间的区域就代表渐变滤镜影响的亮度区域。白云的亮度非常高，但是天空的亮度要低一些，因此我们在下方进行限定时，就应该将高亮的区域排除掉，让两个滑块之间包含的是从暗部到中间调的区域，这样就能将天空包含进来，而将白云排除掉。因为我们勾选了“蒙版选项”，所以可以看到天空的蓝色部分依然被红色覆盖，为受影响的区域，而白云只是微微泛红，表示其已大致从渐变调整区域被排除，也就是我们通过调整明亮度限定了渐变滤镜影响的区域。

下方还有“平滑度”滑块，将“平滑度”滑块向左拖动，可以让调整与未调整区域的过渡更加精准，但是不够柔和；而如果向右拖动，则会让调整与未调整区域的过渡变得柔和，但是往往不够准确，这与选区中的羽化功能非常相似。

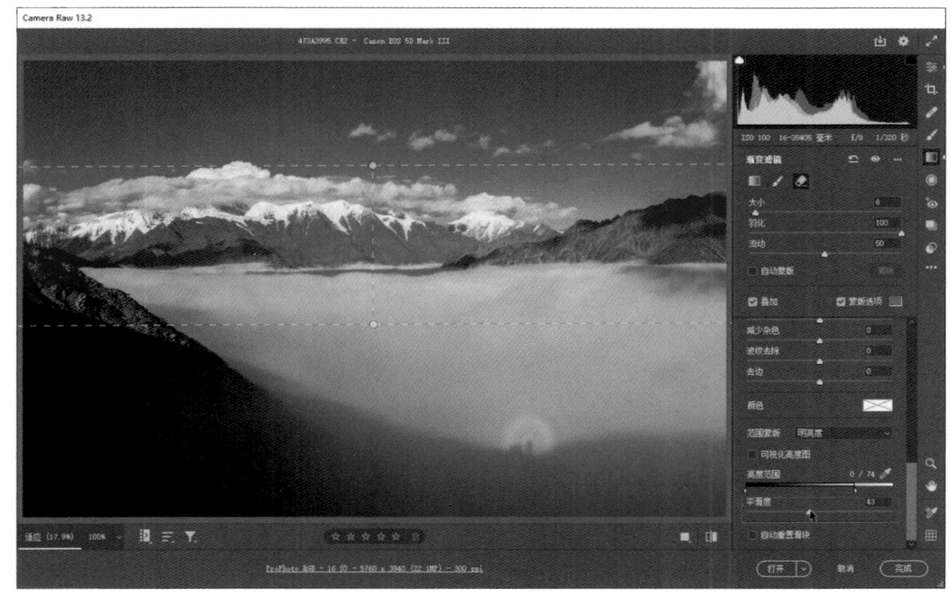

SKILL

146 颜色

“范围蒙版”列表中还有一个“颜色”参数，“颜色”与“明亮度”不同，它是通过颜色来限定调整与不调整区域。本例中，我们想要调整的区域为蓝色的天空，这就非常容易限定。建立好渐变滤镜之后，先设定“范围蒙版”为“颜色”，然后将光标移动到蓝色的天空上，单击并拖动出一个只包含蓝色的区域，这表示选框之内的这种蓝色都会被渐变滤镜所影响。

限定之后，可以看到白云由于不包含在蓝色之内，因此就不受影响。

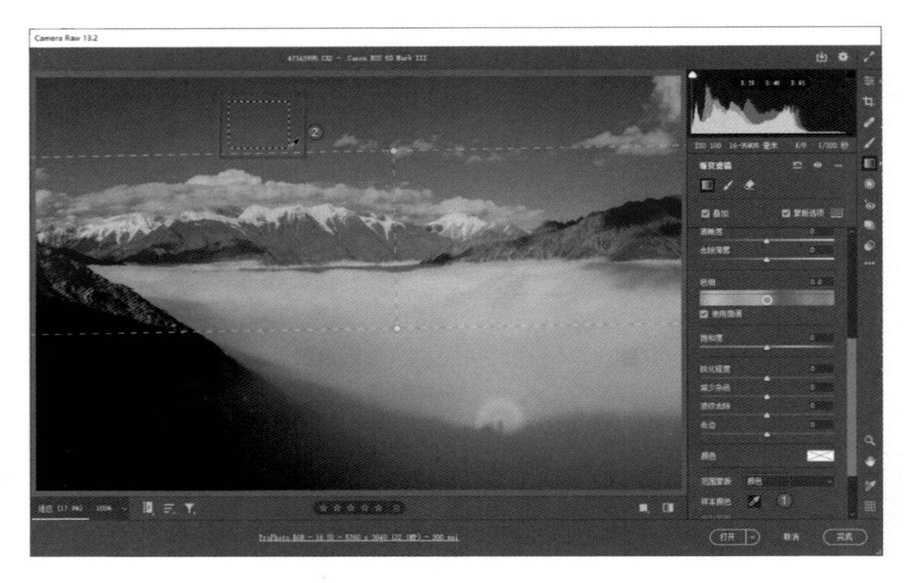

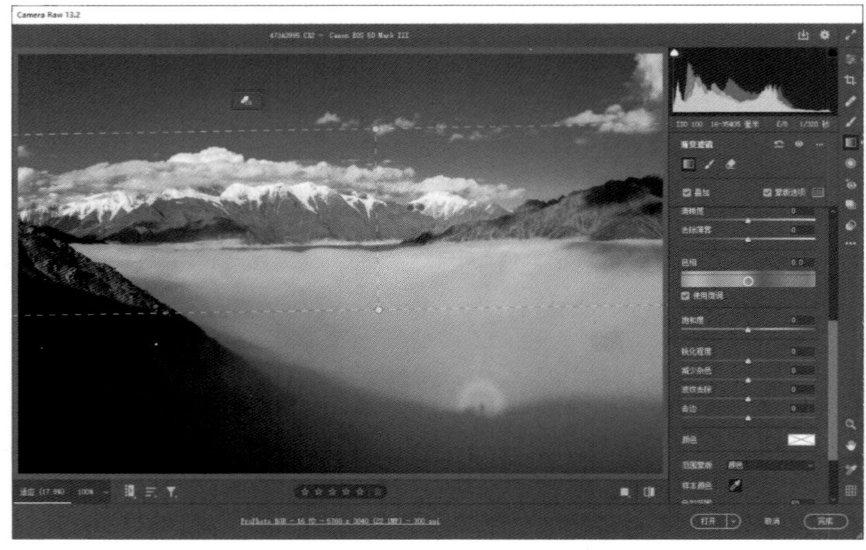

接下来按住 Shift 键，在天空中建立足够多的这种限定区域。通过多个区域的限制，我们就将天空很好地选择了出来，确保渐变滤镜只影响蓝色的天空部分，而不影响白云部分。借助蒙版选项观察，我们也可以看到渐变滤镜影响的只是天空部分，白云部分被完全排除掉了。一般来说，我们使用一两种颜色就可以限定出渐变滤镜影响的区域，同时，我们最多可以建立 5 个限定区域。

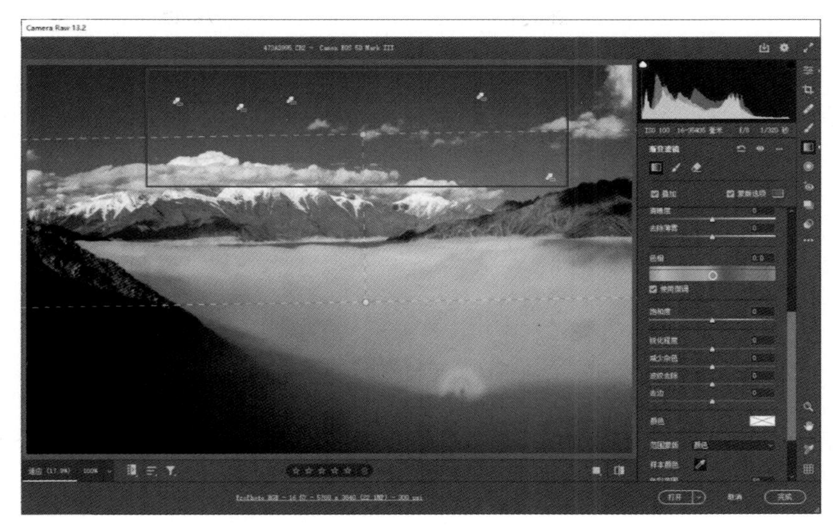

SKILL

147 自动蒙版

了解了“范围蒙版”功能之后，我们再来看看“自动蒙版”功能。“自动蒙版”主要用于帮助“画笔工具”识别景物的边缘线，设定之后，只要我们确保画笔的中心位置在某一个区域之内，那么即使边缘影响到了其他区域，也不会对其他区域产生影响，可见它是一种非常智能的自动识别工具。

还是以之前的为例，照片中的云层部分不够明亮，显得有些灰暗。我们先选择“画笔工具”，然后提高“曝光”值，在白云上涂抹，使白云变亮。但我们通过观察可以发现，与白云相接的边缘部分的天空也变亮了，产生了亮边。这是画笔不够精确所导致的，因为画笔本身是一个圆形，对于这种细节肯定无法准确识别。

针对这种情况，我们可以先删掉这支画笔，然后再次选择“画笔工具”，之后勾选“自动蒙版”，提高“曝光”值，再对白云进行涂抹。涂抹时，要确保画笔的中心落在白云区域中，这样即使画笔的边缘区域落在了蓝色的天空上，也不会对天空产生影响，这是“自动蒙版”的一种识别功能，是非常强大的。

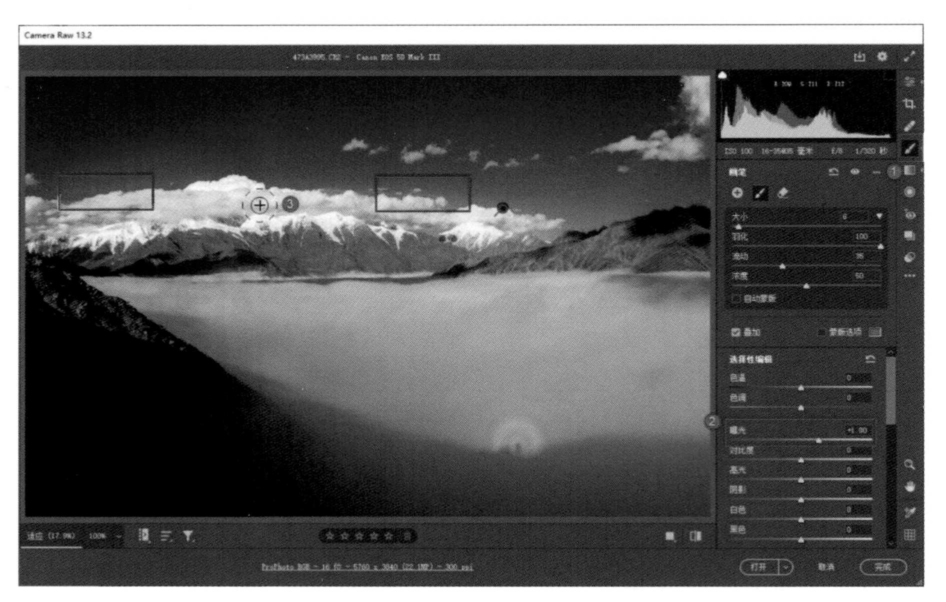
Camera Raw 13.2
画笔
大小
羽化
流动
浓度
自动蒙版
叠加
蒙版选项
选择性编辑
色温
色调
曝光
+1.00
对比度
高光
阴影
白色
黑色
打开
取消
完成

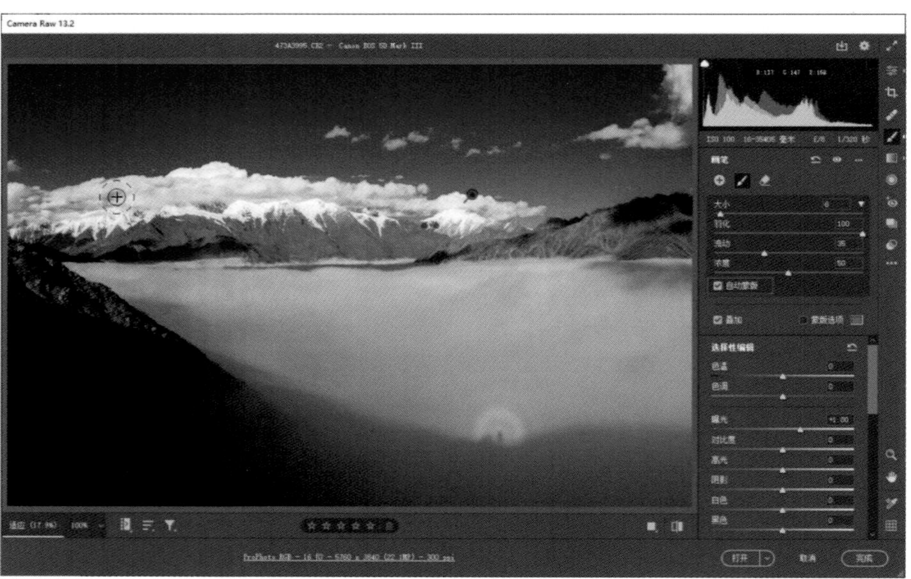
Camera Raw 13.2
画笔
大小
羽化
流动
浓度
自动蒙版
叠加
蒙版选项
选择性编辑
色温
色调
曝光
+1.00
对比度
高光
阴影
白色
黑色
打开
取消
完成

第4章

Photoshop常用工具的使用技巧

Chapter **Four**

本章将详细介绍在Photoshop中进行后期处理时较为常用的几大类工具的使用技巧。

4.1 瑕疵修复工具

SKILL 148

污点修复画笔工具

首先，在ACR中打开将要处理的照片，可以看到原片的效果。

我们再按照之前介绍的一些技术操作要领对照片进行优化，得到下图所示的画面效果。之后单击“打开”按钮，在Photoshop中打开照片，准备进行污点修复。实际上ACR中也有“污点修复画笔”工具，但是对于一些比较复杂的污点，在Photoshop中进行修复效果会更好。

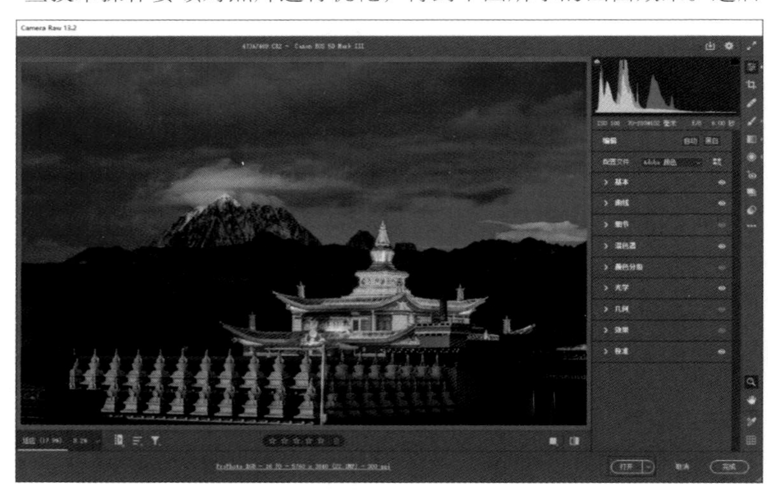

在Photoshop中打开照片后，在左侧的工具栏中单击“污点修复画笔工具”组，并按住鼠标左键不松开，就会展开工具列表，在其中选择“污点修复画笔工具”。然后在画面中单击右键，弹出画笔调整面板，在其中可以设置“大小”“硬度”等参数。一般来说，“硬度”不宜调为0，也不宜调为最高，个人比较习惯设为35%左右，“大小”则要根据污点的大小进行适当的调整。

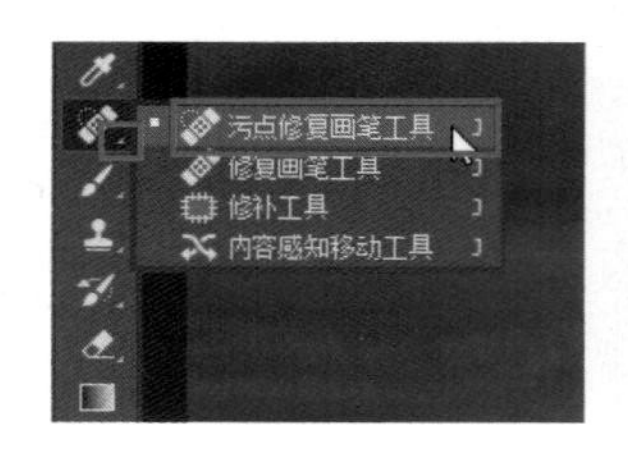

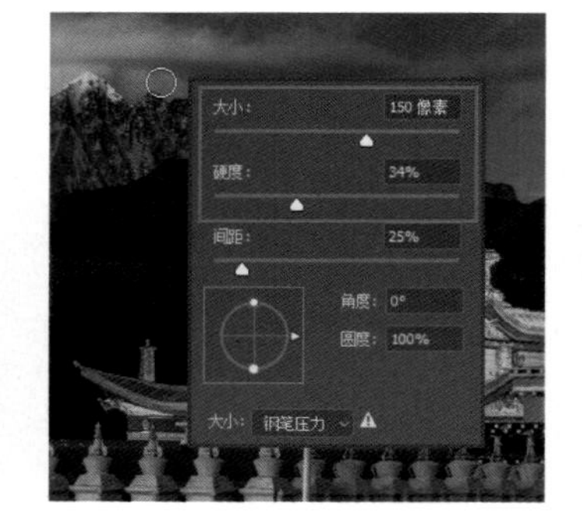

对于照片右下角的杂物，我们可以将画笔直径缩小到合适的程度，点住涂抹，这样就可以将其修复掉，可以看到下图修复掉了右侧的杂物。

SKILL 149

修复画笔工具

在“污点修复画笔工具”组中，第 2 个工具是“修复画笔工具”，这个工具和 Photoshop 中的“仿制图章工具”比较像，都需要用户在正常像素处进行取样，然后用正常的像素来填充一些污点或瑕疵区域。

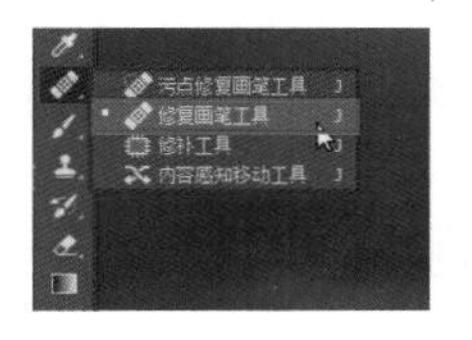

如果我们不进行取样，直接在照片上单击，则会弹出警告标记，此时直接单击“确定”按钮。然后按住 Alt 键，在我们将要修复的瑕疵周边单击，此时光标会发生变化。单击取样之后，再将光标移动到要修复的瑕疵上，这里我们要修复这个白点。缩小画笔直径之后在白点上单击，就可以将其修复，这与“仿制图章工具”的用法基本一致。

SKILL

150

修补工具

“污点修复画笔工具”组中的第3个工具是“修补工具”。选择“修补工具”之后，要用光标圈选出要修补的区域，这里要将两根电线杆修掉。

将电线杆圈出来之后，把光标放到建立的选区上，单击选中，向右侧没有电线杆的区域拖动，软件就会用右侧位置的正常像素来模拟和填充电线杆位置的像素，也就是将电线杆遮挡。这样就完成了修复，可以看到修复效果还是非常理想的，几乎毫无痕迹。

SKILL

151

内容感知移动工具

“污点修复画笔工具”组中的第4个工具是“内容感知移动工具”，这个工具的用途非常广泛，下面来进行介绍。

首先打开“历史记录”面板，在其中单击选择最后一个“修复画笔”步骤，这样就回到了使用“修补工具”之前的状态，两根电线杆就被还原。这时再选择“内容感知移动工具”。

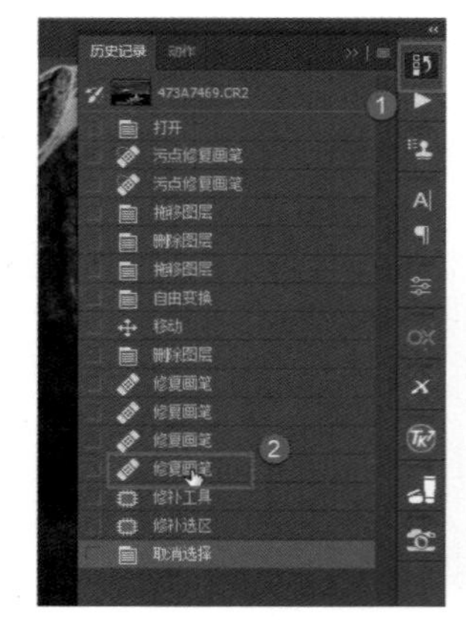

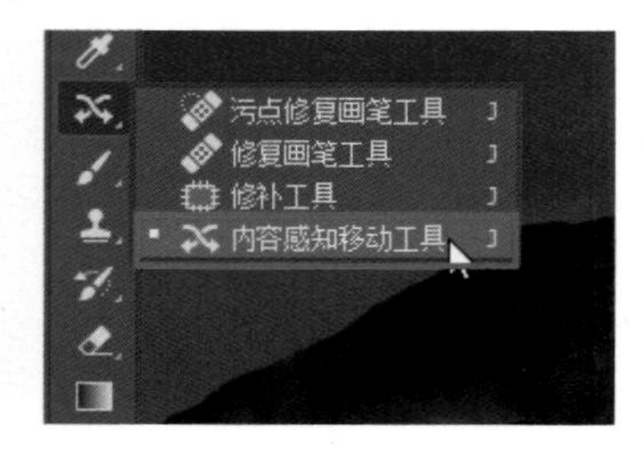

接下来在电线杆右侧有正常像素的区域进行圈选，圈选的区域要大于电线杆覆盖的区域。圈选完成之后，将光标移动到选区内，单击选中，将这个选区内的像素移动到电线杆区域，将其覆盖。

移动到合适的位置之后，还可以将光标移动到四周的调整线上拖动，从改变拖动区域的大小。然后松开左键，按 Enter 键，这样就用正常的像素覆盖了要修复的瑕疵区域。

SKILL 152

仿制图章工具

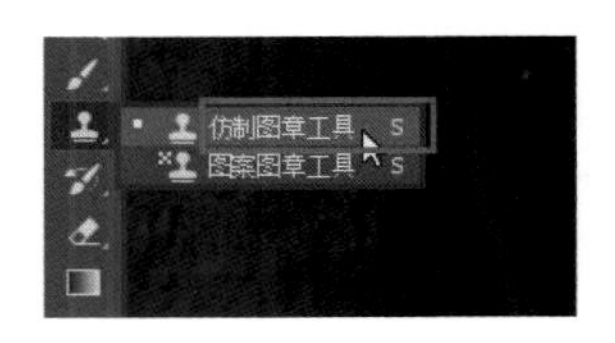

接下来再看看“仿制图章工具”。前面已经说过，“仿制图章工具”与“修复画笔工具”是非常相似的。

选择该工具后，我们尝试用该工具修掉画面中的杂物。首先将光标移动到杂物旁边正常像素的位置，按住 Alt 键，单击进行取样，然后松开左键，再将光标移动到杂物上，单击并拖动，这样就可以用正常的像素来填充瑕疵区域的像素，从而完成修复，最终的修复效果也是非常理想的。

4.2 画笔与吸管工具

SKILL

153 画笔工具的设定

下面介绍“画笔工具”的使用方法。在工具栏中，单击并按住“画笔工具”，可以展开“画笔工具”组，然后在其中选择“画笔工具”即可。

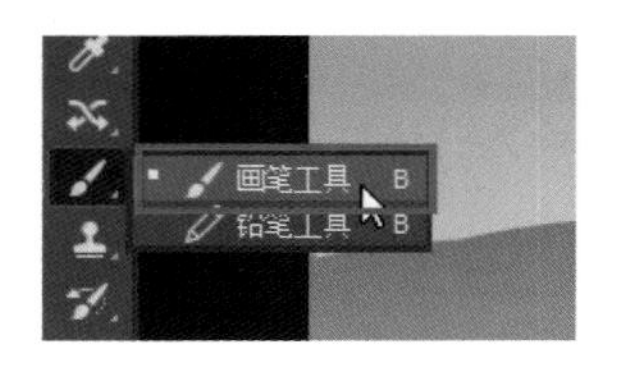

选择“画笔工具”之后，在上方的选项栏中，单击下三角按钮，可以展开画笔参数设定面板，在选项栏中可以设定画笔的“不透明度”和“流量”。一般来说，在摄影后期中，画笔的“不透明度”经常要设定得低一些，这样后续的修图效果会更加自然，“流量”也可以适度降低。至于画笔的“大小”和“硬度”，与之前介绍的“污点修复画笔工具”的“大小”和“硬度”基本一致。将画笔的“硬度”降为最低时，可以看到下方的“常规画笔”列表中默认选择的是“柔边圆”，如果选择“硬边圆”，那么“硬度”会自动变为100%。当然，要调整画笔的参数，我们还可以在工作区单击右键，弹出画笔参数设定面板，在其中进行调整。

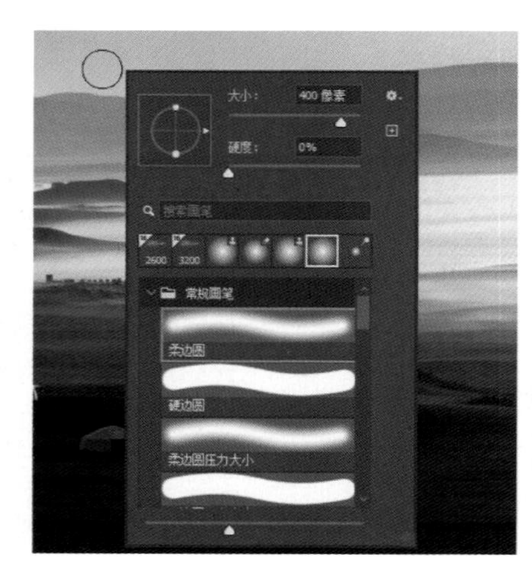

SKILL

154 画笔工具与空白图层

下面将通过一个具体的案例，来介绍“画笔工具”与空白图层的几种常用方法。首先介绍如何利用“画笔工具”来调整照片局部的明暗。先在“图层”面板下方单击“创建新的空白图层”按钮，创建一个新的空白图层。然后在工具栏下方单击“设置前景色”色块，在弹出的“拾色器（前景色）”对话框中将光标移动到左上角，这样可以将前景色设置为纯白色，然后单击“确定”按钮。再选择“画笔工具”，在选项栏中将“不透明度”设为10%左右，适当降低“流量”的值，然后在照片中想要提亮的位置轻轻涂抹，就可以看到画面被轻微地提亮了，这样的效果是非常自然的。

如果想要让某些位置变暗，可以先在工具栏中单击“切换前景色和背景色”按钮，即可将背景色改为前景色，然后单击“设置前景色”色块，弹出“拾色器（前景色）”对话框，将光标移动到左下角，将前景色设置为黑色，然后单击“确定”按钮。这时保持“画笔工具”的“不透明度”较低，然后在照片中想要变暗的位置涂抹，则可以将这些位置压暗。这是“画笔工具”与空白图层的使用方法之一，通过这种操作，我们可以提亮或压暗照片中的某些区域，从而改变照片的影调。

SKILL 155

吸管工具

实际上，我们经常将“画笔工具”与“吸管工具”结合起来使用。在下方右图中，我们可以发现画面左下角是没有平流雾的，结合“画笔工具”与“吸管工具”，我们可以制作出非常好看的平流雾。

首先创建一个空白图层，然后在工具栏中选择“吸管工具”，并将光标移动到平流雾的边缘位置。之所以再次取色，是因为我们想用这个位置的平流雾的颜色来填充左下角没有平流雾的区域。也就是说，要在左下角绘制这个颜色的平流雾。此时可以看到前景色变为了取样位置的颜色。

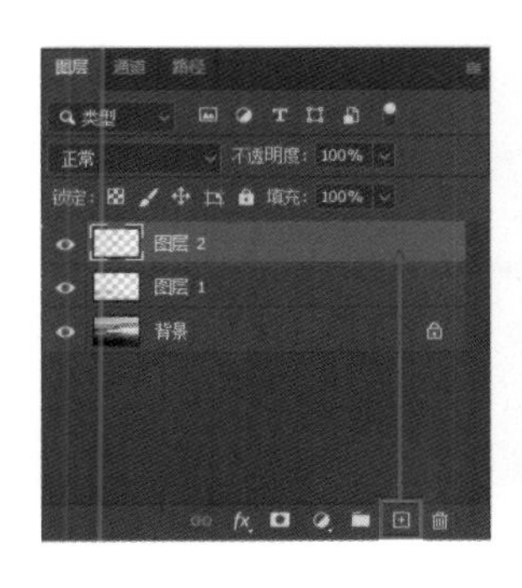

SKILL 156

用画笔工具绘制平流雾

如果我们要用“画笔工具”绘制平流雾，选择一般的画笔是不行的，需要在画笔列表中选择一些第三方的画笔样式，这里我们选择的是“后期强流云 03”。当然，类似于这种的画笔样式在网上有很多素材可供下载，下载之后将其载入 Photoshop 即可使用，具体操作方法这里就不再赘述了。

选择画笔后，可以看到该画笔有 3 个选区，先缩小画笔直径，然后降低画笔的“不透明度”，接着在画面左下角没有平流雾的位置涂抹，就可以绘制出平流雾。绘制出平流雾之后，平流雾的亮度非常高，可以先创建一个曲线调整图层，在打开的“曲线”调整面板下方单击“剪切到图层”按钮，然后向下拖动曲线，就可以降低所绘制的平流雾的亮度，让平流雾的效果更自然。有关曲线的用法，后续我们还会进行详细介绍，此处不再赘述。

4.3 加深、减淡及海绵工具

SKILL 157

加深工具

接下来介绍目前非常流行的工具——“加深工具”“减淡工具”与“海绵工具”。依然是之前的照片，首先按 Ctrl+Alt+Shift+E 组合键盖印一个图层，这就相当于将之前所有的处理效果折叠成了一个图层。

然后在工具栏中选择“加深工具”。在上方的选项栏中，将“范围”设置为“中间调”，“曝光度”设置得低一些，一般不超过 15%。之所以选择“中间调”，是因为我们发现想要压暗的位置，特别是左下角，是一般亮度区域，既不是最暗的位置，也不是最亮的位置，所以选择“中间调”是比较合理的。设置完成后，用画笔在左下角想要压暗的位置涂抹，那么这些被涂抹的位置就会被加深，也就是被压暗。

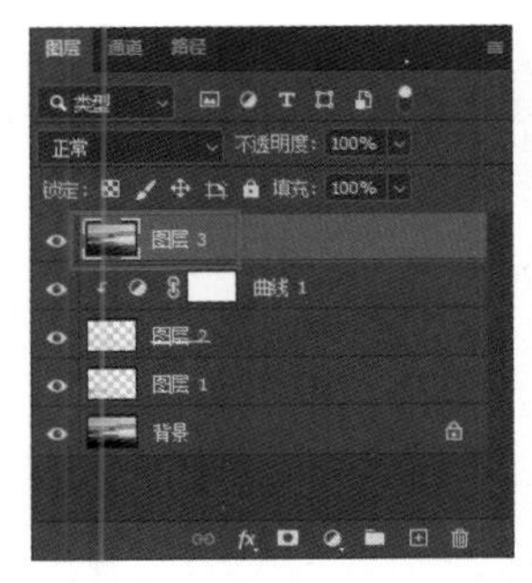

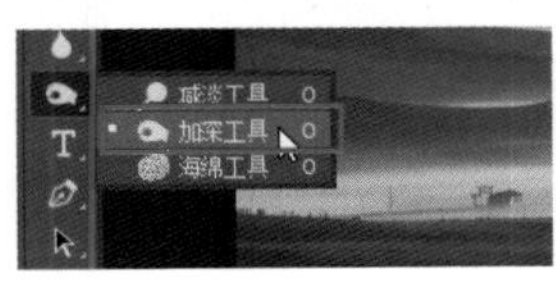

可以看到，下方左图为调整之前的效果，下方右图为压暗之后的效果，调整得非常轻微，但如果仔细观察画面，影调还是有一定的变化，调整后的画面对比度更高，这就是因为对中间调进行了压暗，使它的反差变得更明显。

SKILL

158 减淡工具

接下来介绍“减淡工具”。“减淡工具”与“加深工具”的原理正好相反。

首先选择“减淡工具”，由于主要是想提高右侧平流雾区域的亮度，让这些区域更亮一些，以及提高画面右上角的亮度，因为这是光线照射入画面的位置，这个区域也应该亮一些，所以依然要降低“曝光度”的值。因为要调整的区域的亮度是非常高的，所以设定“范围”为“高光”。然后使用画笔在这两个区域涂抹，就可以将这两个区域进行轻微的提亮，从而进一步增强画面的反差，让画面显得更加通透。

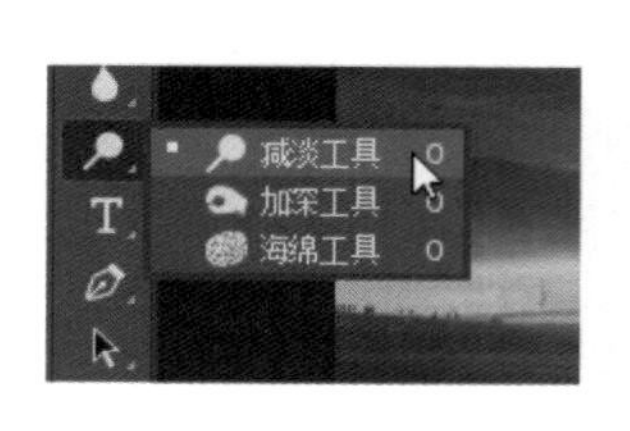

SKILL

159 海绵工具

工具栏中还有一个“海绵工具”，它的用法非常简单。

选择“海绵工具”后，在选项栏中将“模式”设置为“去色”，将“流量”设置得尽量低一些，一般不要超过10%，这里设置为5%。因为设定得越低，“海绵工具”的去色效果越自然，虽然强度没有那么高，但是只要多拖动几次，就可以产生明显的效果。如果将“流量”的值设定得太高，那么“海绵工具”的去色效果就特别明显，去色位置与周边的衔接、融合、过渡就会不太理想。然后在地景区域涂抹，以降低此处的饱和度，对其进行去色。因为如果地景区域的饱和度过高，那么画面的色彩就会显得有些失真，有些“腻”，不够自然。

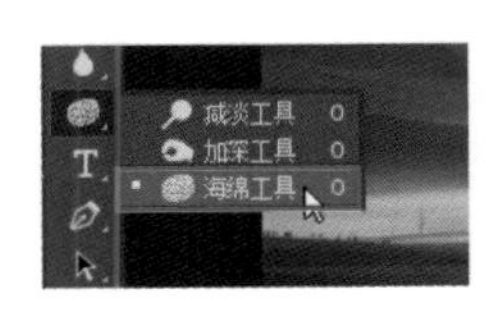

经过去色之后，地景区域的饱和度变得比较理想。但是饱和度降低之后，画面的通透度会有所降低，所以创建一个曲线调整图层，建立一条弧度较小的S形曲线，目的主要是将暗部的亮度稍稍降低，将亮部的亮度恢复，这样就强化了画面的反差，提高了通透度。

这样就完成了这幅画面的所有调整，可以看到效果还是非常理想的。

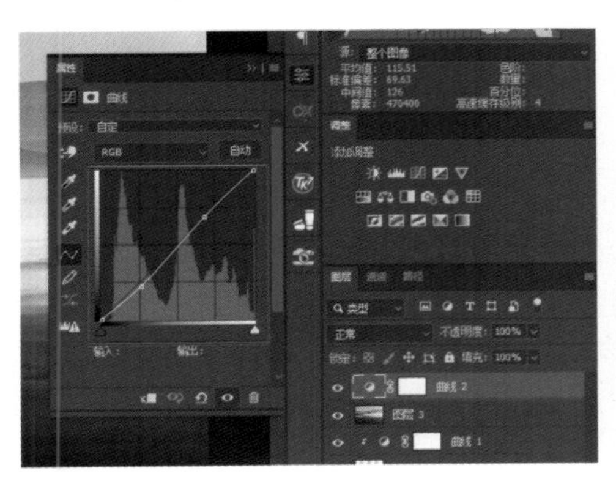

第5章

摄影后期的四大基石

Chapter Five

Photoshop中有四大功能贯穿于整个后期处理的过程，它们分别是图层、蒙版、选区和通道。这四种功能可能无法单独实现某种特殊的后期效果，但与其他调色或影调调整功能结合起来，就能实现非常多样的后期效果，可以说这4种功能是摄影后期的四大基石。本章将对这四种功能的原理、工作方式和操作技巧等进行介绍，以便为后续的学习打下良好的基础。

5.1 图层

SKILL 160

图层的作用与用途

如果在 Photoshop 中打开一张照片，那么在界面右下角的“图层”面板中就可以看到图层的图标。而所谓的图层，我们可以看到它基本上等同于照片的缩略图。

我们对右图进行了换天空背景的处理，可以看到天空变得更具表现力。

操作完成之后，“图层”面板中出现了更多的图层，每个图层都可以实现不同的功能。

第 1 个图层对应的是我们在画面中输入的文字，也就是说，图层既有像素图层，也有文字图层，甚至还有调整图层等。

第 2 个图层是我们更换的天空背景。

第 3 个图层名为前景光照，它解决的是地景与天空的光线的协调问题。

第 4 个图层为前景色图层，它解决的是地景色调与天空的协调问题。

第5个图层就是我们打开的原始照片，也是原始图层。

这5个图层既彼此独立又互相组合，最终让照片呈现出了完全不同的效果。

SKILL

161

图层不透明度与填充

以同一个例子为例，要处理某个图层中的文字，首先要在“图层”面板中单击选中这个图层，之后要适当弱化文字，因为现在的文字过于明显，影响了画面整体的效果。单击选中文字图层，降低这个图层的不透明度，此时可以看到图层的显示效果变弱，这是图层的不透明度在发挥作用。

“图层”面板中还有一个“填充”选项，大部分情况下，调整“填充”与调整“不透明度”的效果是一样的。两者的差别在于，如果图层有一些特殊样式，调整图层的不透明度时，样式的不透明度也会跟着降低，但如果调整填充，就只有原有的图层的不透明度会发生变化，而样式的不透明度不会发生变化。

SKILL 162

复制图层

我们除了可以进行叠加照片、增加图层、删除图层、减少图层的操作之外，还可以对原图层进行复制或剪切等操作。本例中，我们发现地景有些凌乱，如果对其进行一定的柔化处理，地景会显得更加干净。

单独处理地景时，首先单击背景图层，再按 Ctrl+J 组合键复制一个“背景 拷贝”图层。但要注意一点，通过按 Ctrl+J 组合键的方式复制图层时，如果图层中有选区，那么复制的就是选区内的内容；而如果通过右键菜单来复制图层，无论图层中有无选区，都会复制整个图层的内容。

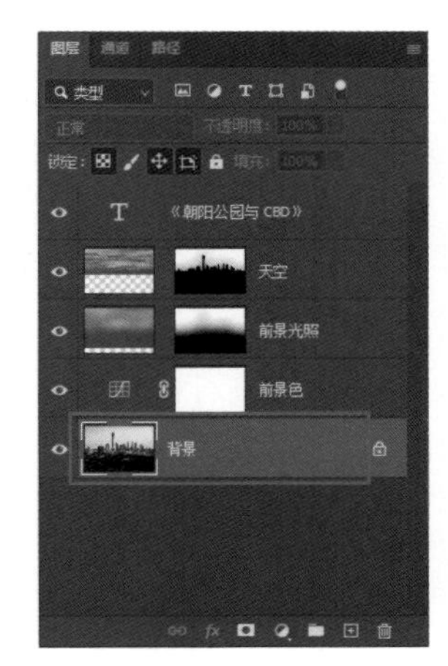

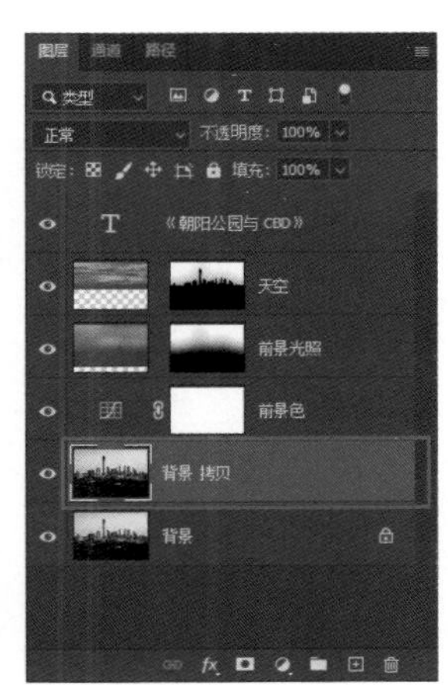

SKILL 163

图层与橡皮擦搭配

接着之前的操作，先单击选中复制的“背景拷贝”图层，然后对这个图层进行高斯模糊处理，再单击“确定”按钮，可以看到我们复制的图层已处于模糊状态。

单击选中这个模糊的图层，降低它的不透明度，这样地景由于变模糊而显得干净了很多。

建筑部分并不是我们想要模糊的区域，我们可以单击选中复制的图层，在工具栏中选择“橡皮擦工具”，缩小画笔直径，将“不透明度”和“流量”调到最高，将上方模糊的建筑部分以及天空部分擦掉，这样我们就能确保只有地面的公园区域模糊，从而使画面整体的叠加效果变得更加理想。

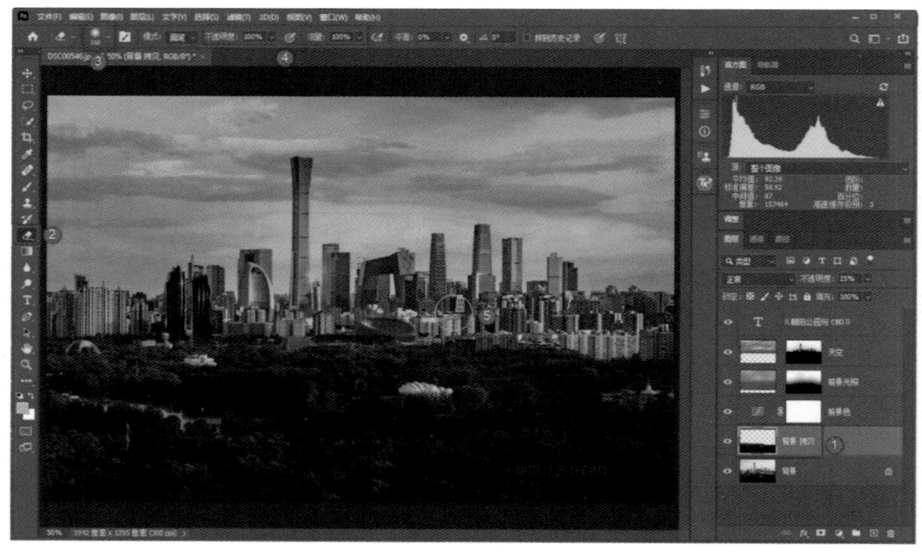

SKILL 164

图层混合模式

在“图层”面板中单击选中“前景光照”图层，在上方的类型选项中可以看到“正片叠底”，这是一种图层混合模式。所谓图层混合模式，是指图层叠加的方式。

一般来说，打开图层混合模式列表，下方有6组二十多种不同的图层混合模式，它们可分为6类。

第1类是正常的图层混合模式；第2类是变暗类的图层混合模式，也就是在上方叠加图层之后，改为这一类混合模式，照片的效果会变暗；第3类是变亮类的图层混合模式；第4类是强化反差类的图层混合模式，设定为这一类图层混合模式之后，照片的反差（即对比度）会变大；第5类是比较类的图层混合模式，简单来说，它是通过比较上下两个图层以取得像素明暗的相减或分类等不同的效果；第6类是色彩调整类，可以实现画面色彩的改变。

至于不同的图层混合模式具体通过哪一种规则和算法进行混合，这个非常复杂，可能需要用一本书的内容才能够讲解明白，这里只是对它进行了大致的讲解。在真正的应用中，使用比较多的主要有变亮、滤色、正片叠底、叠加以及明度、颜色等。

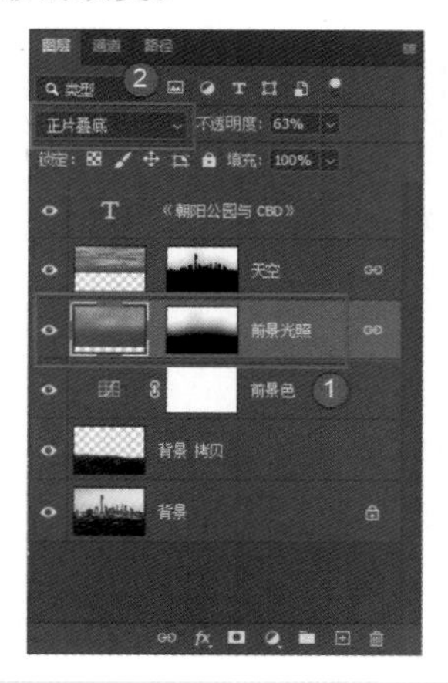

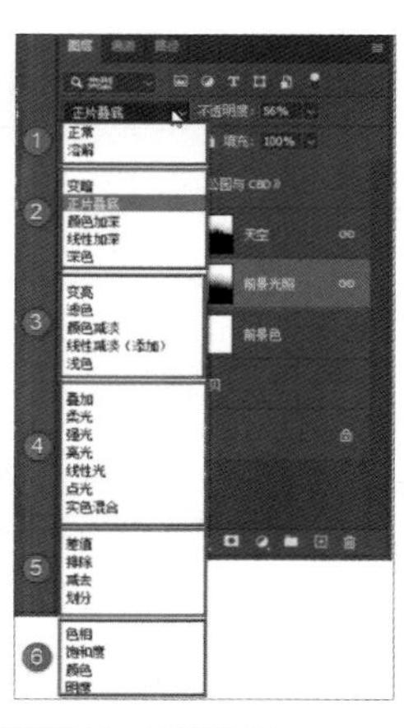

SKILL 165

盖印图层

照片整体的处理完成之后，接下来我们对照片进行一些细节上的优化。当前我们可以看到地景的公园中有一些路灯，它们呈现在照片中是白线或星星点点的白点，让画面显得比较乱。因此我们下一步要修复掉或者说消除掉这些路灯，但当前背景上方有众多的其他图层，不方便操作，所以我们可以先将之前所有的处理效果压缩为一个图层。具体操作时，按Ctrl+Alt+Shift+E组合键盖印一个图层，生成“图层1”，这个图层被称为盖印图层，它相当于把之前所有的图层压缩了，形成了一个单独的图层。

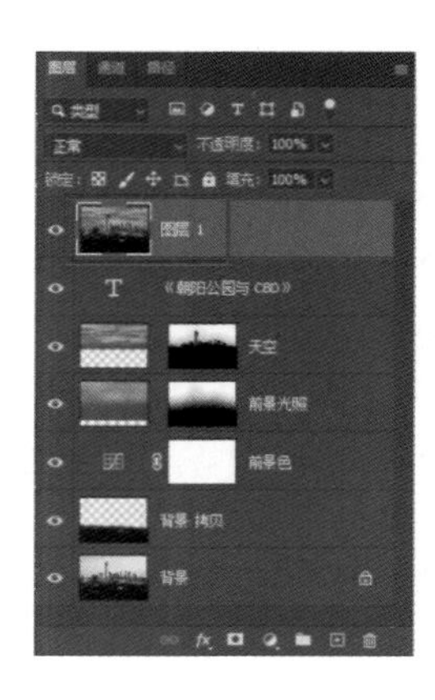

在工具栏中按住“污点修复画笔”工具，展开这个工具组，选择“污点修复画笔工具”。

缩小画笔直径后，在地景上有路灯的位置单击并拖动涂抹，就可以消除掉这些干扰物，这样这张照片整体的处理基本完成。

SKILL 166

图层的3种常见合并方式

修复掉地景中的干扰物之后，我们再次对照片进行了一些轻微的调整，对画面效果进行了优化。处理完成之后，观察“图层”面板，我们会发现一些图层的左侧有小眼睛图标，这表示图层处于显示状态，没有小眼睛图标则表示图层处于隐藏状态。

在照片处理完成之后，保存照片之前，我们可以先将图层进行合并。合并图层时，在某个图层上单击右键，在弹出的菜单中可以看到“向下合并”“合并可见图层”与“拼合图像”3个选项。“向下合并”表示将该图层合并到它下方的一个图层上；“合并可见图层”表示只合并处于显示状态的图层，隐藏的图层不合并；“拼合图像”则表示拼合所有的图层。拼合之后，就可以将照片保存。当然不拼合图层也可以保存照片，默认的保存格式会是PSD。

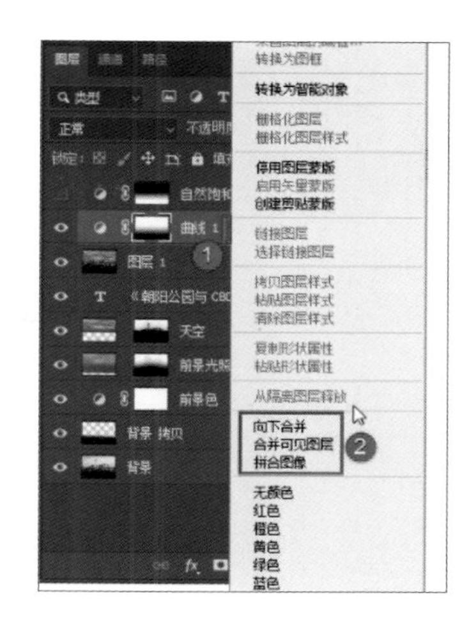

SKILL

167 栅格化图层

有时我们创建的图层可能是一些智能对象或一些其他的图层样式，包括矢量图等，那么此时如果要将其转为正常的像素图进行后期处理，可能就需要我们对图层进行栅格化。所谓栅格化，是指将智能对象、矢量图等转化为像素图。

具体操作时，在图层上单击右键，在弹出的菜单中选择“栅格化图层”即可。

5.2 选区

SKILL 168

什么是选区

照片的后期处理除了要进行全图的调整之外，可能还需要进行一些局部调整。局部调整时，如果有选区的帮助，后续的操作会更加方便。所谓选区，是指选择的区域，在软件中，选区的四周会有蚂蚁线。这张照片中，我们选择的区域是天空，那么天空周边就出现了蚂蚁线。

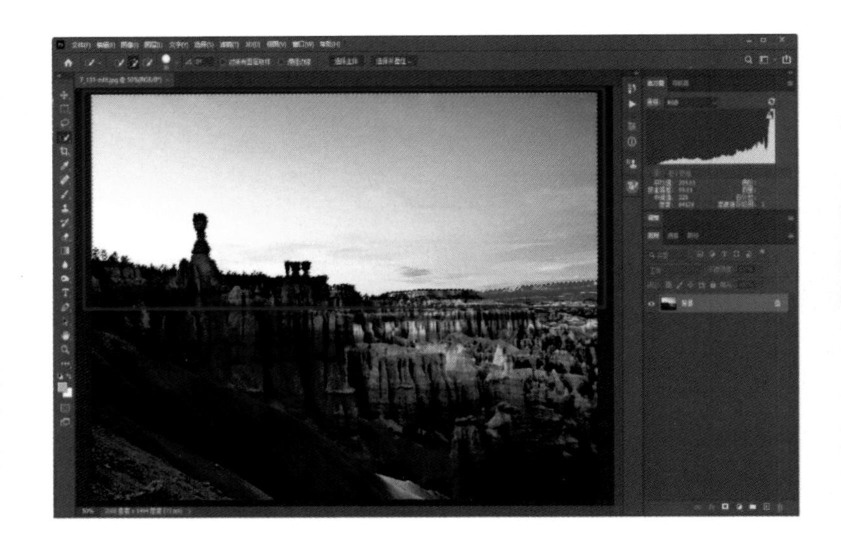

SKILL 169

反选选区

如果此时要选择地景，就没有必要再用选择工具，可以直接打开“选择”菜单，选择“反选”选项。这样操作后可以看到，通过反选选择了原选区之外的区域，即选择了地景。

SKILL

170 选框工具

建立选区要使用选择工具，选择工具主要分为两大类，一类是几何选区工具，一类是智能选区工具。

先来看几何选区工具。在工具栏中打开选框工具组，这组工具中有“矩形选框工具”和“椭圆选框工具”，这两种工具主要应用于平面设计，在摄影后期中的使用频率比较低，但是借助于这两种工具，我们可以更直观地理解选区的一些功能。本例中，我们先选择“矩形选框工具”，然后在照片中单击并拖动，就可以拖出一个矩形的选框，也就是建立了一个几何选区。

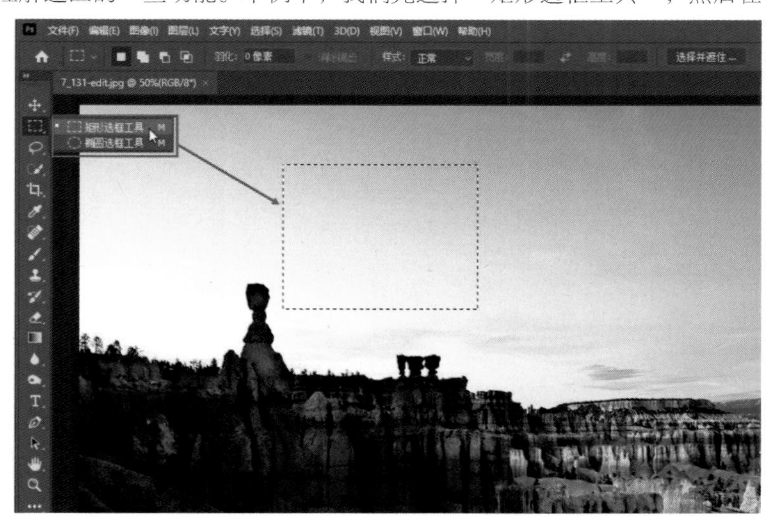

如果我们按住Shift键进行拖动，则可以拖出一个正方形的选区。如果选择的是“椭圆选框工具”，那么按住Shift键拖动，建立的就是一个圆形选区。

SKILL

171

套索与多边形套索工具

在几何选区工具中，在摄影后期处理中使用更多的是“套索工具”和“多边形套索工具”。

要使用“套索工具”，则需要像使用画笔一样按住左键进行拖动，绘制选区。如果要使用“多边形套索工具”，选择该工具之后，先在工作区单击创建一个锚点，然后松开左键，选区线会始终跟随光标移动，移动到下一个锚点之后单击，再创建一个锚点。创建多个锚点之后，如果将光标移动到起始位置，光标右下角就会出现一个圆圈，表示此时单击可以闭合选区。那么我们就可以单击闭合选区，最终建立以蚂蚁线标记的完整选区。如果要取消某个锚点，按Delete键就可以取消最近的一个锚点。

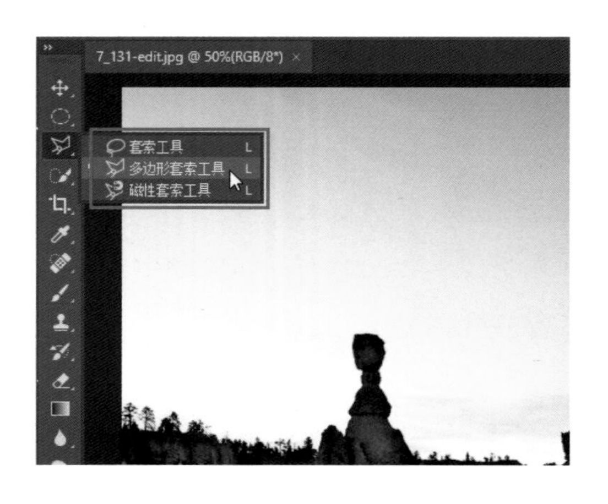

选区的布尔运算

默认状态下，我们在建立选区时会发现，在工作区中只能建立一个选区，如果我们要进行多个选区的叠加，或从某个选区中减去一片区域，就需要使用选区的布尔运算。所谓选区的布尔运算，是指我们选择选框工具之后，在选项栏中对选区进行相加或相减。本例中，我们先为地景建立选区，建立之后，放大照片可以看到选区的边缘部分并不是特别准确，有一些边缘不是很规则的区域被漏掉了。

这时，我们可以通过上方的“添加到选区”这种布尔运算方式来调整选区的边缘。

具体操作时，在工具栏中选择“多边形套索工具”，选择“添加到选区”这种布尔运算方式。

在选区的边缘创建选区，将漏掉的部分包含进我们创建的较大的选区之内。选区建立之后，我们就将这些漏掉的部分添加到了选区之内。

这里要注意，在用“多边形套索工具”建立选区时，包含了大量原本在选区之内的区域，甚至包含了大量画面之外的区域。这是没关系的，因为原本的选区之内的部分，即使我们再将其添加到选区中也不会受影响，而画面之外的区域，因为没有像素也不会受影响，只要确保漏掉的部分包含在了我们添加的区域中即可。

经过这种调整后，选区边缘变得更准确了，这是选区的布尔运算起了作用。

SKILL

173

魔棒工具如何使用

下面再来看智能选区工具。智能选区工具中常用的主要有“魔棒工具”“快速选择工具”“色彩范围”等，当然也包括 Photoshop 2021 版本新增的“天空”。至于“主体”这种选区工具，个人感觉效果不是太理想，所以我们不做介绍。

以“魔棒工具”为例，针对这张照片，如果我们要为天空建立选区，可以在工具栏中选择“魔棒工具”，在选项栏中选择“添加到选区”，设定“容差”为 30，勾选“清除锯齿”和“连续”。默认情况下，我们设定容差为 30 左右会比较合理，容易取得比较好的选择效果。容差是指我们选择的位置与周边的亮度的相差度。比如单击的位置的亮度为 1，如果设定容差为 30，那么单击之后，与这个位置的亮度相差 30 之内的区域都会被选择进来，相差超过 30 的区域则不会被选择。“连续”是指我们建立的选区是连续的区域，不连续的一些区域不会被选择；勾选“删除锯齿”可以让建立的选区线更平滑一些。

在天空位置单击后，我们可以看到快速为一片区域建立了选区，也就是说与我们单击的位置亮度相差 30 之内的连续的区域都被选择了进来。因为选择的是“添加到选区”，接下来继续在未建立选区的位置单击，多次单击后就为天空建立了选区。

因为我们选择了“连续”这种方式，一些单独的云层或被云层包含起来的狭小的区域，以及天空中一些与我们选择的区域亮度相差比较大的区域就不会被选择，所以放大照片之后可以看到，天空中漏掉了一些区域。

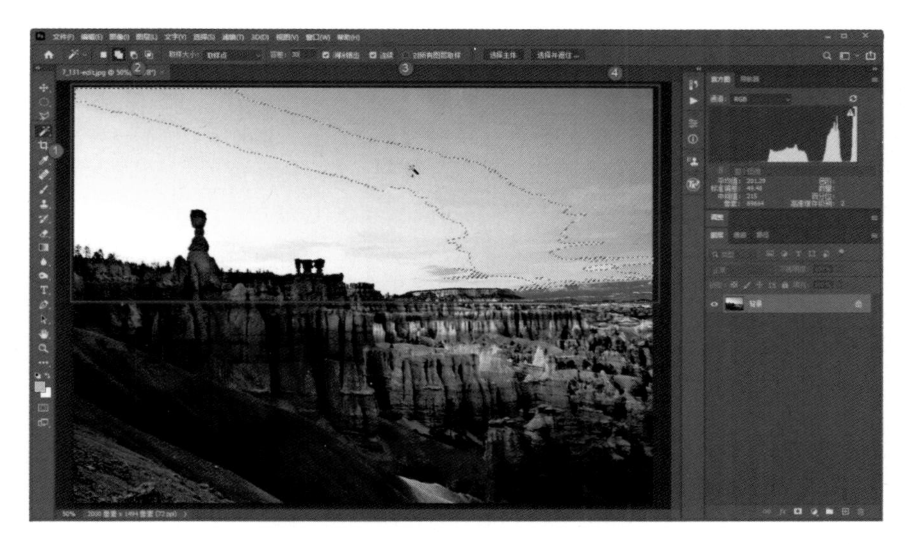

SKILL

174 利用其他工具帮助完善选区

针对这种情况，我们可以选择“套索工具”，选择“添加到选区”，快速将漏掉的区域添加进选区。这样操作之后，我们就完成了选区的建立。

如果在建立选区之前，在选项栏中取消勾选“连续”，在天空中单击时就可以更快速地为天空建立选区，但这样做的劣势是地景内与天空不连续的一些区域，由于与天空的亮度相差不大，因此也会被选择进来。

在实际建立选区时，用户可以根据自己的习惯进行特定的选择。

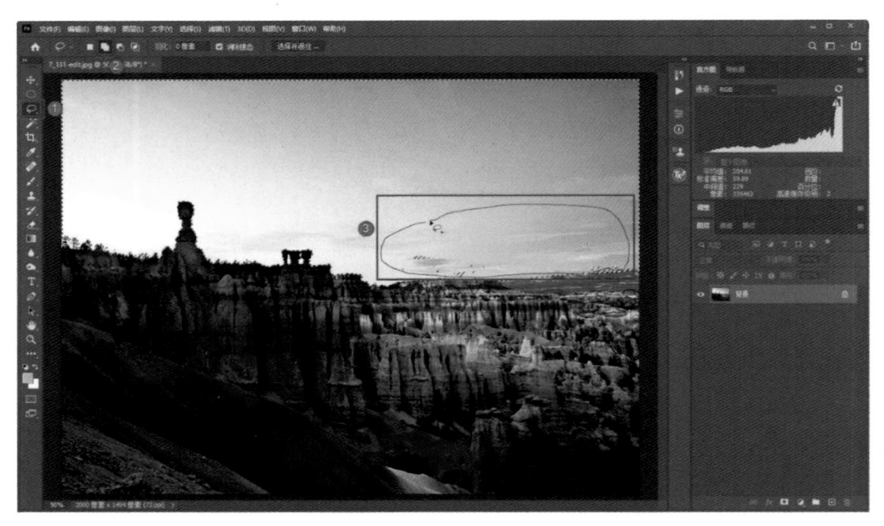

SKILL 175

快速选择工具如何使用

接下来再看看“快速选择工具”。快速选择工具也是一种智能选区工具，具体使用时，首先在工具栏中选择“快速选择”工具，然后在上方设定添加到选区这种运算方式，将光标移动到我们要选择的位置单击并拖动，就可以快速为与拖动位置相差不大的一些区域建立选区，十分快捷。但劣势是，它主要为连续的区域建立选区，并且识别一些边缘的精准度不是特别高，所以需要结合其他工具对选区进行一定的调整。在建立选区之后，我们就可以对选区进行调整了。如果要取消选区，按 Ctrl+D 组合键即可。

SKILL 176

色彩范围功能如何使用

首先在 Photoshop 中打开要建立选区的照片。

选择“选择”菜单，选择“色彩范围”选项，打开“色彩范围”对话框。

此时，光标会变为吸管形状。单击我们想要选取的区域中的某一个位置，这样与该位置明暗及色彩相差不大的区域都会被选择出来。

“色彩范围”对话框下方的预览图中会出现黑色、白色或灰色的区域，白色和灰色表示选择的区域。

如果感觉选择的区域不是太准确，可以调整颜色容差。这个参数用于限定与我们选择的位置明暗及色彩相差不大的区域，即限定取样位置与其他区域的范围。提高颜色容差值会有更多区域被选择，降低则正好相反。调整之后，单击“确定”按钮即可。

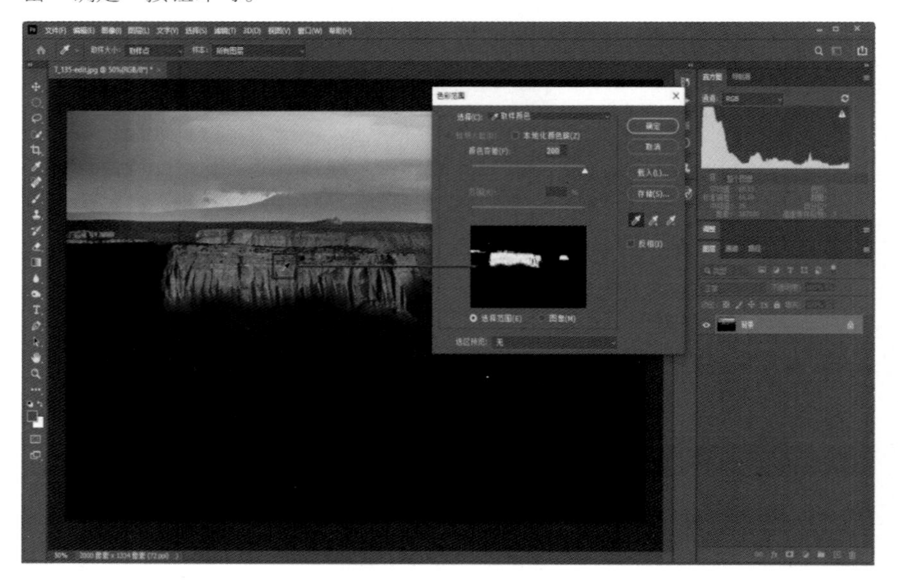

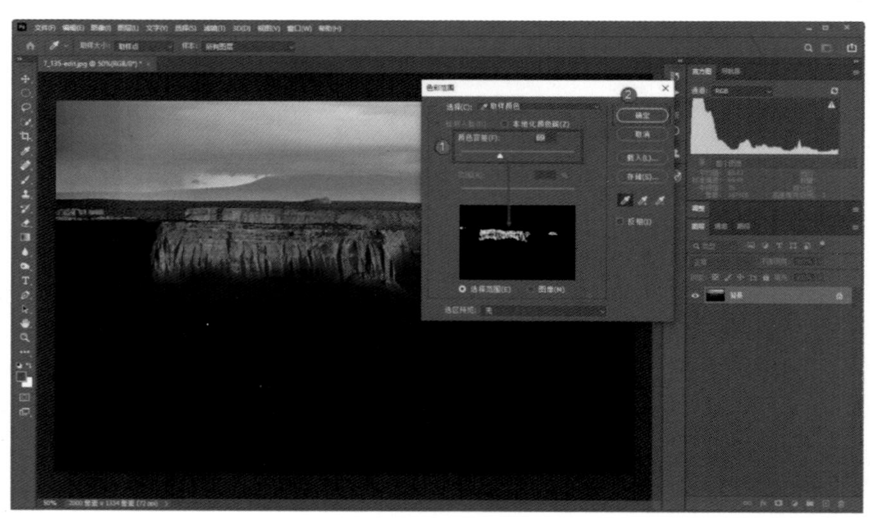

SKILL 177

以灰度状态观察选区

如果感觉在“色彩范围”对话框这一很小的范围内观察得不够清楚，可以在下方的“选区预览”后的列表中选择“灰度”，让照片以灰度的形式显示，从而方便我们观察。

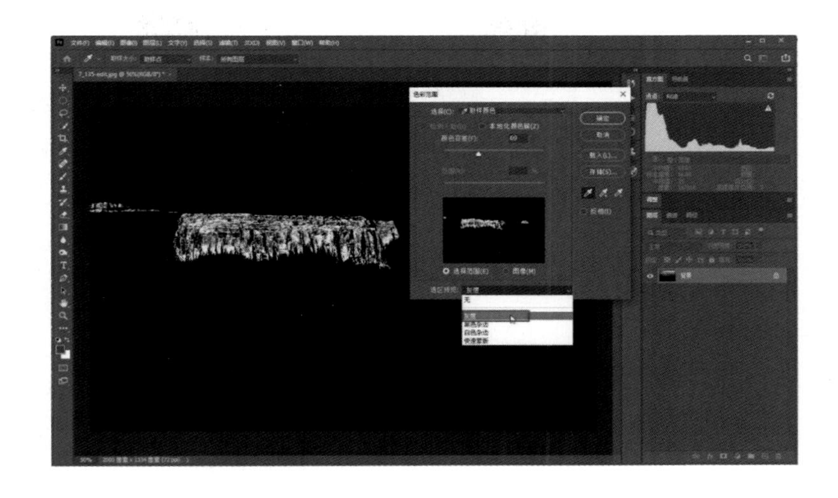

SKILL 178

色彩范围选项

在“色彩范围”对话框中，“选择”后的列表中还有多个选项，我们既可以直接设定选择不同的色系，也可以选择中间调、高光和阴影。在选择高光或阴影之后，我们可以直接选择照片中的最亮像素或最暗像素，而选择中间调的意思是我们将选择照片中某一个亮度范围内的像素。

SKILL 179

颜色容差

前面已经介绍过，颜色容差用于扩大或缩小我们所选定的范围。其原理实际上很简单，就是我们在照片中单击选定一个点，调整颜色容差之后，软件会查找整个照片，将与所选点明暗及色彩相差在所设定值（即颜色容差值）之内的像素也选择出来。从这个角度来说，颜色容差值越大，所选择的区域也会越多，反之则越少。

● ◐ ◐ ◐ ◐ SKILL

180

选区的50%选择度

这里有一个问题，从选区预览中可以看到，有些区域是灰色的，并非纯黑或纯白的。此时建立选区，可以发现有些灰色区域显示了选区线，有些区域则不显示选区线。

实际上，无论某个区域显示或不显示选区线，只要是灰色，它都会处于部分选择的状态。如果我们进行调整，这些选区内都会发生变化。选区显示与否，取决于“色彩范围”对话框中灰色区域的灰度。如果它的亮度超过了50%的中间线，也就是128级亮度，就会显示选区；如果亮度不高于128，则不显示选区，即此时返回主界面之后我们是看不到选区的。

如果进行了后续的提亮或压暗处理，未显示选区线的这些区域也会发生变化，也就是说，确定选区不能仅以选区线为标志。

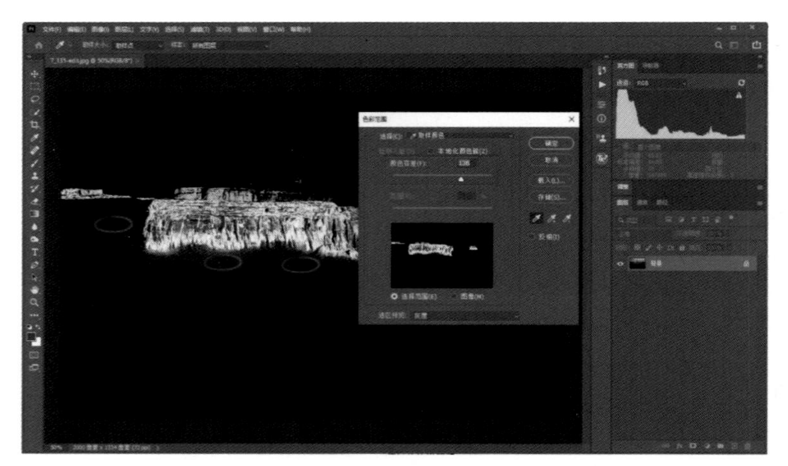

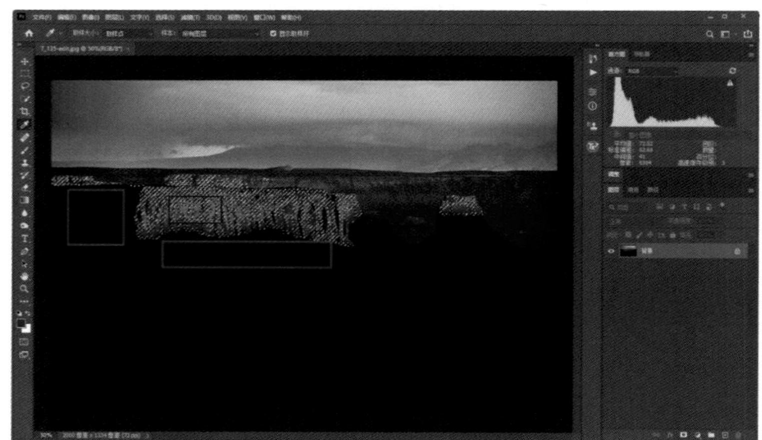

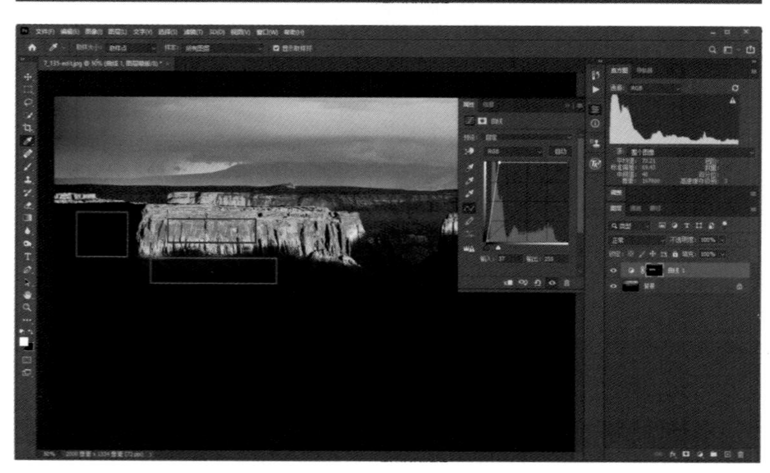

SKILL

181 “天空”功能

在 Photoshop 2021 中，“天空”是新增加的一个选区功能。所谓“天空”，顾名思义，是指在选择该命令之后，软件会自动识别照片中的天空，并为天空建立选区。这个功能是非常强大的，并且 Photoshop 2021 一键换天的功能也是以这个功能为基础来实现的，它的使用方法非常简单。

具体操作时，先在 Photoshop 中打开照片，打开“选择”菜单，选择“天空”选项。

这样，可以看到天空就被选择了出来。再看远处的飞机，虽然机翼部分没有显示选区线，但实际上机翼部分也处于选区中，只是没有显示选区线。

接下来在工具栏中选择“橡皮擦工具”，将“不透明度”和“流量”设定为100%，然后在选区内擦拭，就可以将天空的像素擦掉。这时我们注意观察飞机，可以看到机翼部分虽然没在选区之内，但仍然保留了下来，人物的发丝边缘也是如此。

SKILL

182 选区的羽化

擦掉天空之后，观察草地与天空连接的部分，发现还是有些生硬，过渡不够柔和，这是选区边缘过硬导致的。

建立选区线之后，如果我们先对选区进行一定的羽化再进行擦拭，那么选区的边缘会变得柔和很多。所谓羽化，主要是指调整选区的边缘，让边缘以非常柔和的形式呈现。

来看具体操作。展开“历史记录”面板，选中“选择天空”这一步骤，就会回到为天空建立选区的步骤。

这时，先在工具栏中随便选择某一种选区工具，然后在选区内单击右键，在弹出的菜单中选择“羽化”选项，打开“羽化选区”对话框，在其中设定“羽化半径”为2，之后单击“确定”按钮，这样我们就对选区进行了一定的羽化。

这时如果再用“橡皮擦工具”擦掉天空部分后，可以发现草地与天空的过渡柔和了很多，这种过渡能让画面的抠图效果看起来更加自然。

SKILL

183 选区的边缘调整

先回到初次建立选区的状态，然后在工具栏中选择任意一种选区工具，此时在选项栏中可以看到“选择并遮住”功能，该功能主要用于对选区的边缘进行调整。在旧版本的 Photoshop 中建立选区时，如果不够精确，边缘调整就可以让选区变得更加准确。当然，这个功能相对也比较复杂，操作的难度也比较大。到了 Photoshop 2021，如果我们是为天空建立选区，该功能的重要性就会大大降低，但我们依然要讲一下，便于大家理解和熟练使用选区功能。

先建立选区，然后在使用某种选区工具的状态下单击“选择并遮住”按钮，此时会进入一个单独的调整界面，我们在该界面中可以对选区边缘进行调整。

在这个界面中，左侧工具栏中的第 2 个工具为“自动识别边缘”工具，这个工具非常强大。对于边缘不够准确的选区，可以选择该工具，然后将该工具移动到选区边缘进行涂抹，软件会再次识别边缘，这可能让原本不是很精确的边缘部分变得更加精确。

在右侧的界面中，“视图”这个功能没有太大的实际意义，它主要用于让我们设定以哪一种方式显示选区。这里设定的是洋葱皮的显示方式，可以看到选区内的部分是白色与灰色相间的方格。

“半径”是指选区线两侧像素的距离，如果半径为 1，那么选区线两侧各 1 个像素的范围会被检测，半径设置得越大，越容易快速查找到某些物体的边缘从而建立选区，但是这样选区可能不会太准确，因为所能查找的一些物体的边缘过多，有可能导致识别错误。

“智能半径”是指我们建立选区之后，软件会自动优化半径值，从而让选区线更平滑一些。

“平滑”与“羽化”用于对选区线的整体走势进行调整，让选区线变得更加光滑，过渡更加自然。

参数面板下方还有一个“移动边缘”参数，这个参数非常重要，如果我们向左拖动其滑块，选区就会向外扩展。本例中我们选择的选区是天空，向外扩展之后可以看到人物部分也逐渐被选择。如果向右拖动，则会缩小选区，这样会让选区更加精确。

SKILL 184

怎样保存选区

建立选区之后，如果要保存选区，可以借助“通道”面板来实现。

具体操作时，先在选区状态下打开“通道”面板，然后单击“通道”面板下方的“建立通道蒙版”按钮，这样可以为选区创建一个蒙版，选区内的部分是白色，选区之外的部分是黑色。本例中我们只选择了飞机，所以就将飞机这个选区保存了下来。保存了这个选区之后，如果关闭照片，将照片保存为 TIFF 格式，下次打开照片时，选区就会完整地保留下来。

SKILL

185

选区的叠加

之前我们介绍过，选区的布尔运算是指在建立选区时对选区进行相加或相减，这实际上还会涉及另外一个问题，即如果我们一次只建立了一个选区，过一段时间之后我们再建立另外一个选区，但是这两个选区都被分别保存了下来，假如要将两个选区加起来，就需要进行选区的相加。当然，我们也可以进行选区的相减。

之前我们已经为飞机建立了选区并进行了保存，现在我们为人物和草地又建立了一个选区。

将人物和草地的选区在通道中保存下来，那么现在照片中就有两个选区。如果要将两个选区相加，可以先按住 Ctrl 键单击第 1 个选区，这个选区会载入选区线。然后将光标移动到第 2 个选区上，按 Ctrl+Shift 组合键就可以将第 2 个选区添加到第 1 个选区中，这就是选区的相加。如果要相减，只要按 Ctrl+Alt 组合键，就可以减去第 2 个选区。

5.3 蒙版

SKILL

186 蒙版的概念与用途

有些定义将蒙版解释为“蒙在照片上的板子”，其实，这种解释并不是非常准确。如果用通俗的说法来说，蒙版就像一块虚拟的橡皮擦。Photoshop 中的“橡皮擦工具”可以将照片的像素擦掉，从而露出下方图层上的内容，蒙版也可以实现同样的效果，但是被“橡皮擦工具”擦掉的像素会彻底丢失，而使用蒙版结合渐变或“画笔工具”等擦掉的像素只是被隐藏了起来，实际上没有丢失。

下面通过一个案例来介绍蒙版的概念与用途。

打开如上图所示的照片，在“图层”面板中可以看到图层信息，这时单击“图层”面板底部的“创建图层蒙版”按钮，为图层添加一个蒙版。初次添加的蒙版为白色的空白缩览图。

我们将蒙版改为白色、灰色和黑色 3 个区域同时存在的样式。

此时观察画面就会看到，白色的区域就像一层透明的玻璃，覆盖在原始照片上；黑色的区域相当于用橡皮擦彻底将像素擦除掉了，露出了下方空白的背景；而灰色的区域处于半透明状态。这与我们使用橡皮擦直接擦除右侧区域、降低透明度后擦除中间区域所取得的画面效果是完全一样的，并且从图层的缩览图中可以看到，原始照片的缩览图并没有发生变化，将蒙版删掉后依然可以看到原来的照片，这也是蒙版的强大之处——它就像一块虚拟的橡皮擦一样。

如果我们为蒙版制作一个从纯黑到纯白的渐变，此时的蒙版缩览图如最下方的图片所示。可以看到，照片处于从完全透明到完全不透明的平滑过渡状态。从蒙版缩览图来看，黑色完全遮挡了当前的照片像素，白色则完全不会影响照片的像素，而灰色则会让照片处于半透明状态。

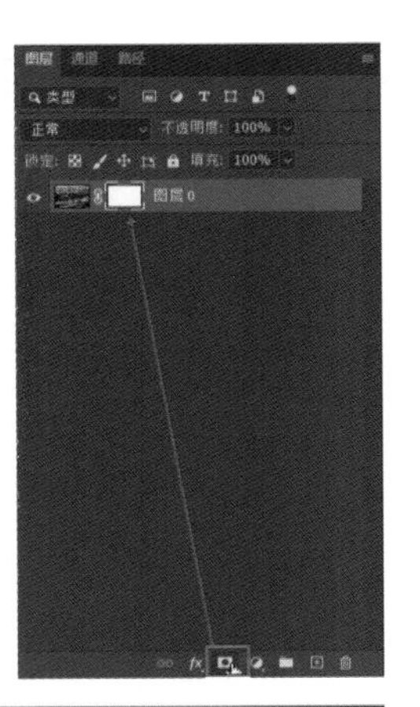

TIPS

对于蒙版所在的图层而言，白色用于显示，黑色用于遮挡，灰色则会让显示的部分处于半透明状态。后续在使用调整图层时，蒙版的这种特性会非常直观。

SKILL 187

图层蒙版的一般用法

下方这张照片中，前景的草原亮度非常低，现在要对其进行提亮。

首先在 Photoshop 中打开照片，然后按 Ctrl+J 组合键复制一个图层，对上方复制出的图层进行整体提亮。再为上方的图层创建一个蒙版，就可以借助黑蒙版遮挡住天空，用白蒙版露出提亮的图层，这样就实现了两个图层的叠加，相当于只提亮了地景部分。

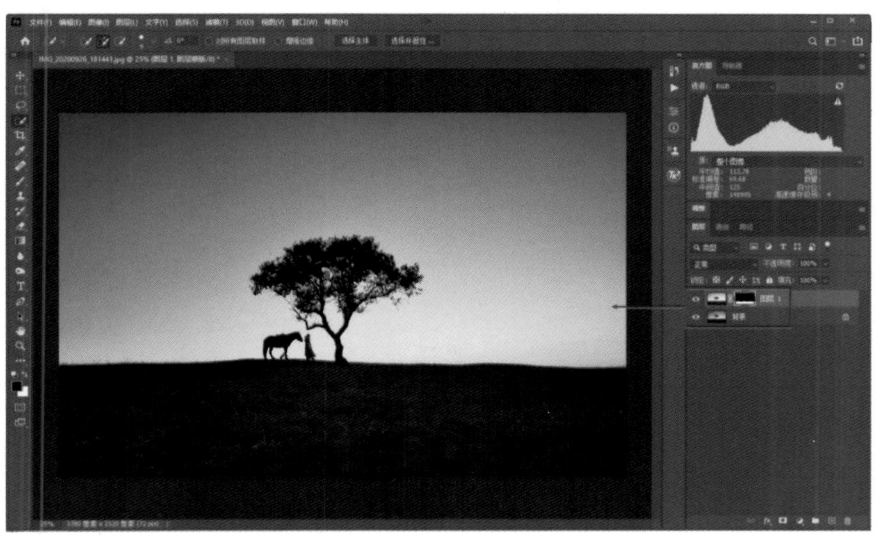

SKILL

188

调整图层

当然，上述操作比较复杂，下面我们介绍调整图层这个功能，它相当于一步进行了我们之前的复制图层和提亮新图层等多种操作。具体操作时，先打开原始照片，然后在“调整”面板中单击“曲线调整”按钮，这样可以创建一个曲线调整图层，并打开“曲线”面板。

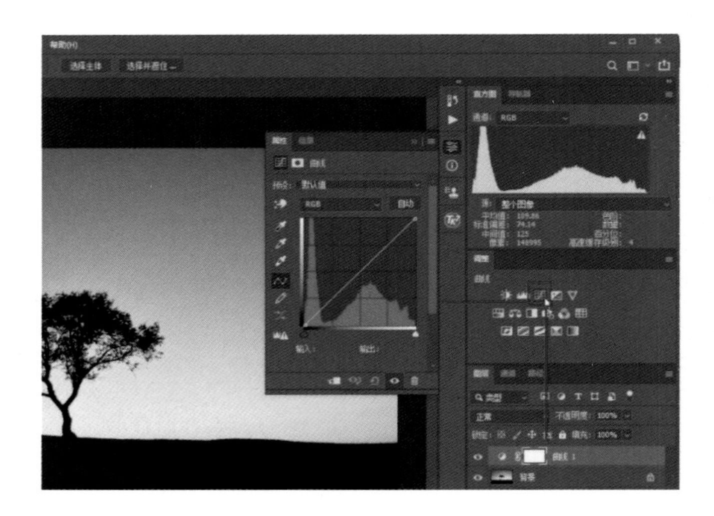

接下来在“曲线”面板中向上拖动曲线，这样全图都会被提亮。

之后我们只要再借助黑白蒙版，将天空部分用黑蒙版遮挡起来，只露出地面部分，就实现了局部的调整。可以看到，这样操作省去了创建、复制新图层的步骤，相对来说要简单和快捷很多，它相当于对之前的操作进行了简化。当然这里有一个新的问题，调整图层并不能100%替代图层蒙版，因为如果有两张不同的照片叠加在一起生成两个图层，只要为上方图层创建图层蒙版，就可以实现照片的合成等操作，但调整图层则只是针对一张照片进行影调、色彩等的调整，这是两者的不同之处。

SKILL 189

黑、白蒙版的使用方法

在了解了蒙版的黑白变化之后，下面我们介绍实战中黑白蒙版的使用方法。

看下方这样一张照片，背景部分亮度较高，导致人物的表现力下降。

这时我们可以创建一个曲线调整图层对照片两侧及背景进行压暗，但这种压暗会导致主体人物部分也被压暗。

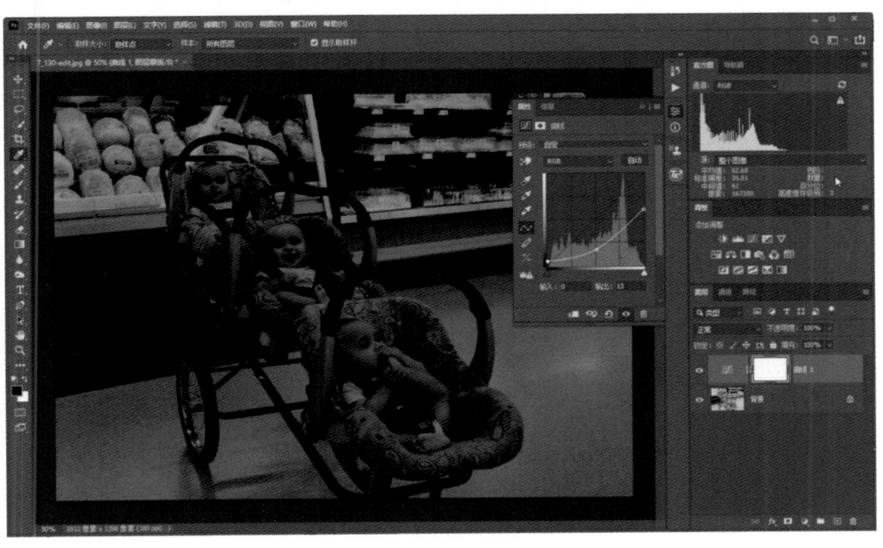

由于我们只想压暗背景部分，这时就可以选择“渐变工具”或“画笔工具”，将主体人物部分擦拭出来。擦拭时，前景色要设为黑色，这就相当于用黑色遮挡了当前图层的调整效果，也就是说将曲线调整这一部分遮挡起来。从蒙版上可以看到，白色部分会显示当前图层的调整效果，黑色部分会遮挡调整效果，这样主体人物部分的亮度不会改变，而背景部分得到压暗。这是白蒙版的使用方法，即先建立白蒙版，然后对某些区域进行还原。

至于黑蒙版的使用方法也非常简单，在创建白蒙版之后，按 Ctrl+I 组合键就可以将蒙版反相，使其变为黑蒙版，将当前图层的调整效果完全遮挡起来。

如果我们想让某些位置显示出当前图层的调整效果，只要先将前景色设为白色，然后在想要显示的区域涂抹和制作渐变即可。

SKILL

190 怎样将蒙版转换为选区

通过蒙版的局部调整我们发现，其实蒙版也是一种选区，因为它也用于限定某些区域的局部调整。实际上，蒙版与选区是可以随时相互切换的。正如之前的照片，我们让主体人物部分保持原有亮度，压暗四周，这是通过蒙版来实现的，之后如果要将蒙版载入选区，我们只要按住 Ctrl 键然后单击蒙版图标即可。当然，在将蒙版载入选区时，要注意蒙版中白色的部分是选择的区域，黑色的部分是不选择的区域。可以看到，载入选区之后，四周的白色部分被建立了选区。

除此之外，我们还可以在蒙版图标上单击右键，在弹出的菜单中选择“添加蒙版到选区”选项，这样也可以将蒙版转为选区。

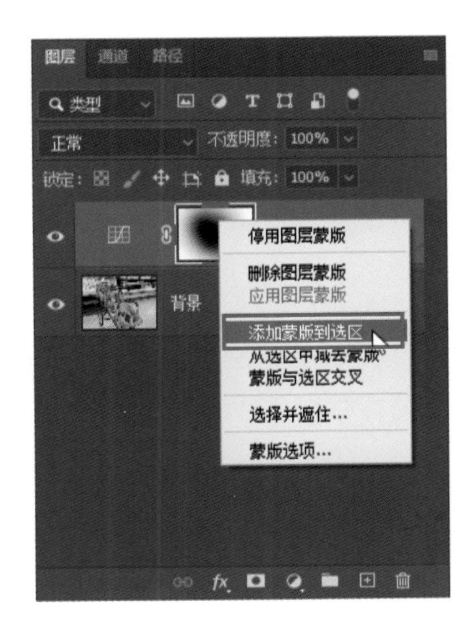

SKILL 191

剪切到图层

我们利用调整图层可以对全图进行明暗以及色彩的调整，并且能对下方所有图层的叠加效果进行调整。

在实际的使用中，我们还可以限定调整图层只对它下方的图层进行调整，而不影响其他图层。比如之前这张照片，我们先按 Ctrl+J 组合键复制一个图层，然后对上方的图层进行高斯模糊处理，之后创建一个曲线调整图层并提亮，这样可以看到全图都变亮了。但我们当前想要的主要是将上方的模糊图层提亮，那这时可以单击曲线调整面板下方的“剪切到图层”按钮，这样就可以将曲线的调整效果限定为只作用到它下方的模糊图层，而不是全图。可以看到，剪切到图层之后，照片画面发生了较大变化，这是因为我们降低了模糊图层的不透明度，而让蒙版只作用到这个图层之后，相当于蒙版的不透明度也被降低了。

SKILL 192

蒙版+画笔工具如何使用

之前我们介绍过，使用蒙版时，要借助“画笔工具”或“渐变工具”来切换白蒙版和黑蒙版，下面来看具体的使用方法。依然是这张图片，首先创建曲线调整图层对其压暗。

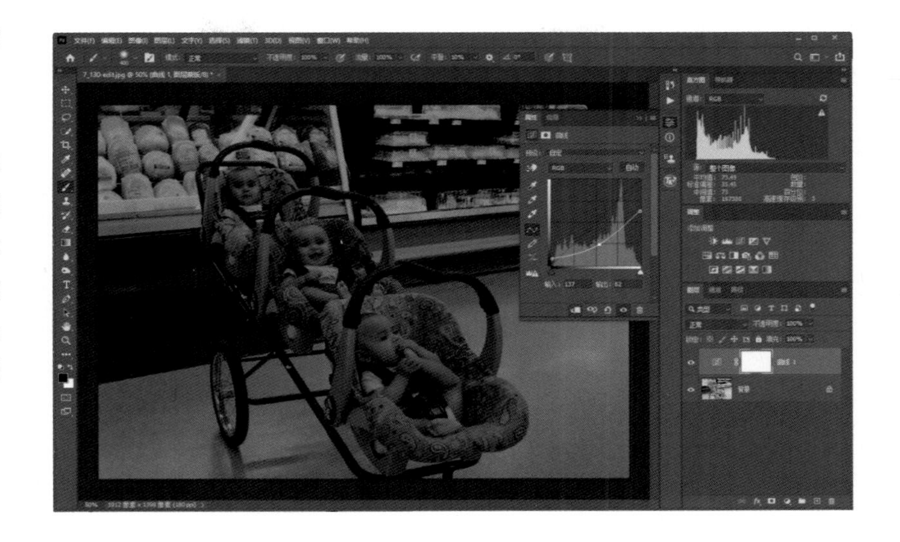

接下来在工具栏中选择“画笔工具”，将前景色设为黑色，然后适当地调整画笔直径，并将“不透明度”设定为100%，之后用鼠标在人物上进行擦拭。可以看到，这样相当于将主体人物部分擦黑，从而遮挡了压暗的效果，露出了原始照片的亮度，这是蒙版与“画笔工具”组合使用的一种方法。当然在实际的使用中，可能经常需要将画笔的不透明度降低，之后再进行轻微地擦拭，以让效果更自然。

SKILL 193

蒙版+渐变如何使用

除了"画笔工具"可以调整蒙版之外，在实际的使用中，"渐变工具"也可以与蒙版结合起来使用，取得很好的调整效果。具体使用时，首先依然是压暗照片，然后按 Ctrl+I 组合键反选蒙版，这样调整效果就会被遮挡起来。

这时在工具栏中选择"渐变工具"，将前景色设为白色，背景色设为黑色，然后设定从白到透明的线性渐变，设定线性渐变，在照四周拖动制作渐变。我们可以从图层蒙版上看到四周变白，显示出当前图层的调整效果。最终可以看到，照片四周压暗，而中间的主体人物部分依然是黑蒙版，它遮挡了当前的压暗效果，露出的依然是背景图层的亮度。

SKILL

194 蒙版的羽化与不透明度

无论“画笔工具”还是“渐变工具”，在利用它们调整黑、白蒙版之后，蒙版中白色区域与黑色区域的过渡还是有些生硬，不够自然。这时我们可以双击蒙版图标，打开蒙版的“属性”面板。

在其中提高蒙版的“羽化”值，就可以让白色区域与黑色区域的过渡更平滑、柔和，这类似于羽化功能。最终，我们就可以借此让照片处于明暗影调过渡非常平滑的状态。

如果感觉四周压得过暗，我们还可以单击选中蒙版图层，适当降低蒙版的“不透明度”，弱化调整效果，从而让最终的调整效果更加自然。

SKILL 195

快速蒙版的使用方法

调整完成之后，再创建一个盖印图层。

接下来我们将要演示快速蒙版的使用方法。快速蒙版主要用于方便用户快速进入蒙版编辑状态，利用“画笔工具”或“渐变工具”在照片中涂抹，以随心所欲地建立我们想要的选区。像之前这张照片，在盖印图层之后，在工具栏下方单击“快速蒙版”按钮，就可以为当前的图层创建快速蒙版。可以看到，此时所选中的图层变为红色，这表示我们已经进入了快速蒙版的状态。

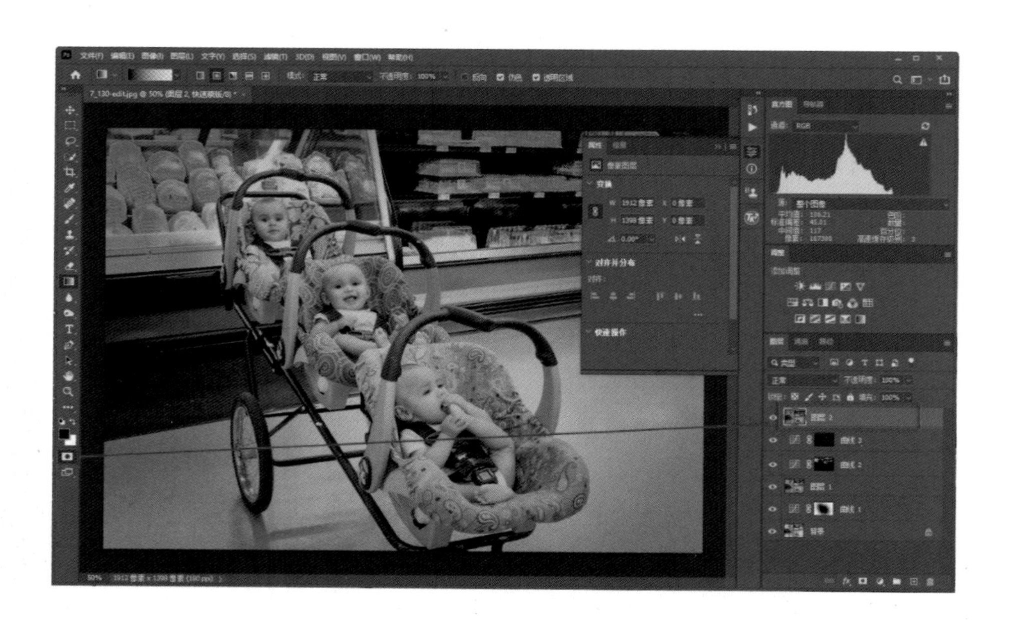

在工具栏中选择“画笔工具”，将前景色设为黑色后，在照片上涂抹，可以看到涂抹的区域呈现出红色。这种红色不是我们涂抹的颜色，它主要用于显示我们将要选择的区域。

涂抹之后，按Q键可以退出快速蒙版状态，当然也可以在工具栏中单击“快速蒙版”按钮退出。退出之后，可以看到我们涂抹的部分被排除在选区之外，那么我们没有涂抹的区域就被建立了选区，这就是快速蒙版的使用方法。

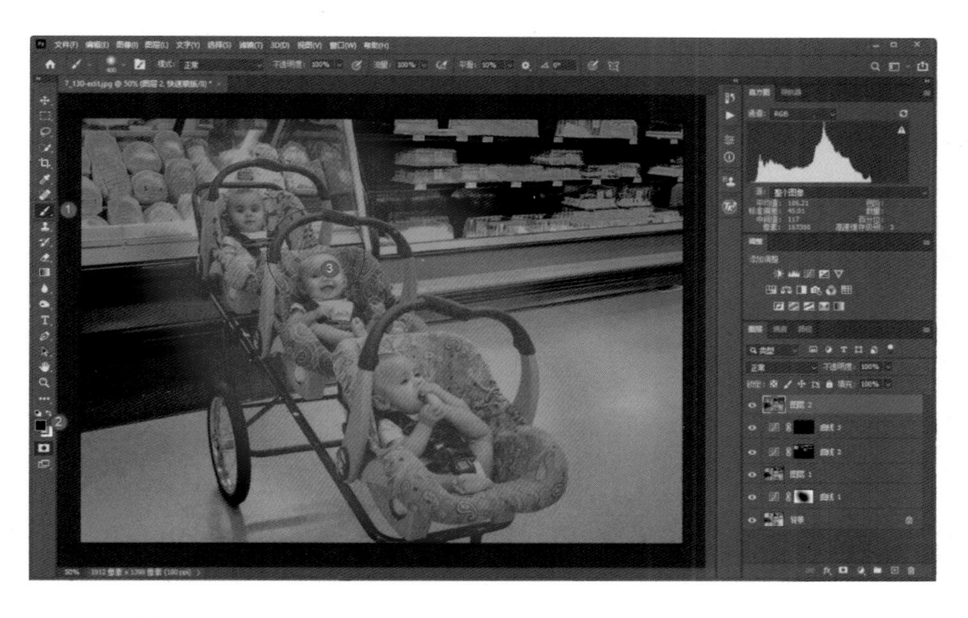

5.4 通道

SKILL

196 通道的用途

接下来介绍通道的相关知识。

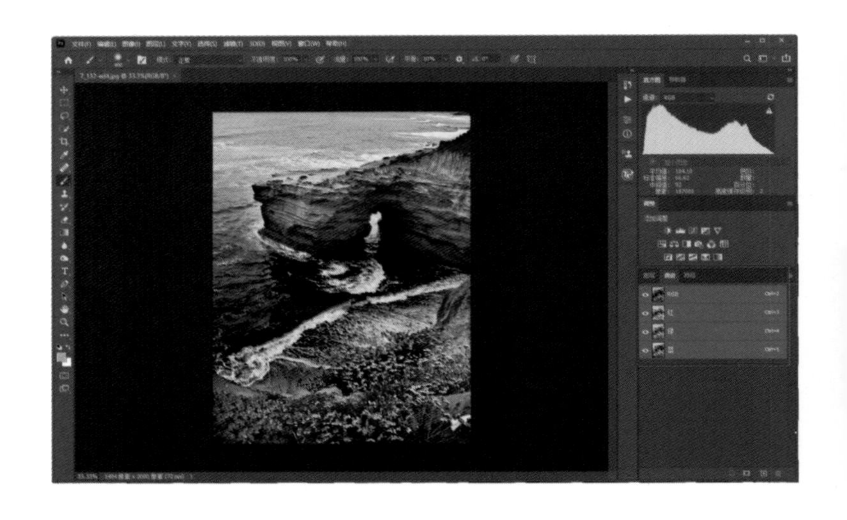

通道主要用于存储照片的色彩信息。打开一般的RGB色彩模式照片，切换到“通道”面板之后，可以看到有4个通道，分别为RGB彩色通道以及红、绿、蓝三原色对应的3个通道，不同的色彩通道用于存储与之对应的色彩信息。

比如切换到红色通道，那么从照片中可以看到，红色含量比较高的区域会呈现出白色，没有红色的区域会变为黑色。当然要注意一点，除①②两个位置红色含量比较高之外，③④位置并没有红色，它们是白色的，但在红色通道中也处于高亮显示状态。这表示在通道中，该种通道对应的色彩信息越多，显示得越亮，而原照片中的白色区域在任何一个色彩通道中仍然都以白色显示。

接下来我们切换到蓝色通道，可以看到，近景的花是紫色的，紫色中包含红色和蓝色，蓝色含量也比较高，所以花依然处于高亮显示状态；远处的岩石变暗，这表示岩石中红色成分比较多、蓝色成分比较少；再次观察海浪，可以看到海浪部分依然为白色，因为它本身就是白色的。这是通道的色彩分布与显示的特点。

SKILL 197

利用通道建立选区

之前我们已经介绍过，在蒙版中，白色的部分表示选择的区域，且蒙版可以随时与选区进行切换。实际上在通道中，我们也可以随时根据通道的黑白状态来建立选区，用白色表示选区之内的部分。如果我们要建立选区，按住 Ctrl 键单击任何一个通道，该通道中亮度足够高的区域就会被建立选区。

SKILL

198 复制通道有什么用途

在旧版本的 Photoshop 中，我们在抠取人物时，特别是人物的发丝部分，经常要利用通道。具体操作时，仅凭通道默认显示的明暗分布状态可能无法抠得非常精确，我们还需要对通道进行调整，强化通道中明暗的反差，最终建立更准确的选区。通道存储的是照片的色彩信息，一旦我们对某个通道的明暗进行了强化，势必会引起原照片色彩的变化，所以我们在对某个通道建立选区并进行调整时，不能对原通道进行调整。正常情况下，我们要在某个通道上单击右键，然后在弹出的菜单中选择“复制通道”选项，复制一个通道出来，对这个复制的通道进行强化，建立选区。这个复制的通道既能方便我们建立选区，又不会影响原始照片，因为原始照片只将自己的色彩信息存储在了红、绿、蓝 3 个通道中。当然复制哪一个通道也比较有讲究，一般来说，我们在建立选区时，要复制选区与周边明暗反差比较大的通道。

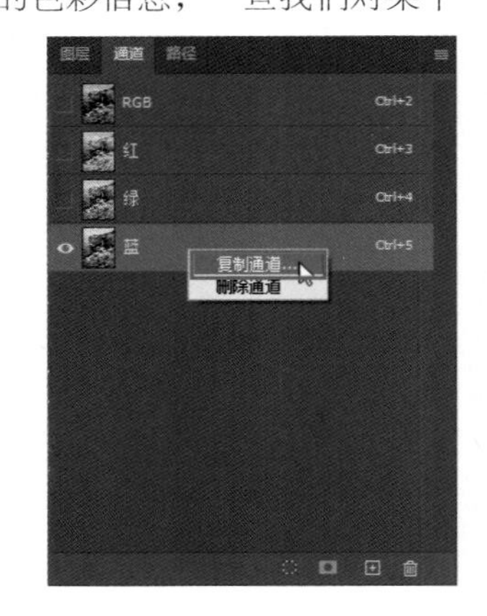

复制通道之后，确保只选中新复制的通道。

使用色阶、曲线或亮度 / 对比度等调整功能，对明暗反差进行强化。比如这里我们只需要选择前景的紫花，这样大幅度进行对比度的调整。

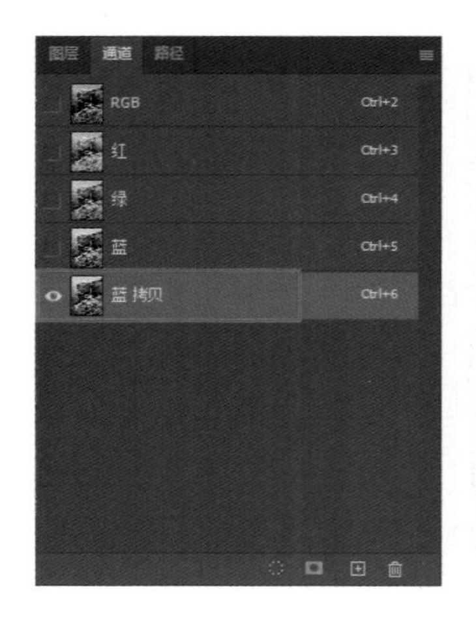

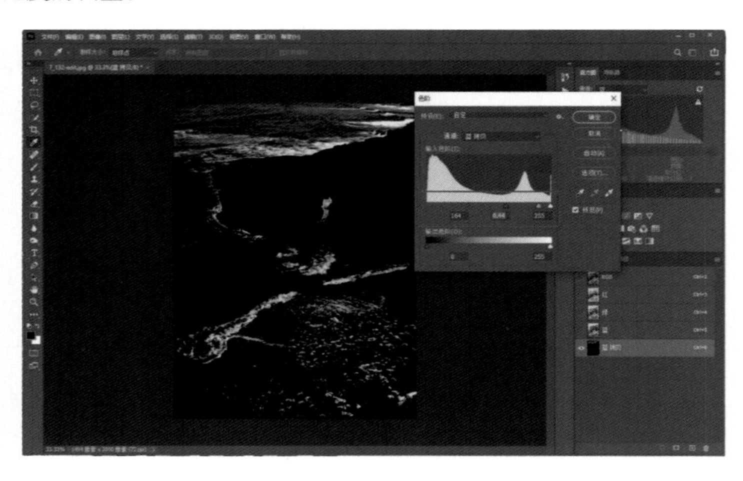

调整完毕之后，我们还可以选择“画笔工具”先将前景色设为黑色，然后将不想选择的区域完全涂黑。

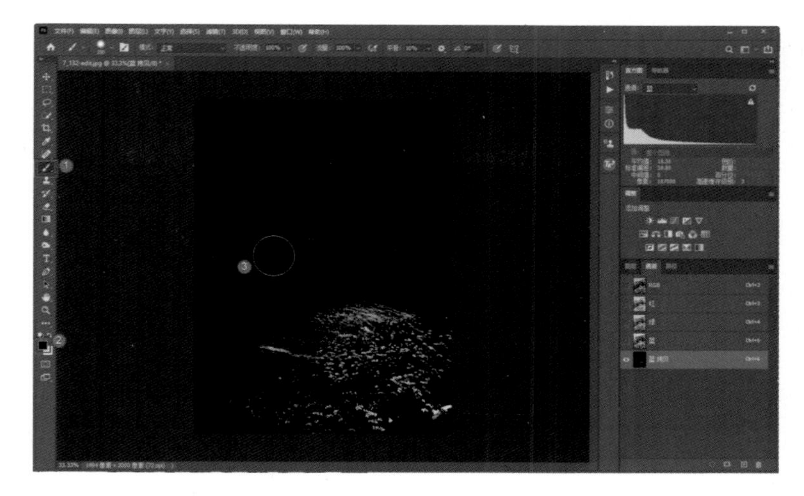

之后按住 Ctrl 键单击复制的通道，这样就可以将前景的紫花载入选区。

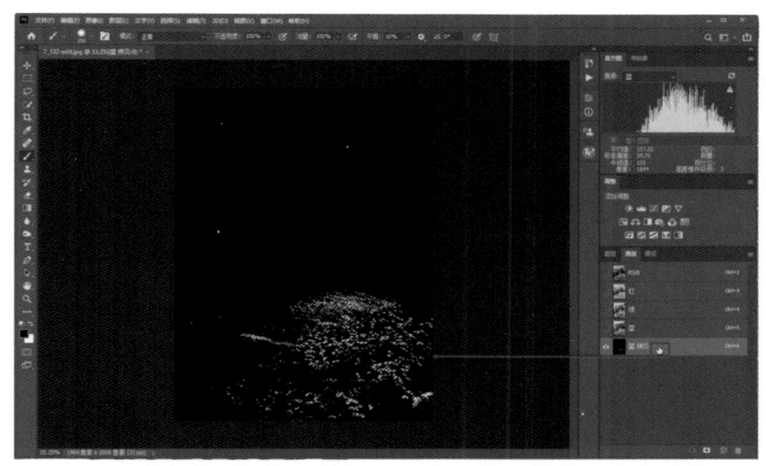

此时，单击 RGB 彩色通道，就可以回到照片正常显示的状态。

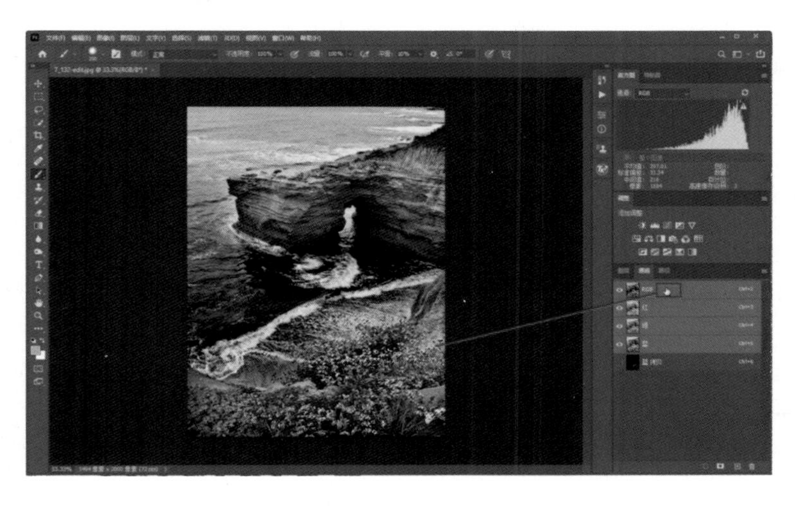

SKILL 199

Lab模式

我们在计算机上看到和使用的照片，大多是 RGB 色彩模式的，几乎很难看到 Lab 模式的照片。

Lab 模式是一种基于人眼视觉原理而提出的色彩模式，理论上它概括了人眼能看到的所有颜色。在长期的观察和研究中，人们发现人眼一般不会混淆红绿、蓝黄、黑白这 3 组共 6 种颜色，这使研究人员猜测人眼中或许存在某种能分辨这几种颜色的机制。于是有人提出可将人的视觉系统划分为 3 条颜色通道，分别是感知颜色的红绿通道和蓝黄通道，以及感知明暗的明度通道。这种理论很快得到了人眼生理学的证据支持，从而得以迅速普及。人们经过研究发现，如果人眼中缺失了某条通道，就会产生色盲现象。

1932 年，国际照明委员会依据这种理论建立了 Lab 颜色模型，后来 Adobe 将 Lab 模式引入了 Photoshop，将它作为颜色模式置换的中间模式。因为 Lab 模式的色域最宽，所以将其他模式置换为 Lab 模式时，颜色不会损失。在实际应用中，我们在将设备中的 RGB 照片转为 CMYK 色彩模式准备印刷时，可以先将 RGB 照片转为 Lab 模式，这样不会损失颜色细节，最终再将其从 Lab 模式转为 CMYK 色彩模式。这也是之前很长一段时间内影像作品印前的标准工作流程。

而当前，在 Photoshop 中我们可以直接将 RGB 色彩模式转换为 CMYK 色彩模式，中间的 Lab 模式过渡在系统内部自动完成了，我们看不见这个过程（当然，转换时会带来色彩的失真，可能需要你进行微调以校正）。下面进行演示，打开如下图所示的照片。

将照片调黄，如下方左图所示，因为黄色的明度非常高，可以看到很多画面的部分因为色彩明度的变化产生了一些明暗细节的损失。

如果在Lab模式下调整，因为色彩与明度是分开的，所以将照片调为黄色后，是不会出现明暗细节损失的，如下方右图所示。

SKILL 200

Lab模式下的通道

打开照片后，展开“图像”菜单，选择“模式”，选择“Lab颜色”选项，可以将照片转为Lab模式。切换到“通道”面板后，可以看到有Lab、明度、a和b 4个通道。

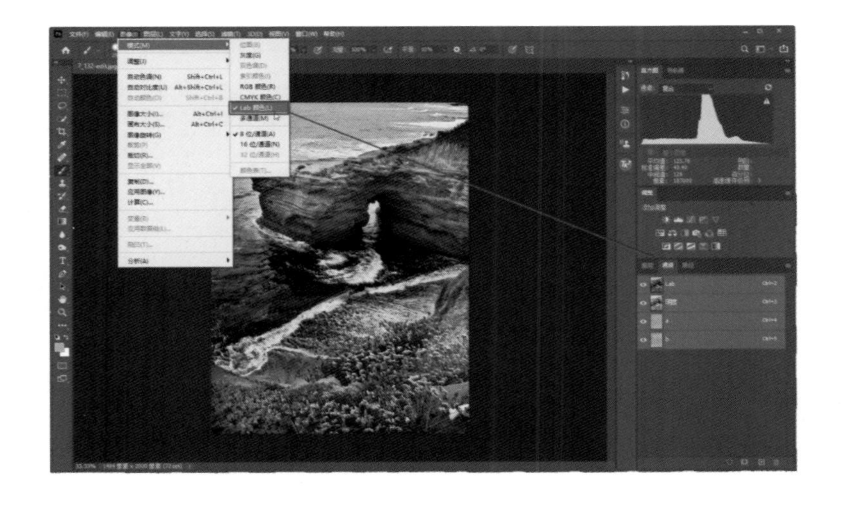

其中，a 通道对应红色和绿色，b 通道对应黄色和蓝色。

创建曲线调整图层，选择 a 通道，向上拖动曲线，可以看到照片明显变红。

向下拖动曲线，照片明显变绿。

SKILL

201

用通道建立高光选区

通道有一个非常重要的功能，即用于建立各种不同的选区，然后对这些选区内的部分进行特定的调整。除之前介绍的方法外，实际上还有一种更为简单的建立选区的方法，例如，打开照片后，不必进入“通道”面板，直接按 Ctrl+Alt+2 组合键就可以一步到位地建立高光选区。

在下图中，我们可以看到此时通过按组合键已经建立了高光选区。

这样建立的高光选区与通过在“通道”面板中按住 CTRL 键单击红通道建立的高光选区差别不大。

建立高光选区之后，我们先创建曲线调整图层，然后对高光区域进行提亮，之后恢复暗部，这样就实现了对高光区域的单独提亮。

SKILL 202

扩大高光选区

在已经建立的高光选区的基础上，如果我们按 Ctrl+Alt+Shift+2 组合键，就可以扩大这个高光选区。

SKILL 203

用通道选中间调与暗部

如果我们要选择中间调与暗部，没有简单的快捷键能够一步到位，这时我们就可以先建立高光选区，然后扩大高光选区。接下来我们展开“选择”菜单，选择“反选”，这样中间调与暗部就会被选择出来。

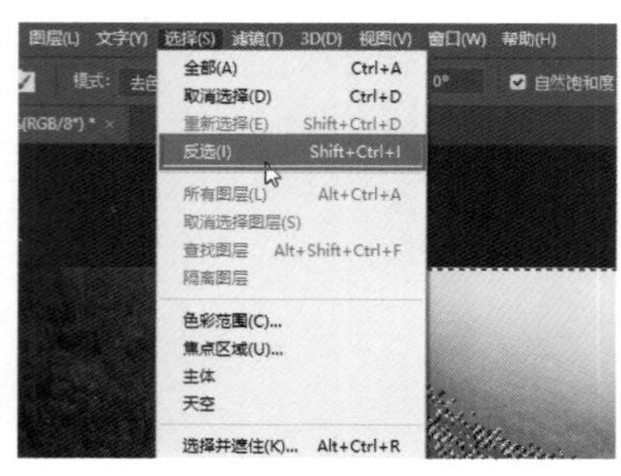

SKILL 204

用通道选中间调选区

中间调像素能够奠定一张照片的基调，在进行一些风光题材照片的后期处理时，我们经常要选择中间调选区。

具体操作时，首先打开“通道”面板，然后按住 Ctrl+Alt 组合键单击红色通道，此时可以看到照片被建立了选区，保持按住 Ctrl+Alt 组合键的状态，再次单击红色通道，此时会弹出警告，“警告：任何像素都不大于 50% 选择。选区边将不可见。”，也就是蚂蚁线将不再显示。直接单击“确定”按钮，这样我们就建立了中间调选区。

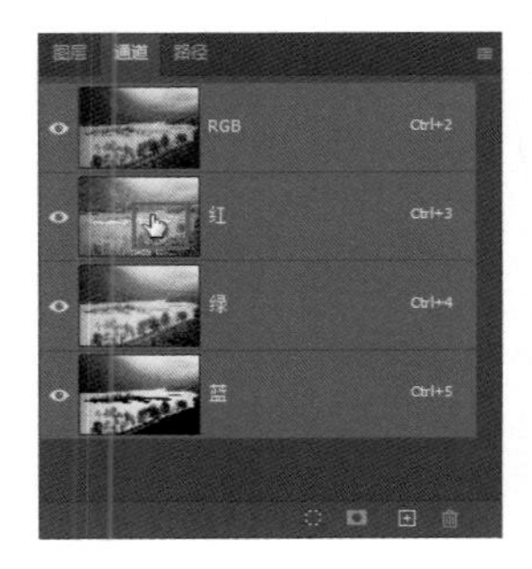

创建一个色阶调整图层进行调整，可以看到不仅调整图层的蒙版发生了变化，照片影调也发生了变化。这种方法通常用于对照片进行整体基调的调整。

第6章

五大调色原理

Chapter Six

本章将介绍利用Photoshop对照片进行后期处理时所涉及的基本调色原理。掌握了这些基本调色原理后，我们才能够真正在后期调色时做到得心应手、游刃有余。

6.1 互补色

SKILL 205

互补色的概念与分布

所谓的互补色，是指相加得白色的两种色彩。在摄影创作中，有互补色的照片给人的视觉冲击力是非常强的，画面的色彩反差会非常大，往往能产生一种对比的色彩效果。

在色轮图中，同一直径两端的色彩混合后可以得到白色，即其互为补色。可以看到，红色与青色混合会得到白色，那么红色与青色就是互补色，蓝色与黄色也是互补色，绿色与洋红也是互补色。在色轮图上，我们可以看到更多的互补色。

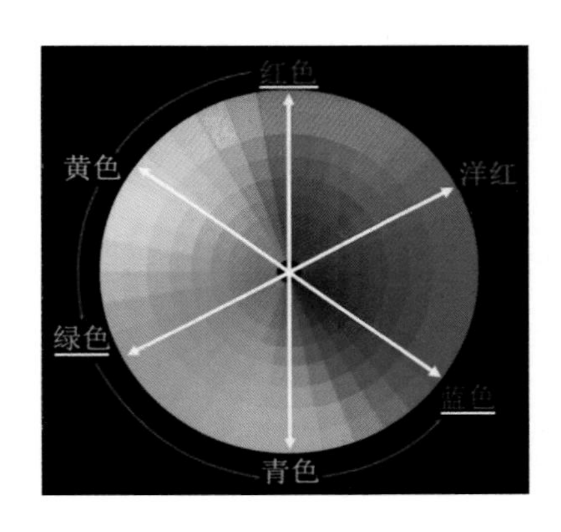

SKILL 206

为什么互补色相加为白色

自然界中的太阳光线经过分离后，产生了“红橙黄绿青蓝紫”7 种色彩的光线，而大部分色彩可以经过二次分离，产生“红绿蓝”3 种色彩。也就是说，大部分光线最终会分解为“红绿蓝”3 种光线。因此“红绿蓝”也被称为三原色，即 3 种最基本的色彩。也可以这样认为，三原色相加，最终得到白色（太阳光线既可以认为是没有颜色的，也可以认为是白色的）。

根据上一个知识点所介绍的，红色与青色为互补色，两者相加为白色。那依据三原色图就可以明白这种互补色相加为白色的原因：青色是由蓝色与绿色相加得到的，红色与青色相加，实际上就是红色、蓝色和绿色 3 种原色相加，得到的颜色自然是白色。

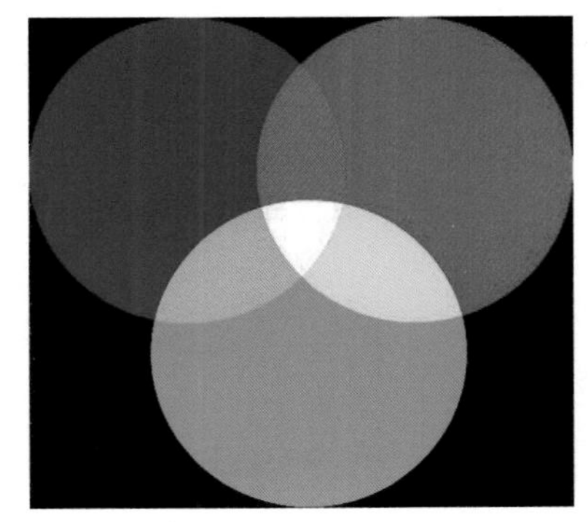

SKILL

207 互补色在色彩平衡中的应用

在 Photoshop 中打开一张照片，创建一个色彩平衡调整图层。在打开的“色彩平衡”面板中，有“青色与红色”“洋红与绿色”“黄色与蓝色”3 组色彩，色条右侧是三原色，左侧是它们的补色。掌握了互补色的原理，我们就能够清楚、有针对性地调整这 3 组色彩。我们需要牢牢记住这 3 组色彩，因为在利用 Photoshop 调色的过程中，这 3 组互补色会贯穿始终。

我们在具体调色时，要通过调整每一种色彩与其补色的搭配比例，来实现色彩的正确显示。如果发现照片中某个区域偏红，就需要降低红色的比例（增加青色的比例）来实现局部的调色。至于照片偏哪一种色彩，我们需要通过不断地进行后期练习，根据自己的认知来进行判断。

在右侧这张照片中，天空部分应该是蓝色，但由于偏洋红，就需要降低洋红和红色，让天空部分的色彩变得更加准确；左下方的地面部分也偏红，黄色的表现力度不够，因此可以增加黄色，结合之前已经降低的红色，最终让地面部分的色彩趋于正常。通过色彩平衡的调整，整个画面的色彩会趋于正常。色彩平衡功能的调色更加复杂，具体还要结合中间调、高光或阴影来调整不同的区域，其中，在调整中间调时的效果最为明显。

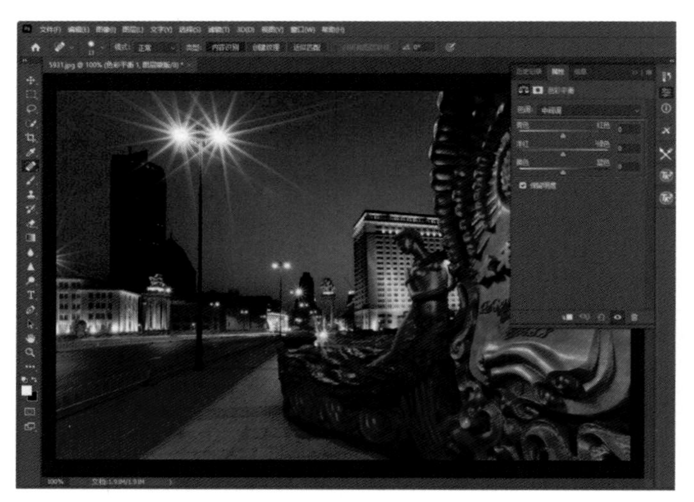

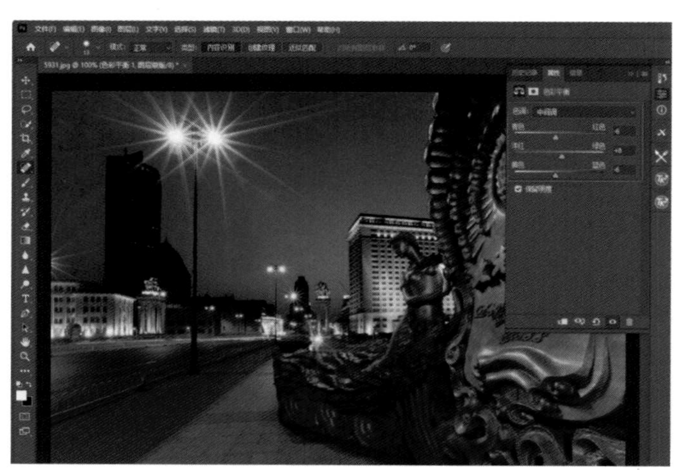

SKILL

208 互补色在曲线中的应用

之前介绍了互补色在色彩平衡中的应用，接下来再看互补色在曲线中的应用。

创建一个曲线调整图层，在打开的“曲线”面板中，展开 RGB 列表，其中有红、绿、蓝三原色的自然曲线，调色时可以根据实际情况进行调整。

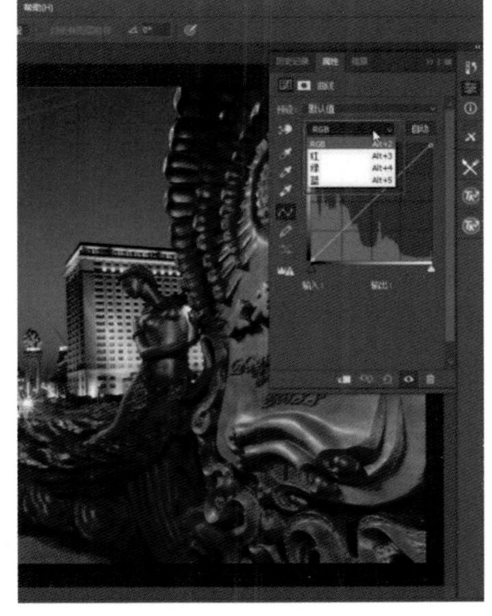

由于照片偏绿，所以我们直接在绿色曲线上单击以创建锚点，向下拖动就可以减少绿色；如果照片偏黄，由于没有黄色曲线，我们就应该考虑黄色的补色——蓝色，即只要选择蓝色曲线增加蓝色，就相当于降低了黄色，这样就可以达到调整的目的。这是曲线调色的原理，实际上，它的本质也是互补色调色原理。色彩平衡、曲线，甚至色阶调整等，都有简单的调色功能，其调色的原理都是互补色原理。

SKILL
209
互补色在可选颜色中的应用

可选颜色调整用于针对照片中的某些色系进行精确的调整。举一个例子，如果照片偏蓝色，利用可选颜色可以选择照片中的蓝色系像素进行调整，并且可以增加或消除混入蓝色系的其他杂色。

具体操作时，打开要处理的照片，在“图像”菜单内选择“调整”，在打开的子菜单中选择“可选颜色”选项，即可打开“可选颜色”对话框。可选颜色的使用方法实际上非常简单。对话框上方的颜色下拉列表中，有红色、黄色、绿色、青色、蓝色、洋红等色彩通道，另外还有白色、中性色和黑色几种特殊的“色调”通道。要调整哪种颜色，先在这个颜色列表中选择对应的通道，然后再对照片中对应的色彩或色调进行调整就可以了。

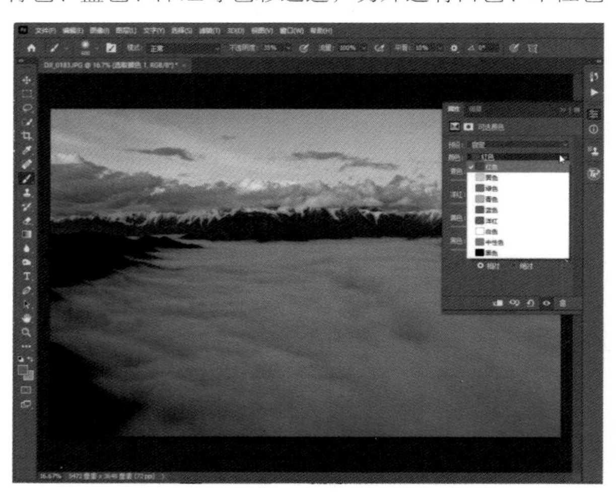

本例中，照片稍稍偏青，因此选择青色通道，降低青色的比例，相当于增加了红色，画面的色彩会趋于正常。适当降低黑色的比例，画面中的暗部会被提亮，从而使反差缩小，影调变得更柔和。

SKILL 210

互补色在ACR中的应用

互补色的调色原理在 ACR 中也是适用的，但是 ACR 中与之对应的功能分布比较特殊，主要集中在色温调整以及校准的颜色调整中。

依然是这张照片，在 ACR 中将其打开后，先切换到“对比视图”，再切换到“校准”面板。

在“校准”面板中，根据照片的状态进行分析，天空偏紫，因此可以调整蓝原色，把蓝原色的“色相”滑块向左拖动；从色条上看，右侧也偏紫，向左拖动“蓝原色”滑块之后，天空会向偏青的方向发展，天空的蓝色由此变得更加准确，不再偏紫；地面部分偏红，在向右拖动红原色的“色相”滑块，让颜色向偏黄的方向发展，从而使地面也得到调整。这样，照片的色彩就实现了整体的矫正。

需要注意的是，这种“校准”面板中的原色调整，除了能简单调色之外，还有一个非常大的作用——统一画面的色调。对天空中偏紫的蓝色进行调整，让其向偏青蓝的方向发展，调整的不仅是紫色，实际上整个冷色调都会向偏青蓝的方向发展，这样就可以快速统一冷色调，让它们更加接近。对于地景，让其向偏黄的方向发展，原理也是如此，可以让整个暖色调更加统一，即天空部位的路灯、地面、其他黄色的像素，都会向偏黄的方向发展。这种原色的调整可以快速让冷色调和暖色调分别向一个方向发展，从而达到快速统一画面色调的目的。所以，原色调整在当前的摄影后期中非常常用，很多色调就是通过原色调整来实现的。

如果想调整色温，只需要切换到“基本”面板，在该面板中有“色温”和“色调”两个选项。“色温”左侧为蓝，右侧为黄；“色调”左侧为绿，右侧为洋红。色温和色调的色条左右两端是两组互补色，其应用方法是非常简单的。

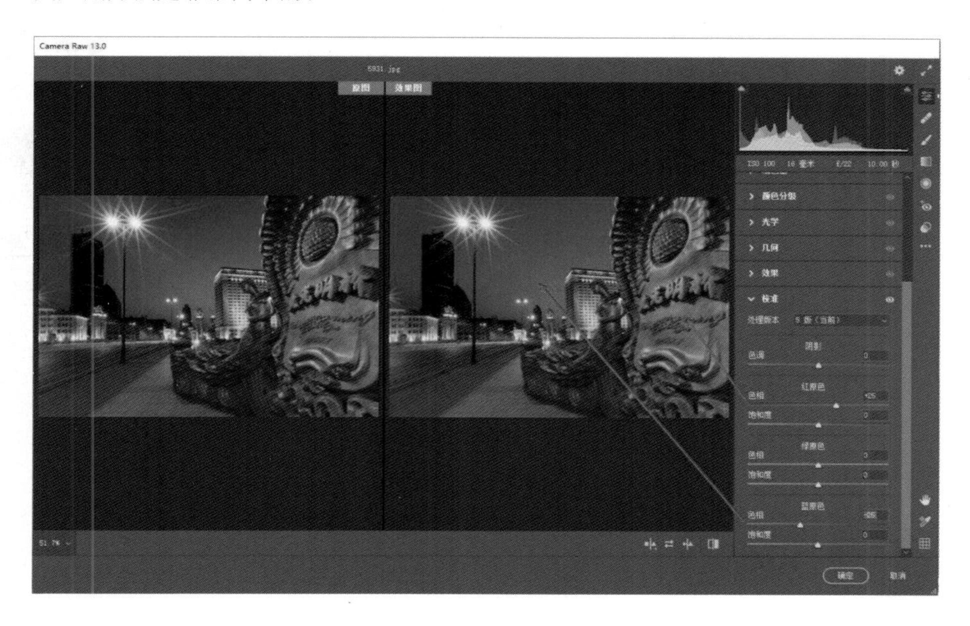

6.2 参考色

SKILL 211

同样的色彩为什么让人感觉不一样

什么是参考色？

将同样的蓝色放在不同的色彩背景中，这种同样的蓝色给人的色彩感觉是完全不同的。在黄色背景、青色背景和在白色背景中，蓝色给人的色彩感觉就是不一样的，你会感觉看到的仿佛是不同的蓝色。那么哪一种蓝色给人的感觉才是准确的呢？其实，白色背景中的蓝色给人的感觉是最准确的，黄色与青色背景中的蓝色给人的感觉是有偏差的。在这个案例中，蓝色所处的背景就是参考色。白色的参考色最准确，无论是在前期拍摄还是在后期处理的过程中，只有以白色或没有颜色的中性灰以及黑色为参考色来还原色彩，才能得到最准确的效果。

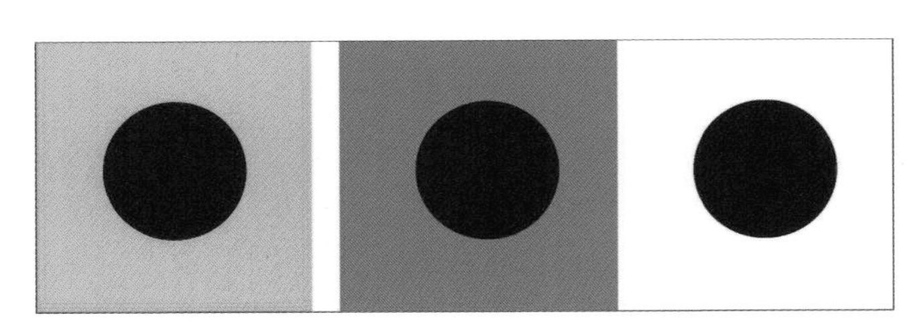

SKILL 212

确保感受到正确的色彩

在摄影后期中，对于色彩并没有太好的衡量标准，更多是依靠设备的性能及人眼对色彩的识别能力。从器材的角度来说，有一个能够准确显示色彩的显示器是进行后期处理的先决条件。

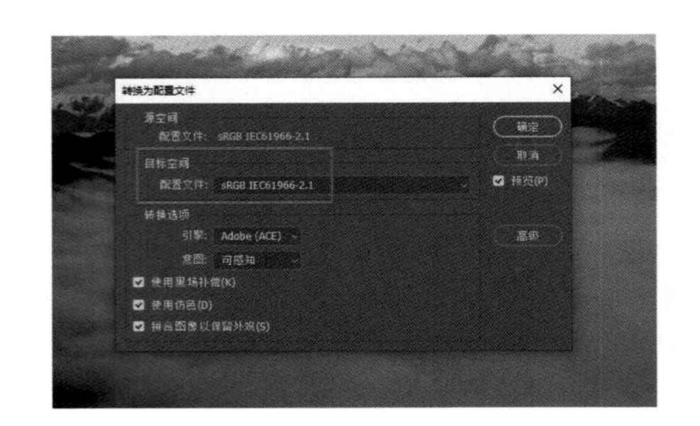

从软件设定的角度来说，如果是在计算机、手机上观看照片，在照片处理完成后，输出照片之前，一定要将照片的色彩空间配置为sRGB。

此外，在大多数情况下，长时间在计算机前修片，人对色彩的识别能力会下降，盲目出片可能会导致修出的照片色彩不准确或不够理想。建议你在修片完成后，输出照片之前放松一下，看一下白色的景物，或看一下远处的风景，之后再来观察照片，并思考当前的色调是否与自己想要的主题效果相符合。反复观察和思考照片，会让照片的色彩更准确，更具表现力。

SKILL

213

参考色在相机中的应用

所谓的参考色，实际上就是指白平衡控制中作为参照的颜色，主要有白色和灰色，具体使用时，是指用户在所拍摄的场景中，用白板或灰板进行拍摄，然后将这种白色标准内置到相机中，相当于告诉相机这是真正的白色，让相机以此为参考还原色彩。这样最终可以实现准确的色彩还原。

这样做有一个前提，一定要将拍摄的白板或灰板放置于拍摄的环境中，与所拍摄的主体处于一样的受光状态，这样才能够得到最佳效果。

具体操作时，先拍摄白色对象，之后将白色照片内置到相机的自定义白平衡中。

SKILL

214 参考色在曲线调整中的应用

在 Photoshop 的曲线调整中，参考色的应用也是进行白平衡的调整。

依然是这张照片。创建一个曲线调整图层，在“曲线调整”面板左侧，选中中间的“白平衡调整吸管”工具，在照片中的中性灰位置单击，这样就完成了白平衡的调整。

调整的效果如果不够理想，可以在“属性”面板中选择不同颜色的曲线，进行简单的调色，以得到更好的效果。

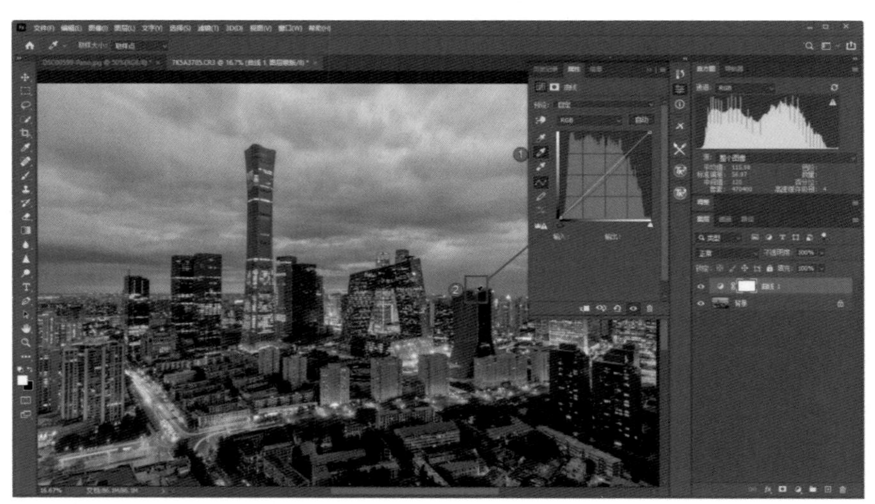

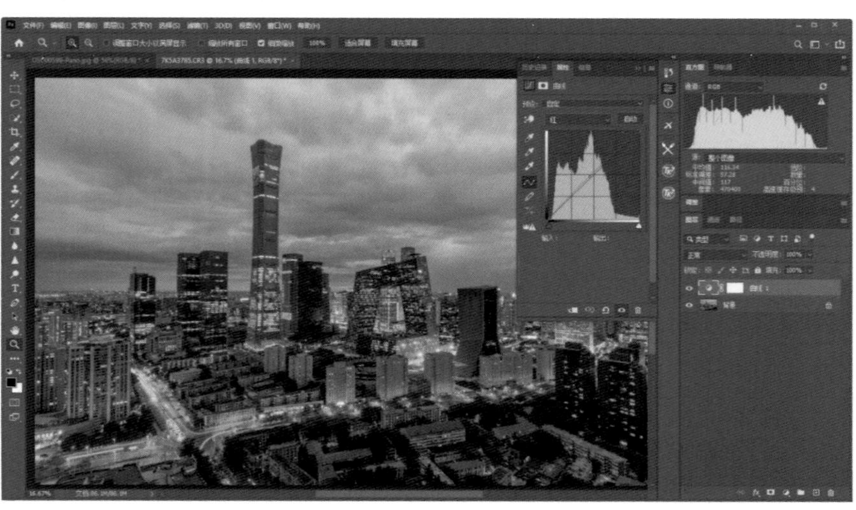

SKILL

215

参考色在色阶调整中的应用

参考色在色阶调整中的应用与在曲线调整中的应用基本完全一样。具体操作时，创建色阶调整图层，在打开的“色阶”面板左侧，选择中间的“白平衡调整吸管”工具，然后在照片中中性灰的位置单击取样，即完成了白平衡的调整。

当然，调整之后，我们还可以在上方的通道栏中选择不同的通道进行微调，让色彩更准确。

SKILL

216

参考色在ACR中的应用

在ACR中打开照片，在“基本”面板中，对曝光值、对比度、高光等各种参数进行基本的调整，这种调整此处不进行详细介绍，只是快速进行简单的调整，以让照片各部分呈现出更多的影调层次和细节。

调整完成之后进行调色处理，调色时，最简单的是白平衡调整。所谓的白平衡调整，就是告诉软件什么是真正的白色或没有颜色，因为白色在自然光中就是一种没有颜色的表现，它本质上与中性灰或黑色是完全相同的，只是白色的反射率非常高，中性灰的反射率比较低，而黑色几乎没有反射率，它们都是综合的光线，是没有颜色的。

我们在后期软件中进行白平衡调整时，可以在“白平衡”右侧选择“白平衡吸管”工具，在照片中应该为纯白、中性灰或纯黑的位置单击，单击就相当于告诉软件选择的位置是没有颜色的，软件就会以此为基准进行色彩的还原。照片有多个这样的位置，选择一个位置单击，直方图中的很多色彩都会趋向于靠拢，大部分向呈现浅灰色的直方图靠拢，这表示进行了更为准确的色彩还原。

如果还原的色彩不算特别准确，那是因为选择的位置的灰色可能有偏差，对此可以调整下方的“色温”和“色调”滑块，让色彩还原更准确，这是白平衡调整的核心原理。

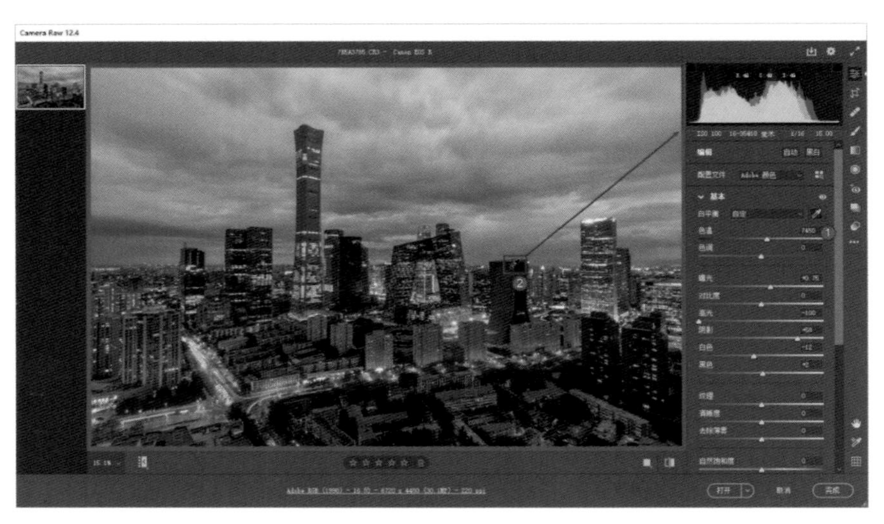

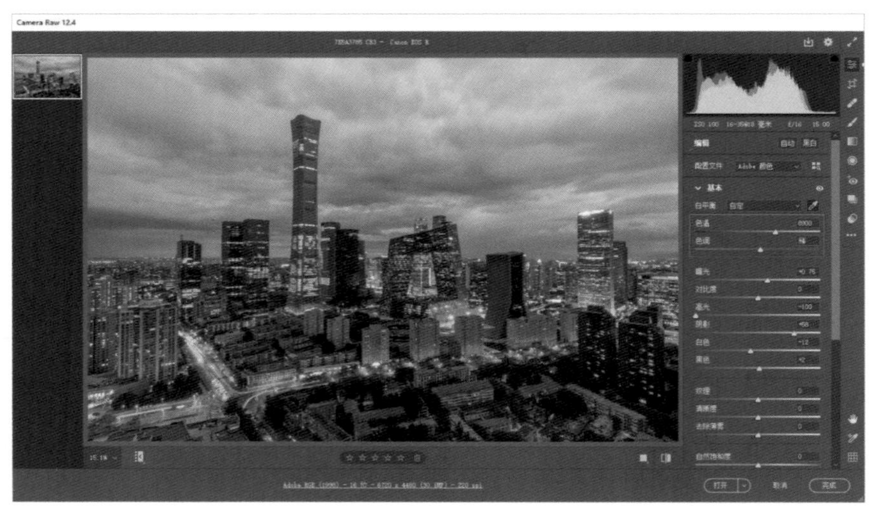

SKILL

217

灵活调色

在风光摄影中，最准确的色彩并不一定能取得最好的效果，所以在实际应用中，我们往往要根据现场的具体情况和画面的表现力来进行白平衡的调整，以让照片更有表现力。

下方这张照片就降低了色温值，画面整体清冷的色调与地面的灯光形成了冷暖的对比，画面因此产生了更好的效果。调色之后，再微调一些影调参数，这张照片的色彩就得到了很好的校正。这是参考色在后期软件中的应用，它主要用于进行色彩的校正。

6.3 相邻色

SKILL 218

相邻色的概念

相邻色与互补色不同，互补色是一组对比的颜色，色彩反差非常大；相邻色则是指在色轮图上两两相邻的色彩，比如红色与橙色，红色与黄色，黄色与绿色，绿色与青色，等等。

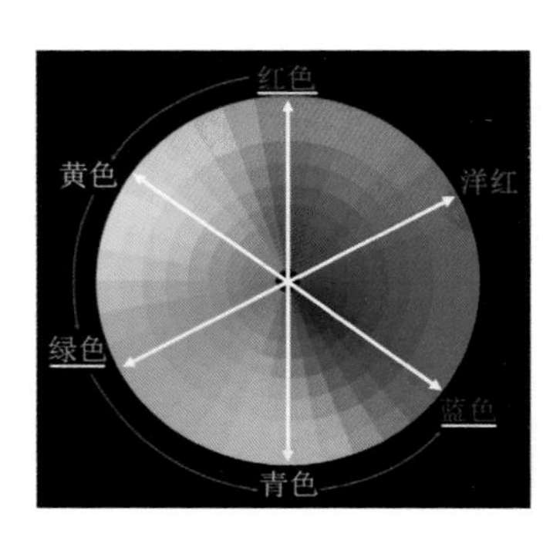

SKILL 219

相邻色的表现

相邻色表现在照片中，能让照片的整个区域显得非常协调和稳定，给人比较自然的感觉。

如这张照片，地面的灯光给人一种非常协调、融合度非常高的感觉。实际上，灯光的色彩并不是一种，是由多种互为相邻色的色彩组成的，这是相邻色在照片中的一种表现。

SKILL 220

相邻色在Photoshop中的应用

将照片在 Photoshop 中打开，要调整相邻色，可以新建一个色相 / 饱和度调整图层。在色相参数中，色相条中的色彩过渡就是两两相邻的。要让黄色向红色的方向发展，让整个灯光部分的色彩更加接近，可以向左拖动“色相”滑块。

经过调整之后，整个灯光部分的色彩更加接近，只是明暗依然有所差别。这是相邻色在 Photoshop 中的应用，这种色相的调整在 Photoshop 中是比较少的，但是它应用的基本原理是相邻色原理。

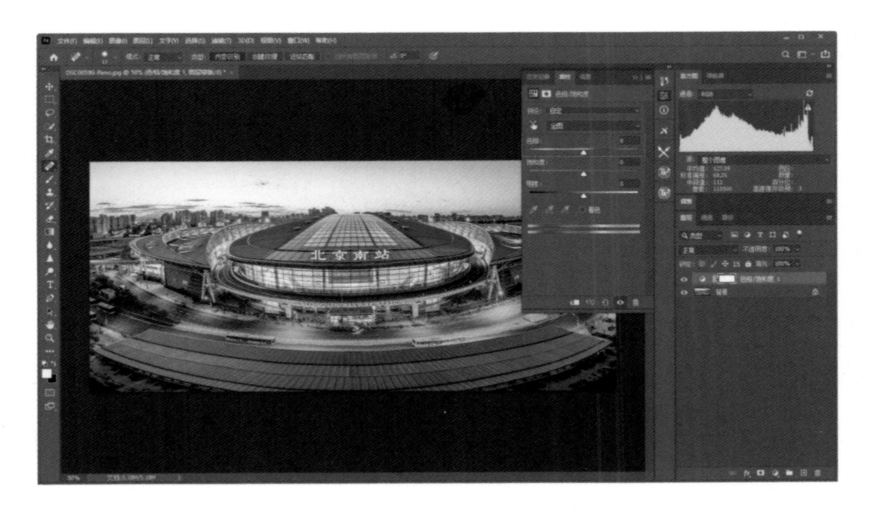

SKILL 221

相邻色在ACR中的应用

ACR 是最广泛应用相邻色的插件，并且能够提供非常强大的后期处理功能。

依然是这张照片，将其载入 ACR，打开“混色器”面板，设定“HSL”调整，在下方的“色相”子面板中进行调整。针对原本有橙色、有黄色的灯光部分，可以将“黄色”滑块向左拖动，即由黄绿色向黄橙色调整。调整之后，整个灯光部分的色彩快速趋于接近，整体的色彩开始变得干净，而不像之前有橙色、有黄色。针对原本显得稍稍偏青的天空部分，可以将“蓝色”滑块向右拖动，即由青色向蓝色的方向偏移，让天空的色彩显得更加准确。

在 ACR 中进行调色，混色器中的“HSL”调整是最核心的部分。这里需要单独说明一点，在 ACR 12.3 之前的版本中，“混色器”面板被称为“HSL 调整”面板；在 12.4 及之后的版本中，“HSL 调整”面板已经改为了“混色器”面板，但功能基本是完全一样的。

6.4 色彩渲染

下面我们将介绍色彩渲染的几种常用方法和技巧。色彩渲染不同于一般的调色，一般的调色是对照片中原有的色彩、色相和饱和度进行调整，色彩渲染是指分别为照片中的某些区域渲染上特定的色彩，从而让照片的色感更强烈、更干净。

SKILL 222

颜色分级

首先来看颜色分级。颜色分级我们已经介绍过，这里不再赘述，它不仅应用场景非常广泛，而且可以快速地为照片的高光、暗部、中间调等不同的区域渲染上特定的色彩，从而增强画面的色感，让照片更具魅力。

SKILL 223

照片滤镜

下面再来看另外一种色彩渲染的方法——照片滤镜。照片滤镜主要是指在 Photoshop 中通过添加色温滤镜，让照片的色调变冷或变暖。

看这张照片，原有色调非常平淡，特别是大海部分发黄、不够干净。这时我们可以创建一个照片滤镜调整图层，在打开的面板中展开上方的滤镜下拉列表，在其中可以看到第 1 ~ 3 种对应的是暖色调，第 4 ~ 6 种对应的是冷色调。由于默认添加了暖色调，我们可以发现照片画面的色调变得更暖了。

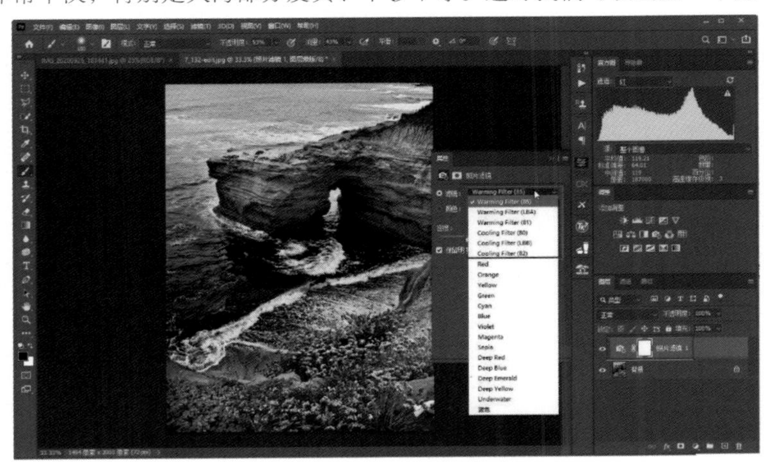

对于本画面来说，我们应该让海面的色调变冷，所以我们选择了一种冷色调的滤镜。如果感觉滤镜效果太强烈，可以降低“密度”的值，以让滤镜效果变得更加自然。

一般来说，在添加滤镜之后，画面整体的色调会变冷或变暖，且有一些偏色的问题。这与颜色分级是不同的，颜色分级是分别为高光、暗部等区域渲染不同的色彩，但照片滤镜则是为照片整体渲染某一种色调，所以容易出现偏色。对此，我们要选择“画笔工具”，将前景色设为黑色，稍稍降低不透明度以及流量等参数，在不想调色的位置进行涂抹，还原原有的色彩，这样照片就不会给人偏色的感觉了。

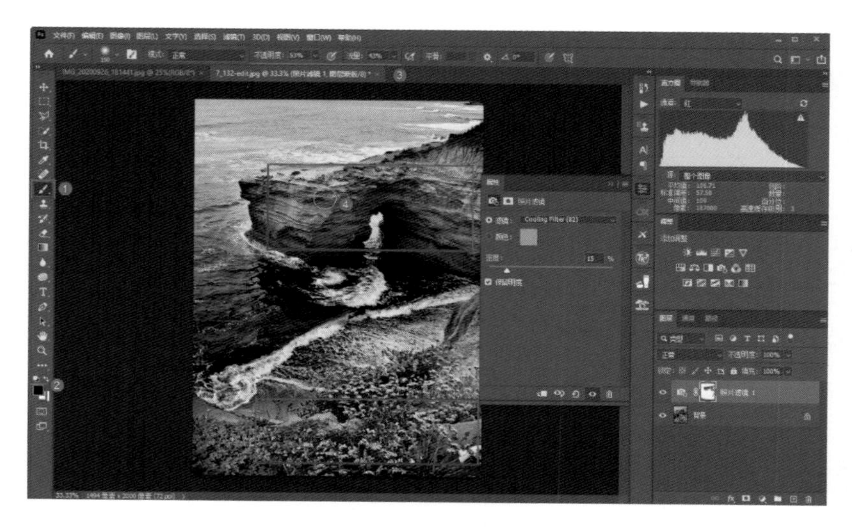

SKILL

224

颜色查找

颜色查找是一种模拟电影胶片效果的色彩渲染技巧。我们可以直接套用不同的 3D LUT 效果，模拟出有胶片质感的、如电影画面般的影调和色调效果。

使用颜色查找时，直接创建颜色查找调整图层，展开 3D LUT 文件列表，在其中可以看到大量的 3D LUT 效果。通常情况下，使用较多的是模拟富士胶片（以 Fuji 开头的类型）的几种不同效果，我们选择一种比较理想的套用即可。

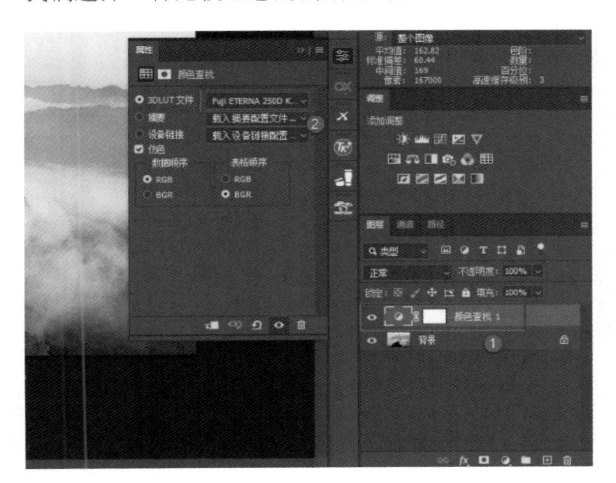

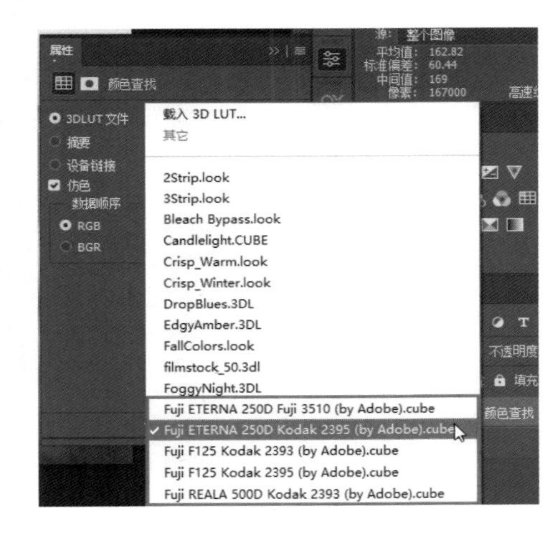

如果 3D LUT 的效果过于强烈，我们可以单击选中颜色查找这个调整图层，降低图层的不透明度，从而让效果更加自然。我们还可以创建调整图层，在这个图层上对当前效果进行一定的微调。

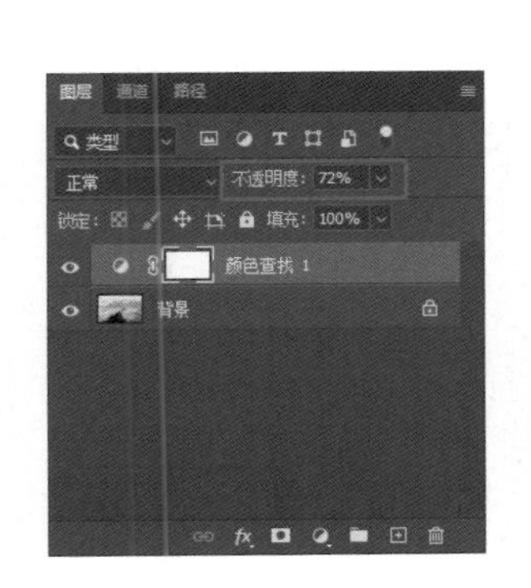

SKILL 225

匹配颜色

下面介绍一种大家可能感到比较陌生，但却非常好用的色彩渲染技巧——“匹配颜色”。顾名思义，它是指用一张（较好的）照片的色调及影调去匹配要处理的照片，最终让要处理的照片模拟出该照片的色调与影调。

下面通过案例来进行介绍。像下面左侧的霞光照片，色调非常浓郁，而右侧的蓝调照片，冷色调居多。现在想让蓝调照片变暖一些，这可以通过让蓝调照片套用霞光照片的色调及影调效果来实现。

具体操作时，在Photoshop中打开这两张照片，先切换到蓝调照片，然后展开“图像”菜单，选择“调整”，选择“匹配颜色”选项，这样会打开“匹配颜色”对话框，在对话框的下方“源”的列表中选择我们想要匹配的照片，选择之后单击“确定”按钮，这样就为蓝调照片匹配了目标照片的色调及影调效果。

这种匹配效果非常强烈，我们可以通过调整明亮度、颜色强度、渐隐参数值，让匹配效果更自然。

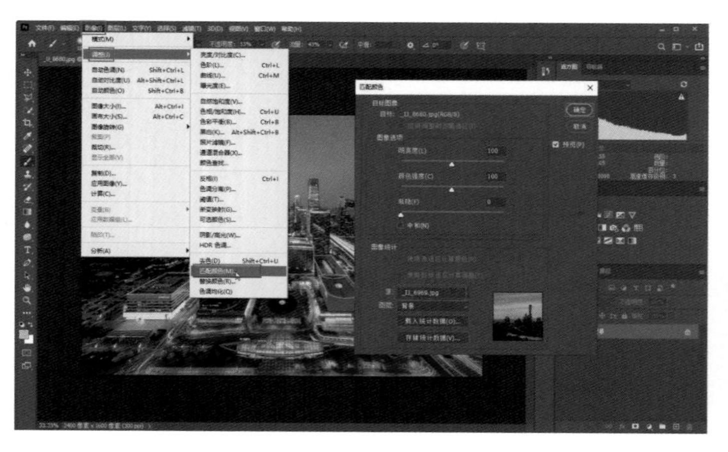

SKILL 226

通道混合器

下面介绍一种比较难理解的色彩渲染技巧——通道混合器。从界面布局来看，通道混合器与之前我们所介绍的可选颜色等有些相似，但实际上它们的原理相差很大。下面我们依然是通过具体的案例来介绍。

首先打开原始照片，然后创建通道混合器调整图层。在通道混合器调整图层中，我们可以看到“红绿蓝”三原色以及它们的色条。

对于这张照片来说，我们想要让画面变暖一些，有一些冷暖对比，所以在上方的输出通道中选择红通道。一般来说，在摄影后期中，输入是指照片的原始效果，输出是指照片调整之后的效果。

因为我们要让画面变得偏暖，所以要让输出效果变暖一些。选择红通道之后，在下方就可以调整红色、绿色、蓝色 3 个通道。进行这种调整要注意，不要考虑互补色原理。无论我们提高绿色还是蓝色通道的值，照片都会变红。之所以出现这种情况，是因为向右滑拖动“绿色”滑块，是指增加原始照片绿色系中的红色成分，也就是为绿色景物渲染红色；向右拖动“蓝色”滑块，那么相当于为照片中的蓝色系添加红色成分，所以最终效果都是变红。向右拖动“红色”滑块则更是如此，相当于为照片中的红色系再次添加红色，照片会变得更红、更暖。这是通道混合器的原理，借助通道混合器，我们可以快速地为照片渲染某一种色彩。

6.5 黑、白、灰

黑、白、灰的应用相对来说非常复杂，主要可分为两大类：一类是具体在使用影调调整功能时，白色对应的是最亮，黑色对应的是最暗，灰色对应的是中间调区域；另外一类是黑、白、灰对选择工具的指导作用，一般来说白色代表“选择”，黑色代表“不选”，灰色代表“部分选择”，其中“部分选择”比较特殊，即选择度可能不是100%，但也有一定的选择度。

SKILL

227 确定黑场、白场与灰场

黑、白、灰的原理在 Photoshop 中的最后一种应用是“定黑场、白场与灰场”。

创建一个曲线调整图层，曲线调整面板左侧有3个吸管，之前已经介绍过中间的“白平衡调整吸管”，其上方有一个“黑色吸管”，下方有一个“白色吸管”。黑色吸管用于告诉软件某个位置是纯黑的，也就是0级亮度；白色吸管用于告诉软件所选的位置是纯白的，也就是255级亮度。如果选择的位置有误，照片的明暗调整就会出现问题。所以，我们在借助白色吸管定白场时，一定要选择照片中最亮的部分；借助黑色吸管定黑场时，一定要选择照片中最黑的部分。如果用黑色吸管选择照片中不够黑的位置，告诉软件这个位置的亮度为0级，那么原始照片中比这个位置还要暗的部分全部都会变为死黑一片，从而出现大片的暗部溢出；如果用白色吸管单击了照片中某个不够白的位置，那么原始照片中比所选择的位置还要亮的一些区域都会变为死白一片，就会出现大片的高光溢出。也就是说，确定黑场和白场时，如果使用这两个吸管，一定要谨慎一些。大多数情况下，我们需要放大照片进行观察。随着当前后期软件技术的不断进步，我们越来越少借助黑色吸管和白色吸管定黑场和白场，所以这里不再赘述。

SKILL

228

黑、白、灰与选择度

将下方这张夜景照片在 Photoshop 中打开，切换到“通道”面板，在其中有四个通道，分别是 RGB 彩色通道和红、绿、蓝这 3 个单原色通道。

在红色通道中，白色的区域是一些红色成分含量比较多的像素区域。比如街道的车灯、建筑内的照明灯等红色的比例都非常高，它们就会以白色显示，比例越高，白色的程度越高，也就越白。因为楼体上的灯光偏黄色，红色的成分已经降得很低了，所以并没有那么亮。

在蓝色通道中，天空本身严重偏蓝，整体亮度非常高，地面是红色的，亮度非常低，所以这里的白色对应的是蓝色。灰色区域表示这些区域含有一定的蓝色，但是蓝色的成分非常低。

如果按住 Ctrl 键单击红色通道，照片中就会出现高光选区，地面的纯白部分完全被选择了出来，天空中一些比较亮的灰色区域也被选择了出来，而画面中比较暗的灰色区域是不会被选择的。

无论是借助通道切换选区，还是借助色彩范围或其他选择工具进行选区的建立，这种黑、白、灰的原理都始终贯穿整个过程，它能指导我们选择和调整选区。

下面来看黑、白、灰在蒙版中的应用，这种应用本质上与选择度有相关性。

创建一个曲线调整图层，大幅度压暗画面，让照片整体的亮度变得非常低。双击蒙版图标进行渐变的调整，蒙版下方是黑色，上方是白色，中间是灰色。白色几乎是降低亮度之后完整的调整效果，黑色相当于把降低亮度的效果给删除掉了，灰色部分显示了调整的效果，没有 100% 显示。也就是在进行了降低亮度的调整后，白色完全呈现了调整效果，黑色完全遮挡了调整效果，灰色部分显示了调整效果。简而言之，白色 100% 显示，黑色 100% 不显示，灰色部分显示。从蒙板的角度来说，白色就表示完全显示当前附着图层的调整效果，黑色是完全遮挡，灰色是部分遮挡。有关于黑、白、灰在蒙版中的应用，后续的章节会进行相应的介绍，这里的讲解只是为了验证黑、白、灰与选择度的基本原理。

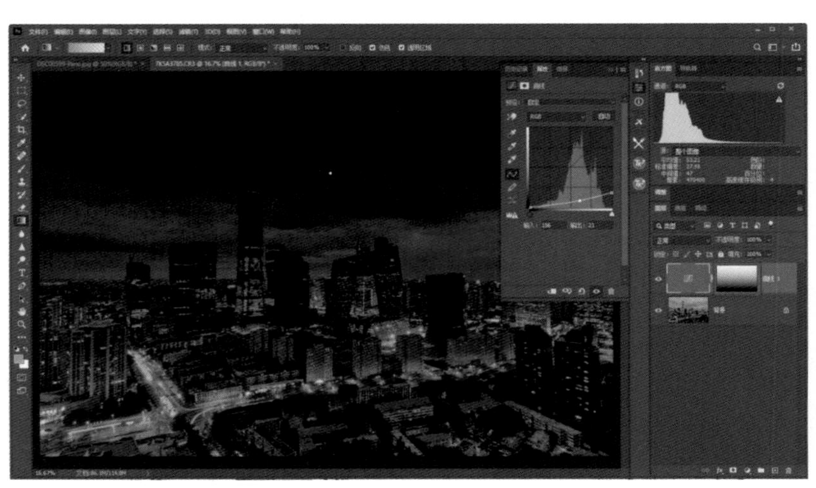

第7章

提升照片表现力的五大技法

Chapter Seven

摄影后期中有一些比较特殊的技法，它们有别于一般的后期处理技巧，可能是通过HDR的方式获得高动态范围照片，让画面的高光区域或暗部有更丰富的影调层次，可能是通过接片的方式获得更大的视角，也可能是借助堆栈的方式取得慢门效果或去噪等。本章将会对这些技法进行详细介绍。

7.1 HDR

SKILL 229

宽容度与动态范围

相机的宽容度是指底片（胶片或感光器件）对光线明暗反差的宽容程度。当相机既能让明亮的光线曝光正确，又能让阴暗的光线曝光正确，我们就说这个相机的宽容度大。

例如，曝光过度的照片，原本场景的暗部足够明亮，但亮部却变为死白一片；如果相机的宽容度足够大，就既能“包容”较暗的光线，也能“包容”较亮的光线，让暗部和亮部都有足够的细节。

动态范围则是指相机对于从最亮到最暗这个范围内的细节的呈现能力。

比如，拍摄日落场景时，相机对于太阳周边与背光阴影这个亮度范围内的景物的细节再现能力就是动态范围，如果出现了大量的影调与色彩断层，就表示相机的动态范围不足，画质不够平滑、细腻。

SKILL 230

手动HDR合成的技巧

所谓 HDR，是指在面对高反差场景时，通过包围曝光的方式进行拍摄，一次拍摄 3 ~ 9 张照片，取低曝光值照片的高光区域、高曝光值照片的暗部，最后进行区域的合成，确保最终照片中的高光区域与暗部有更丰富的影调层次和更完美的细节，从而实现完美的拍摄。

这种 HDR 本质上是一种合成，相机上可能有 HDR 模式，但这种 HDR 模式是在相机内部进行的包围曝光和最终的合成，更多时候我们可能需要前期通过包围曝光的方式进行拍摄，后期进行 HDR 合成。

下面介绍手动 HDR 合成的技巧，通过学习这种技巧，我们可以掌握 HDR 合成的原理。下页上方的 3 张照片通过包围曝光的方式拍摄，第 1 张照片为高曝光值照片，暗部背光处得到了充足的曝光，高光溢出；第 2 张照片是一般曝光值照片，也就是标准曝光，没有补偿，可以看到大部分一般亮度区域有比较丰富的层次细节；第 3 张照片为低曝光值照片，画面场景中最亮的部分有合理的曝光，但是暗部漆黑一片。

首先将这3张照片在Photoshop中打开，然后将3张照片叠加在一起，接下来分别为上方的两个图层创建图层蒙版。

在工具栏中选择“画笔工具”，设定前景色为黑色，在上方两个图层上进行涂抹。涂抹时注意，由于涂抹成黑色的区域为遮挡区域，而高曝光值照片需要保留的是暗部，应将曝光过度的区域涂抹掉；低曝光值照片涂抹的就应该是暗部，保留高光区域。

通过这种涂抹，最终各个图层都保留了细节比较完整的区域，实现了更多细节的完美叠加。当然在涂抹时，我们可以随时调整画笔的不透明度，以让叠加的效果更加自然。

之后盖印图层，再对效果进行最终的影调与色彩优化，就可以得到比较理想的效果。

SKILL 231

自动HDR合成的技巧

此外还有自动 HDR 合成。无论是在 Photoshop 还是在 ACR 中都可以进行自动 HDR 合成，但通常来说，借助 ACR 进行的操作更加简单，支持的功能也更加强大，所以此处我们借助 ACR 进行调整。如果我们拍摄的 RAW 格式文件比较简单，选中 3 张或多张 HDR 的素材拖入 Photoshop，这些照片就会同时载入 ACR。如果我们合成的是 JPEG 格式文件，就需要提前进行设定。

首先在 Photoshop 主界面中打开“Camera Raw 首选项”对话框，在“文件处理”选项卡中，在“JPEG”后的列表中选择“自动打开所有受支持的文件”，然后单击“确定”按钮。

之后选中 3 张 JPEG 格式文件拖入 Photoshop，这些 JPEG 格式文件会自动在 ACR 中打开，在左侧的胶片列表中可以看到打开的照片列表。然后选中这 3 张照片，单击右键，在弹出的菜单中选择“合并到 HDR”选项，这样软件会自动对照片进行合成，并且合成的效果非常理想。

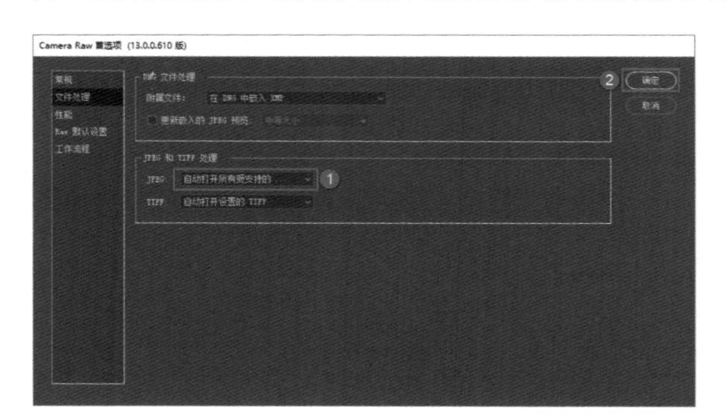

出现“HDR 合并预览”对话框后，单击“合并”按钮，就可以生成新的 DNG 格式文件，并且可以对合成效果再次进行调整。

SKILL

232

消除重影

下面对自动 HDR 合成参数——消除重影的设定进行介绍。

出现“HDR 合并预览”对话框之后，在右侧的面板中可以看到“消除重影”这个参数。“消除重影”主要用于消除所拍摄场景中景物出现的移动和错位。比如，拍摄场景中风不断吹动前景的草地，并且天空的云层快速流动，如果这时进行合成，景物之间是有错位的，而“消除重影”就用于消除这种景物之间的错位。大多数情况下，如果场景中没有移动的景物，关闭这个功能即可。

如果我们将其开启（设定为低、中或高均可），然后勾选下方的“显示叠加”复选框，画面中就会显示出有重影的位置。这里我们设定以红色显示，可以看到照片中有大片的红色区域，这表示我们在这些区域进行了消除重影的操作。这项操作只是显示出进行操作的区域，实际合成时并没有这种红色显示效果。

SKILL 233

前期拍摄是否必须用三脚架

进行 HDR 合成，大多数情况下需要三脚架的辅助，借助三脚架保持照片视角固定，可以方便我们后续合成和对齐画面。但实际上，如果我们在拍摄时没有携带三脚架，也可以进行 HDR 合成。

具体操作时，将拍摄模式设定为高速连拍，同时设定包围曝光，然后手持相机保持稳定进行连拍。连拍 3 张（假设是 3 张包围）之后，这 3 张照片虽然在拍摄过程有抖动，但在后续合成时，只要在“HDR 合并预览”对话框中勾选“对齐图像”复选框，软件就会检测照片中的固定对象，对画面进行合成。比如在下面这张照片中，山体、建筑就是对齐的参考，对齐这些对象之后，画面边缘可能会出现错位，裁掉错位空白像素的区域，就可以很好地实现 HDR 合成。这里需要注意的是，如果我们拍摄的场景光线比较暗，单张照片的曝光时间就相对较长，这样我们是没有办法通过手持 HDR 操作的，就必须借助三脚架。

7.2 接片

SKILL 234

拍摄接片的要点

第 1 点，使用三脚架，让相机同轴转动。

拍摄全景照片需要摄影者左右平移视角连续拍摄多张照片，且要保证所拍摄的这些素材照片在同一水平位置上，所以使用三脚架辅助就是最好的选择。先在三脚架上固定好相机，但要松开云台底部的固定按钮，让云台能够转动起来，然后同轴左右转动相机拍摄即可。

第 2 点，选用中长焦镜头，避免透视畸变。

使用广角镜头拍摄全景照片，大约拍 2 ~ 3 张即可满足全景接片的要求。这样拍摄虽然简单，但却存在一个明显的缺陷，那就是无论多好的镜头，广角端往往存在一定的畸变，即画面边角会扭曲，多张边角扭曲的素材接在一起，最终的全景照片效果也不会太好。

在大部分情况下，摄影者应该选择畸变较小的中长焦镜头来拍摄。例如，如果使用中焦镜头拍摄，拍 4 ~ 8 张照片就完全可以满足全景接片的要求。

第 3 点，手动曝光，保证画面明暗一致。

要完成全景照片的创作，我们要注意不同照片的曝光均匀性，即应该让全景接片所需要的每一张照片有同样的拍摄参数，光圈、快门、感光度等要完全一致，这样最终创作出的全景照片才会真实。设定手动对焦，并在手动模式下固定光圈、快门、感光度是比较好的选择。

第 4 点，充分重叠画面。

我们在拍摄全景照片的过程中，要注意相邻的素材照片之间应该有不少于 24% 的重叠区域。如果没有重叠区域，后期就无法完成接片；如果重叠区域少于 24%，接片的效果就可能很差，甚至也有可能无法完成接片；当然，如果重叠区域很大，甚至超过了一半，合成效果也不会好。

SKILL 235

球形、圆柱与透视3种合并方式

我们通过全景合成可以得到更大的视角。

下面来看具体操作。首先在胶片窗格中选择所有照片，然后单击右键，在弹出的菜单中选择“合并到全景图”选项。

这样会打开“全景合并预览”对话框，在其右侧的参数面板中可以看到有多组参数。首先取消选择下方的所有参数，只选择“球面”这种合并方式，可以看到，此时画面四周出现了一些空白区域，这是因为我们转动了三脚架，视角发生了变化。“球面”这种方式比较常用，利用它取得的整体接片效果还是不错的。

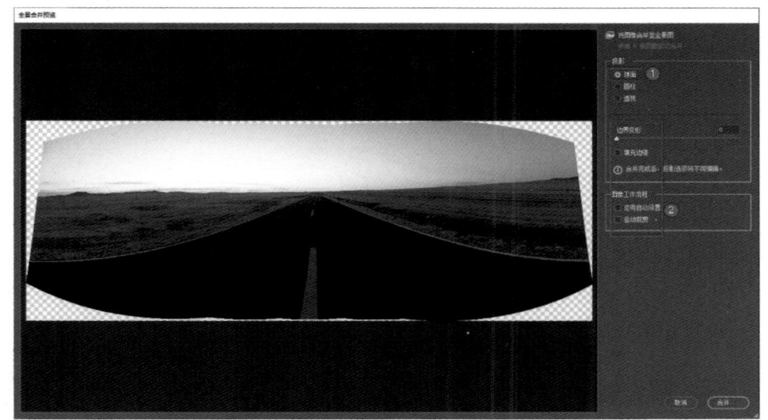

接下来选择“圆柱”这种方式。“圆柱”与“球面”比较相近，只是选择它后，画面四周的拉伸范围更大。

最后选择“透视”这种合并方式，可以看到出现了提示框，提示“无法合并选定图像”。“透视”主要用于对使用超广角镜头拍摄的素材进行合成，如果我们使用的镜头不是超广角镜头，就可能无法完成合并。通常情况下，我们选择“圆柱”或“球面”即可，这里我们选择“圆柱”进行合并。

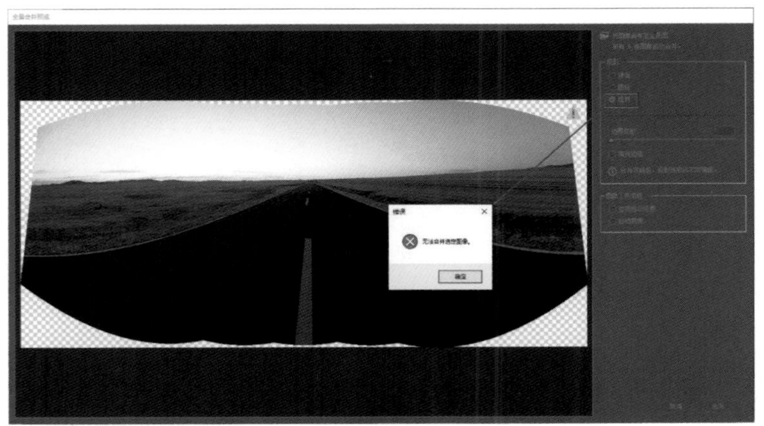

SKILL 236

边界变形的用途

接下来，将“边界变形”的值提到最高。所谓“边界变形”，主要是指借助软件对照片进行拉伸，将四周的图像拉伸之后，进而将四周空白的区域填充起来，以取得比较合理的接片效果。这种拉伸对于一般的自然风光照片来说是比较有用的，可以进行填充；如果是建筑等题材的照片，这种拉伸会导致建筑严重变形，这是需要注意的一点。

SKILL 237

自动裁剪

与边界变形功能相似的另外一种功能是自动裁剪。在合并时，如果将“边界变形”的值提到最高，勾选“自动裁剪”复选框是没有任何意义的。

如果我们将“边界变形”的值降到最低，也就是不填充四周的空白区域，此时勾选“自动裁剪”复选框，软件就会自动裁掉四周空白的部分。

SKILL

238

应用自动设置

在“全景合并预览”对话框中，还有一个参数是“应用自动设置”，在“HDR 合并预览”对话框中也有这个参数，它是指对合并的效果进行自动调整，其原理是在 ACR 主界面的“基本”面板中对画面的影调进行自动调整，经过自动调整之后，画面的影调和色彩看起来会更加协调，也更加漂亮。勾选这个复选框并没有太大意义，如果对后期处理比较熟悉，可以不勾选该复选框，当然也可以勾选该复选框，从而让我们的初步调整效果看起来更加理想。

7.3 堆栈

SKILL

239 最大值堆栈的原理

堆栈是指将多个图层的内容按照一定的算法进行合成，以产生一些特殊的效果。

最大值堆栈就是以最大值的方式进行堆栈，比如我们先拍摄大量同一视角的照片，然后将这些同一视角的照片拖入同一个画面，分布在很多图层中，每一个图层都是大致相同的画面。但是这些画面中可能存在移动对象，比如天空中移动的星星，虽然视角固定，但上下多个图层中星星的位置是不一样的，它们有一定的位移。在进行最大值合成时，软件会针对每一个像素点在上下多个图层中进行查找，找到对应位置最亮的像素点，呈现在最终效果中。这样我们拍摄的照片中移动的星星必然会呈现在最终画面中，于是就形成了星轨。这是最大值的一种堆栈方式，当然还有其他的堆栈方式，后续我们会进行详细介绍。

SKILL

240 最大值堆栈案例

下方左图是一张星轨的单片素材，经过最大值堆栈，我们就取得了如下方右图所示的星轨的效果。实际上，在每一个像素点位置，软件都查遍了上下所有图层，从而让每一个位置最亮的像素点呈现在最终效果中。

下面来看具体操作。

在处理之前，先将素材准备好，然后在Photoshop中展开“文件”菜单，选择“脚本”中的“将文件载入堆栈”选项，这样会打开“载入图层”对话框，在其中单击“浏览”按钮，将我们准备好的素材载入，然后单击“确定”按钮。

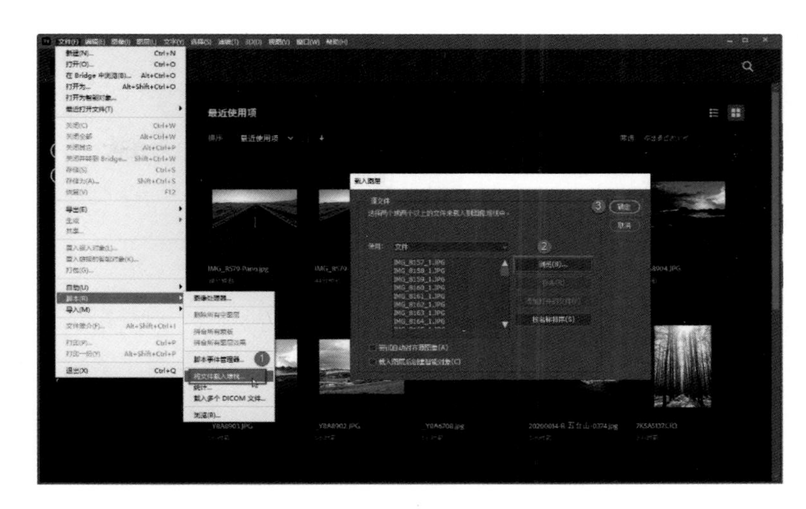

等待一段时间之后，所有照片会载入同一画面，并分布在不同的图层中。

选择所有图层，展开“图层”菜单，选择“智能对象”中的“转换为智能对象”选项。这一步能将所有的图层折叠为一个智能对象。

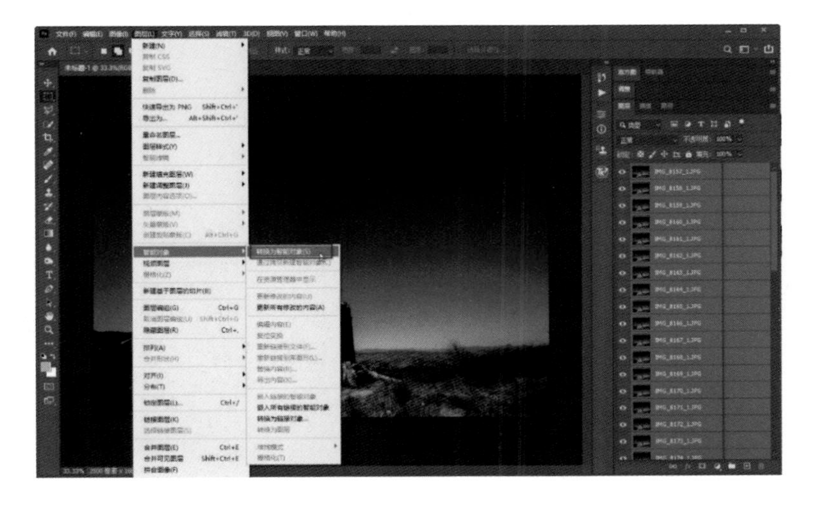

展开“图层”菜单，选择“智能对象”中的“堆栈模式”选项，将图层拼合的堆栈模式改为“最大值”。这样我们就进行了最大值的堆栈。

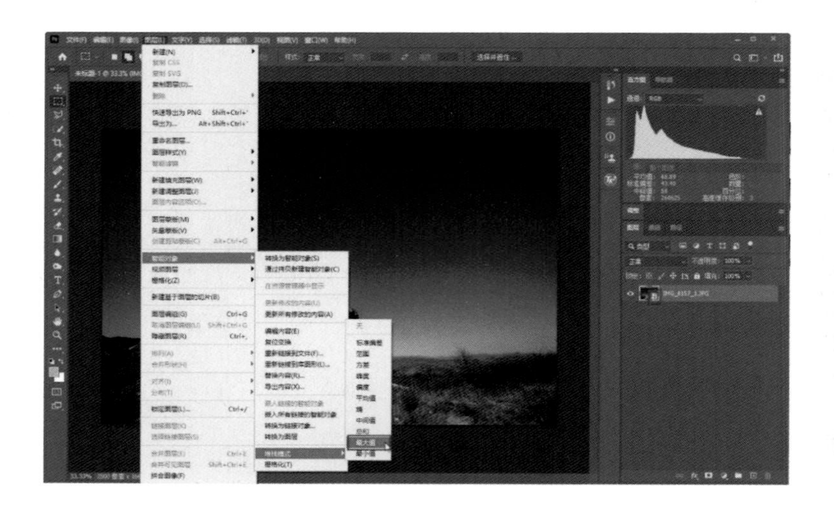

SKILL

241

平均值堆栈的原理

平均值堆栈是指在每一个像素点位置都查遍上下所有图层，将所有图层对应位置的这个像素点的亮度相加，再除以图层数，取一个平均值。一般来说，平均值堆栈比较适合呈现慢门的水流等效果。

这是新加坡的一个著名景点的照片，可以看到，因为是高速快门效果，原始照片中水面的纹理还是比较清晰的。

堆栈之后我们会看到，水面被模糊、雾化，栈道上的人也变得模糊。

因为我们准备的素材不是很多，所以水面雾化的程度不算特别高，但即便如此，效果看起来也比较明显。

SKILL 242

平均值堆栈案例

我们在进行最大值堆栈时，使用的是一种比较“笨拙”但能够揭示堆栈原理的方式，主要目的是让读者尽快理解一些堆栈原理。接下来我们采用一种更加快捷的方式进行堆栈。

准备好素材之后，先展开“文件”菜单，选择“脚本”中的“统计”选项，打开“图像统计”对话框，在其中设定堆栈模式为“平均值”，然后单击“浏览”按钮，将准备好的素材载入，再单击“确定”按钮。这样经过等待之后，就能一步到位地进行堆栈。

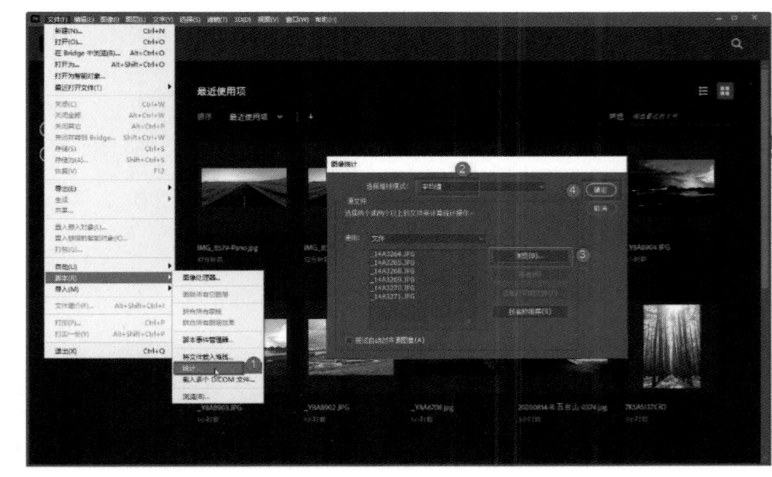

最后我们还可以对照片进行处理，处理后再将照片保存即可。

TIPS

进行平均值堆栈，实际上除了可以得到雾化效果之外，还可以达到为画面降噪的目的。因为噪点总是随机出现的，即某一个图层、某一个位置出现了噪点，但是下方图层这个位置可能就没有出现噪点，再下方的图层可能也没有出现噪点，而通过对多个图层取平均值，就将噪点抹掉了。

SKILL 243

中间值堆栈的原理

中间值堆栈在很多时候被用于消除高感光度照片中的噪点，但实际上中间值堆栈还有一种非常特殊的用法，即消除照片中一些移动的对象。比如，我们拍摄了一个风光场景，照片中出现了来回走动的游人，对此我们不用太过在意，因为我们只要进行了大量的连拍，后期就可以借助中间值堆栈将游人非常完美地消除掉。

所谓中间值堆栈，是指遍查上下所有图层，查找每一个像素位置的亮度，取亮度在中间位置的像素呈现在最终效果中。如果一个场景中有游人出现，这种情况只在几张照片或单张照片中存在，在其他照片中不存在，在最终取平均值时，有游人的照片的某个位置的像素就不会被记录下来（记录的是没有游人的这个点的像素亮度）。这样在最终呈现的效果中，游人就会被消除掉。降噪也是如此，某一张照片上出现了噪点，但是下一张照片没有出现，另外的照片上也没有出现，最终通过取没有出现噪点的位置的像素，就将噪点消除掉了，从而达到了降噪的目的。

SKILL 244

中间值堆栈案例

下方左图是在天坛拍摄的一张框景式构图照片，画面中很多游人。经过堆栈之后，可以看到我们很好地将游人消除掉了，如下方右图所示。

下面我们来看具体的操作。

首先将所有照片载入 ACR 中，对照片适当地进行批处理，然后将其保存为 JPEG 格式文件。当然，如果计算机的运算速度足够快，也可以不进行这种 JPEG 格式的转化，直接对 RAW 格式文件进行堆栈即可。为了提高软件的运行速度，这里我们进行了 JPEG 格式的转化。

转化之后，先展开“文件”菜单，选择“脚本”中的“统计”选项，在打开的“图像统计”对话框中设定堆栈模式为“中间值”，然后将所有照片载入，再单击“确定”按钮，这样就可以将所有的游人都消除掉。

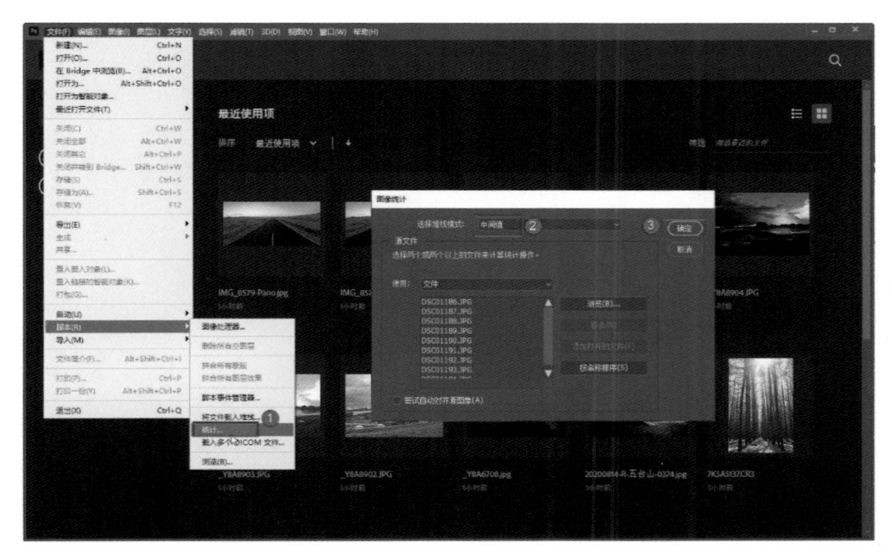

7.4 模糊滤镜

SKILL 245

高斯模糊的应用

对于右侧这张照片，我们在借助中间值和平均值堆栈进行处理之后，可以发现地景有些杂乱、明暗不均。针对这种情况，我们可以适当地借助高斯模糊对地景进行一定的模糊处理，让地景整体显得更加柔和、干净。

相比于原始照片，下方处理之后的照片中，地景柔和、干净了很多。

下面来看具体的操作。

首先在 Photoshop 中打开要处理的照片，然后按 Ctrl+J 组合键复制一个图层。之后展开“滤镜”菜单，选择“模糊”中的“高斯模糊”选项，打开“高斯模糊”对话框，在其中提高模糊的“半径”值（30 ~ 40），对上方的图层进行模糊处理，然后单击“确定”按钮。

完成模糊处理之后，降低上方模糊图层的不透明度，因为如果不透明度过高，整个画面就是模糊的。降低之后，可以看到画面变得更加干净。

接下来为上方的图层创建一个图层蒙版，将栈道与天空部分擦掉，这样就只模糊处理了地面绿色的植物，从而让地景显得更加干净。当然，在对一些人像照片的背景进行处理时，也可以借助高斯模糊，进一步强化背景的模糊状态，让背景更加干净。

SKILL 246

动感模糊的应用

下面再来看当前比较流行的极简风格的制作方法。制作这种极简风格主要是借助动感模糊滤镜，让背景产生一种不自然的模糊效果，使画面看起来更干净、更有空间感。

对比右侧的两张照片，我们可以看到处理之后的画面（右图）变得非常干净。当然，除了应用动感模糊之外，我们还对画面进行了调色，由于调色的过程非常简单，我们就不再进行介绍了，这里主要介绍如何制造模糊效果。

首先打开原始照片，对画面的影调和色彩进行微调，然后单击“打开图像”按钮，将照片在Photoshop中打开。

按 Ctrl+J 组合键复制一个图层，展开“滤镜”菜单，选择“模糊”中的“动感模糊”选项，打开“动感模糊”对话框，在其中设定模糊的“距离”，也就是动感模糊的程度，可以设置得稍大一些，设定之后单击“确定”按钮。

设定时，默认的模糊方向是水平方向，因为本例中我们要对树木进行模糊处理，模糊方向为竖直方向，所以这里设置模糊的“角度”为“90 度”。将光标移动到仪表盘的竖线上，单击并拖动就可以改变模糊方向。

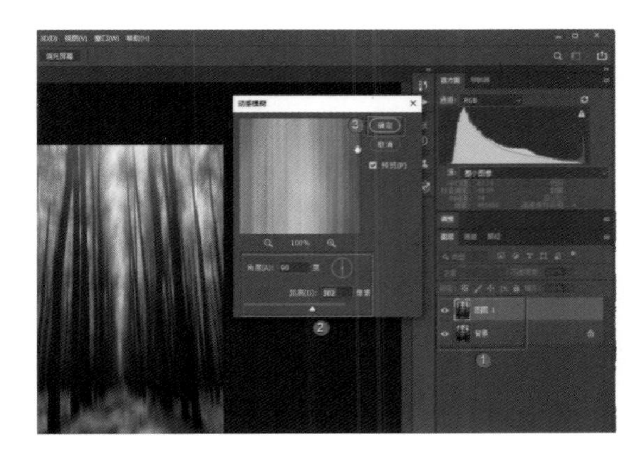

应用了动感模糊之后，上方的图层完全模糊。这时，先为上方的图层创建图层蒙版，然后在工具栏中选择“渐变工具”，将前景色设为黑色，背景色设为白色，设定从黑到透明的渐变（这样才能在同一图像上多次拖动制作渐变）。之后在选项栏中设定圆形渐变，将光标移动到地景上，单击并拖动一段距离之后松开，这样可以将人物以及地景部分还原出来，保持这部分的清晰度（这部分本身并不杂乱，杂乱的只是上方的树木枝叶部分）。经过这种还原，我们就可以看到画面产生了极简的效果。后续可以盖印图层，再对画面效果进行调整，这里就不再介绍了。

SKILL 247

径向模糊的应用

径向模糊主要用于在一些光源的周边制作云层四散的动感模糊效果，当然也可以用于制作一些曝光中途变焦的效果，即保持对焦点清晰而四周呈现出爆炸式的放射线。这些操作都非常简单，下面以具体的案例来介绍。

在这张照片中，我们可以看到太阳周边的光线呈现向四周发散的效果，但是稍稍显得有些杂乱。

在借助径向模糊对照片进行调整之后，我们可以看到天空的云层呈现出了动感模糊效果，显得更加干净，并且画面充满了动感。

下面来看具体的操作。

打开照片之后，展开“滤镜”菜单，选择“模糊”中的“径向模糊”选项，打开“径向模糊”对话框。

在其中先选择“模糊方法”为“缩放”。由于之前是“旋转”，改为“缩放”之后，要调整模糊的数量，即模糊的程度高低。然后在中心模糊显示框中，将光标移动到中心点，选中中心点进行拖动，根据我们的需要来移动十字刻度线的中心位置。我们可以看到，照片中的太阳位于画面的左上方，所以在中心模糊区域中，我们也要将中心点移动到左上方与太阳位置相似的位置，然后单击“确定”按钮，这样我们就为太阳以及整个画面区域制作了非常合理的径向模糊效果。

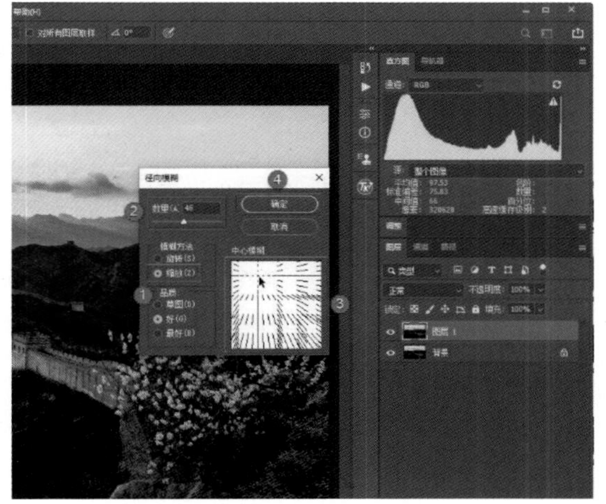

之后为上方的模糊图层创建图层蒙版，擦除地景，这样就只保留了天空的模糊状态。

SKILL 248

移轴模糊的应用

所谓缩微效果，主要是指应用移轴模糊实现的一种类似于移轴镜头拍摄的模糊效果。

下方上面的原始照片，呈现的是一个城市的夜景风光。应用移轴模糊之后，照片得到了如下面照片所示的缩微效果。

下面来看处理过程。

打开照片之后，首先复制图层，然后展开“滤镜”菜单，选择“模糊画廊”中的“移轴模糊”选项。

进入“移轴模糊”界面，用鼠标点住中间的调整点进行拖动，可以改变模糊区域，设定好之后直接单击“确定”按钮，就完成了移轴模糊的应用。当然，这种不经参数设定而直接得到的效果肯定不够理想，所以后续我们要进行一些设定。

SKILL

249 光源散景的制作

所谓光源散景，是指在景深之外，也就是模糊区域，如光斑等区域产生正常的大光圈模糊效果，让模糊的效果更加真实。

具体应用时，打开之前的照片，进入“移轴模糊”界面。首先可以拖动模糊区域的边线，改变模糊区域的位置。接下来在右侧的参数面板中设定模糊的程度，这里设定“模糊”为“24 像素”，当然也可以继续调大以加强模糊的程度。“扭曲度”用来控制虚化区域是否向一侧偏移和扭曲，大部分情况下没有必要调整。

在下方的“效果”面板中，我们可以看到“散景”这组参数，主要包括“光源散景”“散景颜色”“光照范围”。“光源散景”用于控制模糊效果的逼真度，提高其值，一些模糊区域的灯光就会呈现圆斑状，类似于大光圈下的模糊状态，但是也不能将“光源散景”调得过大，否则光斑会太大，变得不够自然。“散景颜色”用于调整虚化区域的饱和度，一般来说饱和度不宜过高。“光照范围”用于限定对虚化区域哪一种亮度的区域进行这种光源散景的制作，本例中，我们对虚化区域的一些照明灯进行光斑制作即可，所以没有必要向左拖动滑块。

经过这种制作之后，我们可以看到虚化区域的效果更加自然。单击上方的“确定”按钮，就完成了光源散景的制作。

此时在画面的左上角可以看到，有些区域因为这种调整出现了过度曝光的问题。对此，我们可以在左侧的工具栏中选择“污点修复画笔工具”，调整画笔直径，在这些区域进行涂抹，将其修复即可。最终我们就取得了非常理想的效果。

SKILL

250

路径模糊的应用

路径模糊类似于动感模糊，但是它能够改变模糊的方向，让模糊在多个方向上产生改变，并且在同一个画面中，我们借助路径模糊可以制作多个不同的模糊滤镜，让每一个模糊滤镜都按照特定的路线、方向进行模糊。在对一些天空的云层或是水流进行模糊处理时，我们借助路径模糊可以取得非常好的效果。

下面来看具体案例。

在原始照片中，我们可以看到水流的模糊效果不算特别完美，因为拍摄时快门速度不够慢。

由于水流的方向比较多变，并且左侧的水流和右侧的水流方向也不一样，所以我们只有借助路径模糊才能取得比较完美的效果。制作路径模糊后，我们可以看到水流的模糊效果更加明显、梦幻。

具体操作时，在 Photoshop 中打开原始照片，按 Ctrl+J 组合键复制图层。展开“滤镜”菜单，选择“模糊画廊”中的“路径模糊”选项。

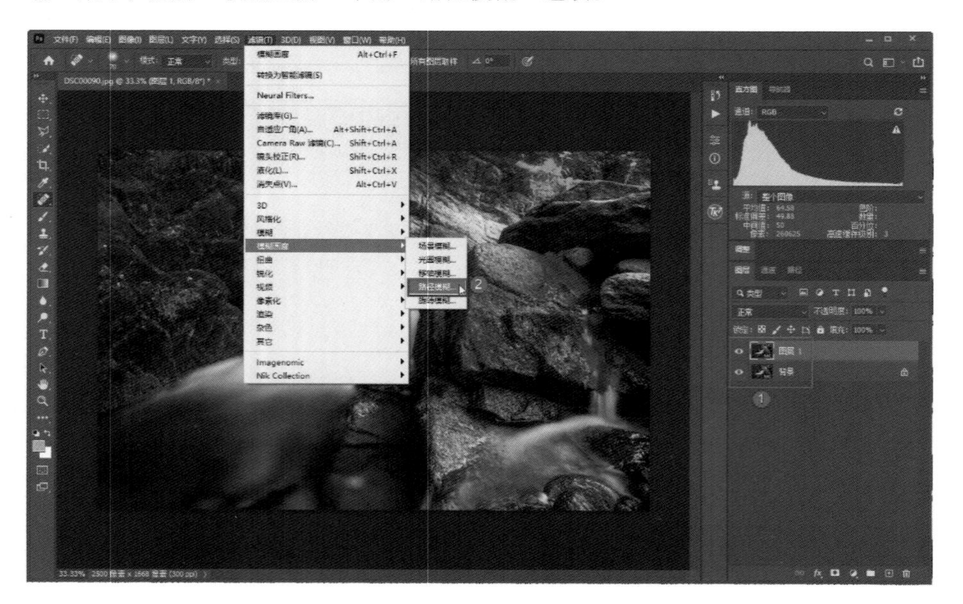

进入“路径模糊”界面，将光标移动到水流上单击，即可生成一个模糊路径，再次单击可以生成另一个模糊路径。生成模糊路径之后，我们既可以调整模糊路径的整体方向，也可以在每一个模糊路径的中间单击，选中并拖动以改变模糊路径的弯度。这样我们就根据水流的方向制作了 4 个模糊路径。

对于第 1 个，我们改变了它的弯度，因为水流本身就是弯曲的。

对于第 2 个，我们根据水流的方向调整了它的方向。

调整第 3 个、第 4 个比较简单。此外，每一个路径都可以改变模糊的幅度。

完成设定之后，单击“确定”按钮。

此时，我们可以看到水流有了更好的模糊效果，但是周边的岩石也变得模糊。对此，我们先为上方的图层创建一个黑蒙版，然后用白色画笔将水流部分擦拭出来，这样就得到了梦幻般的水流效果。

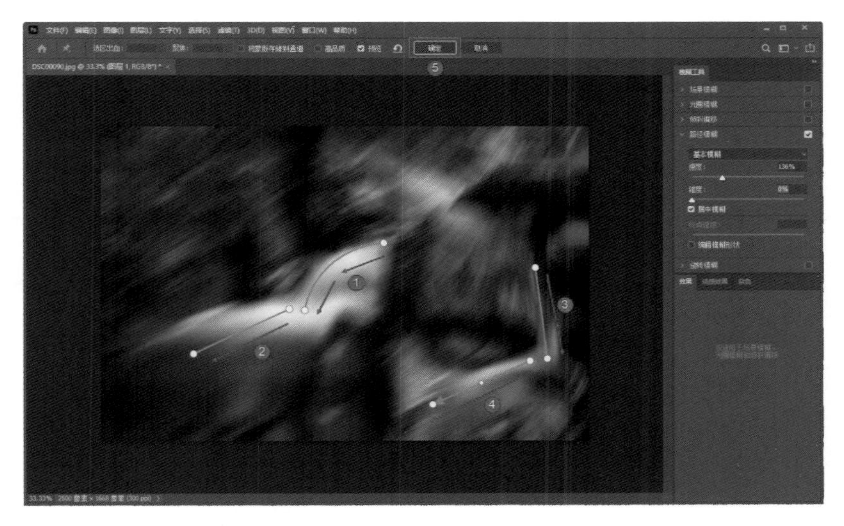

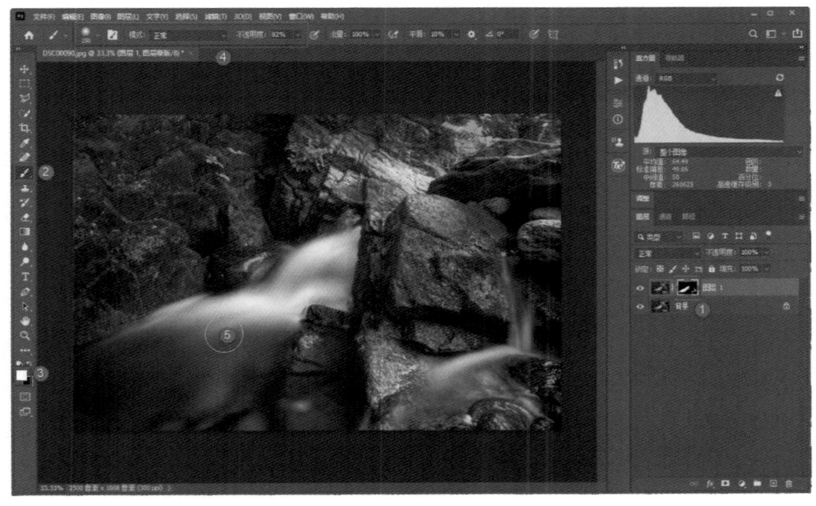

7.5 Nik滤镜

SKILL 251

八大Nik滤镜

Nik Collection是当前非常常用的第三方后期滤镜，很多人把它翻译成“尼康专业图像处理套装”，其实这是不正确的，该软件最初是美国加利福尼亚州的一家软件公司开发的，并且为收费软件，价格达数千元。后来，谷歌公司收购了这款软件，经过研究掌握了该软件的算法后，其先是将该软件的售价下调，继而将软件免费向用户提供。也就是说，Nik Collection免费过一段时间，之后被法国DxO公司收购，再次转为收费软件。

Nik Collection集成了多种软件，可以说是一款软件套装，具体包括Analog Efex Pro（胶片特效滤镜）、Color Efex Pro（图像调色滤镜）、Dfine（降噪滤镜）、HDR Efex Pro（HDR成像滤镜）、Sharpener Pro（锐化滤镜，有两款）、Silver Efex Pro（黑白胶片滤镜）、Viveza（选择性调节滤镜），统称Nik八大滤镜。

这款软件可以内置到Photoshop、Lightroom等软件中使用，并被集成到滤镜菜单内，所以通常也被称为Nik滤镜套装，我们通过此套装可以快速取得一些专业级的修图效果。

根据个人经验，Color Efex Pro的内置功能最为丰富，对于一般摄影后期来说，使用的频率也更高。

这里单独讲一下Sharpener Pro，它分为RAW格式Presharpener和Output Sharpener。这两款滤镜的功能都是对照片进行锐化处理，但是RAW格式Presharpener是在我们对原始照片进行处理后进行锐化；而Output Sharpener，顾名思义，它适合我们在将照片传输到网络上进行分享之前进行锐化。也就是说，它们针对的阶段是不同的，RAW格式Presharpener适合输出我们要保存的原始照片，而Output Sharpener适合在上传照片之前对照片进行进一步的锐化（因为它的算法不同，在将照片上传至网络之前对照片进行锐化，可能使照片更适合网络浏览）。

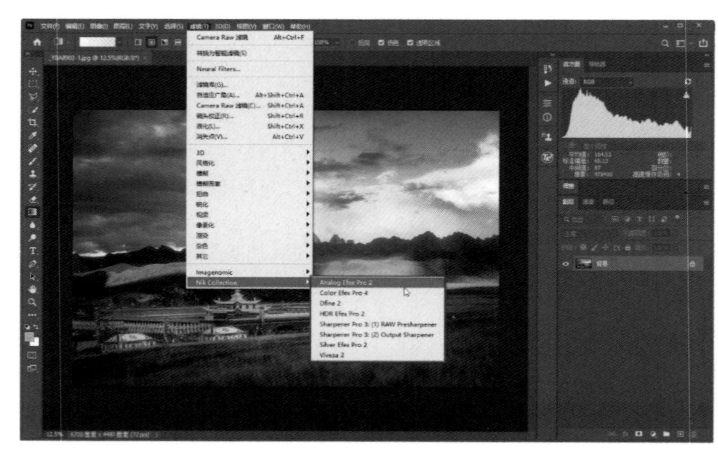

SKILL 252

Color Efex Pro 4的使用

一些人在使用 Color Efex Pro 4 时，习惯在全图套用该滤镜之后，再利用图层蒙版进行擦拭，限定局部调整的区域。这种方式虽然非常精确、好用，但实际上并非 Nik Collection 官方给出的用法。比较官方和正规的用法，是借助控制点对照片中的局部进行滤镜效果处理。

下面来看具体操作。

对于右侧的原始照片，我们想将近景的山体适当提亮，并且提高它的锐度和清晰度，以获得更好的质感，增强画面的视觉冲击力；而对远处高光的天空部分，可以适当进行柔化，从而让画面显得更柔和。

应用了该滤镜之后，效果如右图所示。可能处理效果在印刷出来之后看起来不是很明显，但如果是在网站上或计算机上观察就会比较明显。

具体操作时，打开原始照片，在 Color Efex Pro 4 滤镜中先勾选“详细提取滤镜”，设定详细提取的模式，这样画面整体的锐度和清晰度就会被提高。注意此时调整的是全图。

SKILL

253 控制点的使用

还是以上述照片为例，我们只想让左下角的前景变得更加清晰，这时就可以在右侧面板中选择控制点，在面板右侧中间单击“添加控制点”按钮，之后将光标移动到左下角的前景上，单击就可以生成一个控制点。

这里有一个常识，就是我们一旦添加控制点，之前进行的全图的详细提取就会消失，只有控制点所影响的圆形区域会受影响。在生成的控制点中，我们既可以调整控制区域的大小，也可以调整控制点影响区域的不透明度，还可以在右上方调整详细提取的参数，从而改变效果。如果感觉效果还可以，则没必要改变参数。

我们还可以再次在右侧单击“添加控制点”按钮，然后在照片画面的其他位置添加控制点，也可以在选中某个控制点之后按Delete键将其删除。

本例中，我们只添加了左下角的一个控制点。

SKILL 254

添加滤镜

如果我们要制作天空部分的柔化效果，可以在右侧的面板中单击“添加滤镜”按钮，这样就添加了一个滤镜。

之后，在左侧选择“古典柔焦”功能，添加一种古典柔焦效果。然后在右侧面板中单击“添加控制点”按钮，再将光标移动到天空位置创建一个控制点，即只为天空部分制作了柔焦效果。调整之后，单击“确定”按钮返回，这样我们就完成了这张照片的处理，即对地面进行了锐化调整，对天空进行了柔化调整，通过控制点实现了不同区域的分区控制，最终得到了我们想要的效果。

这是 Color Efex Pro 4 的一种更为准确、恰当的使用方法，当然我们后续也要结合 Photoshop 主界面中的图层蒙版等进行调整，以取得更完美的效果。

第8章

二次构图

Chapter Eight

二次构图指对照片进行裁剪，或对照片中的元素进行一些特定的处理，以改变画面的构图方式，从而增强画面的表现力。

二次构图貌似简单，实则很难。谁都会裁剪照片，但很多人却难以掌握二次构图。本章将对二次构图的一些中高级知识、技巧进行详细介绍。

8.1 画面整体处理

SKILL 255

让照片变干净

如果照片中，特别是画面四周有一些干扰，比如明显的机械暗角、一些干扰的树枝及岩石等，就会分散观者的注意力，影响主体的表现力。这时我们可以通过最简单的“裁剪”方法将这些干扰裁掉，从而达到让主体突出、画面干净的目的。

在右侧的原始照片中，我们可以看到四周有一些比较硬的暗角，如果通过镜头校正等方案进行处理，效果可能不是特别自然。这时我们可以借助“裁剪工具”，将这些干扰消除掉。

具体操作时，在Photoshop中打开原始照片，选择“裁剪工具”，在选项栏中设定原始比例，用鼠标直接在照片中拖动就可以确定要保留的区域。确定之后，在选项栏的右侧单击“确定裁剪”按钮，即可完成裁剪；也可以把光标移动到保留区域内，双击完成操作。

SKILL

256 让构图更紧凑

有时候，我们拍摄的照片四周可能显得比较空旷，即主体之外的区域过大，这样会导致画面显得不够紧凑。这时，我们同样需要借助“裁剪工具”来裁掉四周的空旷区域，让画面显得更紧凑、主体更突出。

具体操作时，在 Photoshop 中打开原始照片，可以看到要表现的主体是长城，而四周过于空旷的山体分散了观者的注意力，让主体显得不够突出。我们可以在工具栏中选择“裁剪工具”，设定原始比例，对画面进行裁剪。如果感觉裁剪区域不够合理，还可以把光标移动到裁剪边线上，选中边线并拖动，从而改变裁剪区域的大小。我们也可以把光标移动到裁剪区域的中间位置，当光标处于移动状态时，选中即可移动裁剪框的位置。

SKILL 257

切割画中画

有些场景中可能不止一个拍摄对象具有很强的表现力，如果大量的拍摄对象都具有很强的表现力，我们就可以进行画中画式的二次构图。“画中画式的二次构图，”是指通过裁剪只保留照片的某一部分，让这些部分单独成图。

本例中，我们设定2:3的长宽比。2:3是当前主流相机的一种照片长宽比，在大多数情况下是与照片的原始比例重合的，设定后直接拖动裁剪就可以了。

这里想将照片裁剪为竖幅，单击2:3比例中间的“交换”按钮可以将横幅变为竖幅，或将竖幅变为横幅，再移动裁剪区域到想要的位置，即可完成二次构图的裁剪。

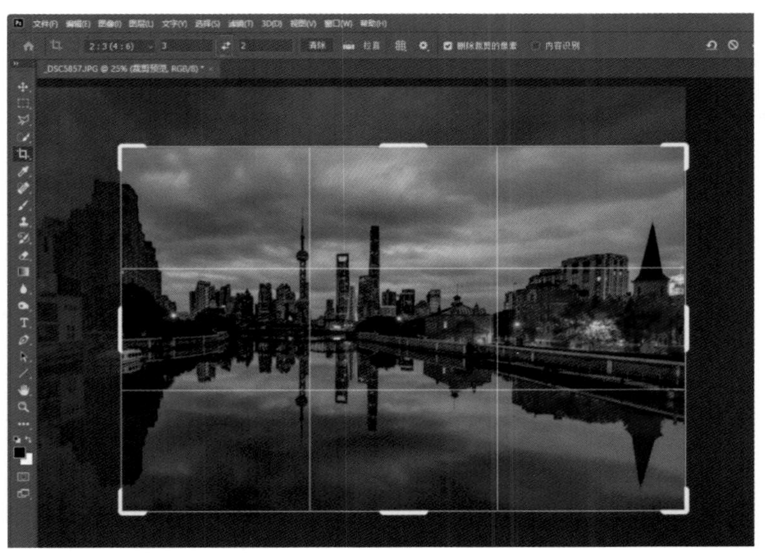

SKILL

258 封闭变开放

“封闭式构图”，是指将拍摄的主体对象拍摄完整，这种构图会给观者一种完整、协调的感受，让观者知道我们拍摄的是一个完整的对象。但是这种构图也有劣势——画面有时候会显得比较平淡，缺乏冲击力。面对这种情况，我们可以考虑通过裁剪保留照片的局部，将封闭式构图变为开放式构图。这种封闭变开放的二次构图会让照片画面变得更有冲击力，能给观者更广泛的、丰富的联想。在处理花卉题材的照片时，这种二次构图方式比较常见。

下方的原始照片（左图）重点表现的是整个花朵，通过裁剪之后，右图这种开放式构图能让观者联想到花蕊之外的区域，画面的视觉冲击力也更强。

SKILL

259 校正水平线

二次构图中有关照片水平线的校正是非常简单的，下面通过一个具体的案例来介绍。

右侧这张照片虽然整体上还算协调，但如果仔细观察，我们会发现远处的水平面是有一定倾斜度的。

校正时，选择“裁剪工具”，在选项栏中选择“拉直工具”，沿着远处的天际线向右拖动光标，注意一定要沿着水平线拖动，拖一段距离之后松开鼠标，此时裁剪线会包含进一部分空白像素区域。

在选项栏中勾选“内容识别”，然后单击选项栏右侧的“确定”按钮。

经过等待之后，此前包含进来的空白像素区域会被填充，按 Ctrl+D 组合键取消选区，就可以完成水平线的校正。

SKILL 260

校正严重的透视畸变

水平线的校正整体来说比较简单，但如果拍摄机位过高或过低，导致照片的重点景物出现了严重的透视畸变，就没有办法采用这种方式进行校正。下面介绍一种水平与竖直校正方法，它能让构图变得更加规整。

将拍摄的原始照片拖入Photoshop，照片会自动在ACR中打开。可以看到，四周的建筑因为透视，其竖直线产生了倾斜，需要进行校正。

在校正之前，先切换到“基本”面板对照片的影调层次进行调整，包括提高曝光值、降低高光值、提亮阴影值等，让照片的影调层次变得更加理想。

之后切换到“几何”面板，单击第5个按钮——“水平和竖直校正”，这种校正方式是借助参考线，通过寻找照片中应该水平或竖直的线条来对照片进行校正。之后，找到照片中应该竖直的线条，如右侧建筑的线条本身应该是竖直向上或向下的，但现在出现了倾斜。将光标移动到建筑的线条上并在上端单击，画面中会出现一个锚点，将光标移动到建筑竖直线的下端，定位在与上方锚点大致对等的位置之后松开鼠标。

用相同的方法在左侧本应该竖直的建筑线条上描线。通过这样两根线条，就将画面中几乎所有建筑的竖直线都校正了，画面整体显得非常规整，效果也比较理想。利用这种方法还可以校正画面的水平线，此处不再赘述。

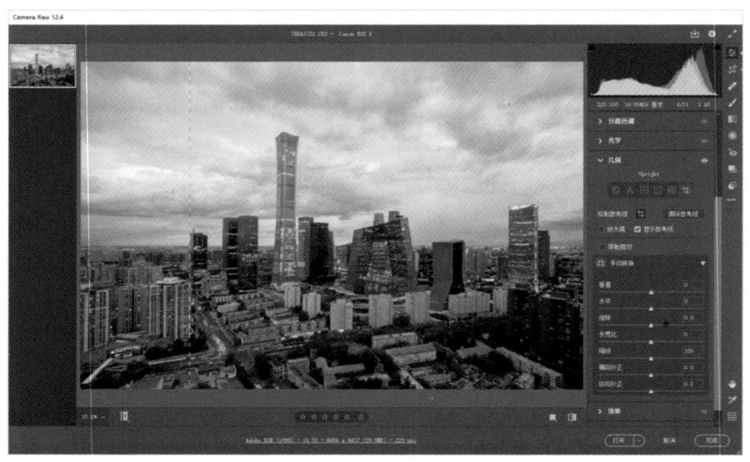

8.2 画面局部处理

SKILL

261

通过变形或液化调整局部元素

下面介绍通过变形或液化调整局部元素来强化画面视觉中心，或是改变画面构图的二次构图技巧。

下方这张照片展现的是意大利多洛米蒂山区三峰山的霞光场景，画面给人的感觉整体还是不错的，但是山峰的气势显得有些不足，我们可以通过一些特定的方式来强化山峰。在调整之前，首先按 Ctrl+J 组合键复制一个图层，在工具栏中选择“快速选择工具”，然后在照片的地景上选中并拖动，从而快速为整个地景建立选区。

展开“编辑”菜单，选择“变换”中的“变形”选项。画面中出现变化线之后，将鼠标移动到中间的山峰上，选中并向上拖动，这时选区内的山峰被拉高，山的气势也由此增强。

完成山峰的拉高之后，按Enter键确认，再按Ctrl+D组合键取消选区，这样就完成了对山峰局部的调整。

本例中，在操作之前进行了图层的复制，这是为了避免穿帮和出现瑕疵提前做的准备。如果没有穿帮和出现瑕疵，复制图层这个过程就没有太大作用。

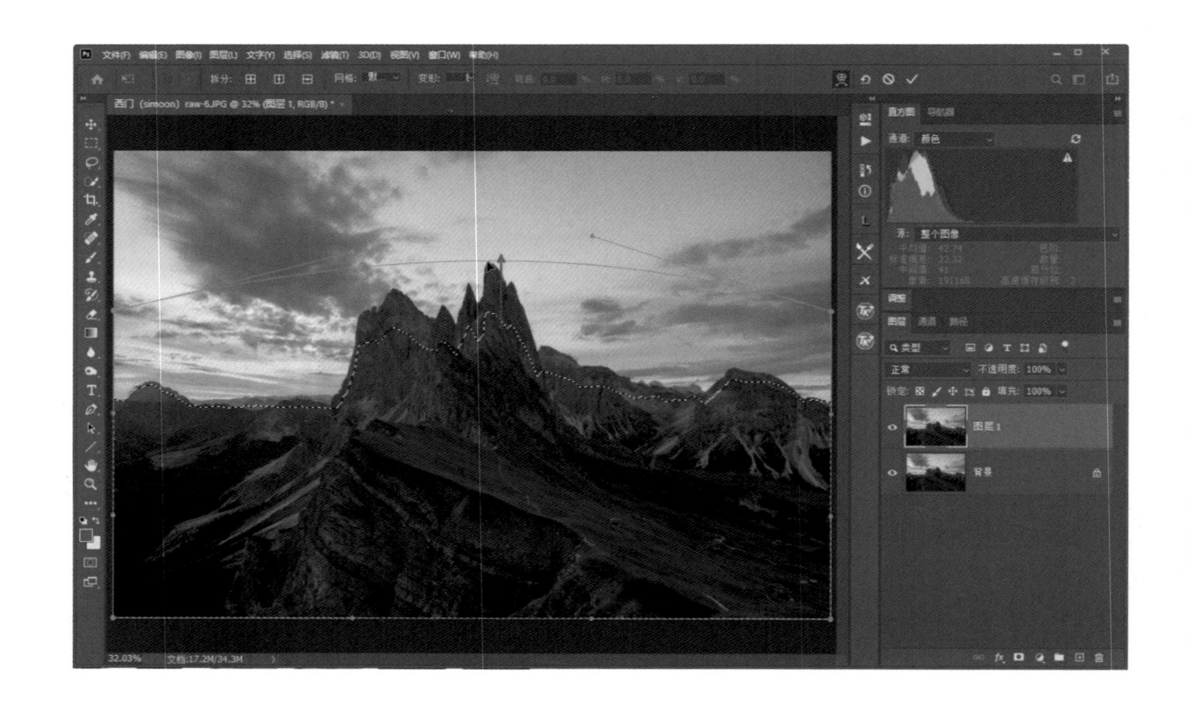

SKILL 262

通过变形完美处理机械暗角

之前已经介绍过，如果照片中出现了非常硬的机械暗角，我们可以通过裁剪的方式将这些机械暗角裁掉。但如果画面的构图本身比较合理，裁掉周围的机械暗角会导致画面构图过密，因此不能采用简单的裁剪方法。下面介绍一种通过变形完美处理机械暗角的技巧。

在 Photoshop 中打开要处理的照片，可以看到四周的暗角是非常明显的。

按 Ctrl+J 组合键复制一个图层，选择上方新复制的图层，展开“编辑”菜单，选择“变换”中的“变形”选项。

将光标分别移动到照片 4 个角上，选中并向外拖动，这样可以将暗角部分拖出。如果照片的中间主体部分没有明显变形，就可以直接按 Enter 键确认，再按 Ctrl+D 组合键取消选区，完成照片的处理。

如果中间的主体部分明显变形，就会削弱画面的表现力。我们可以为上方的图层创建一个黑蒙版，再用白色画笔将四周进行的变换擦拭出来。这是相对复杂的操作，不明白的读者可以学习有关蒙版的技巧。此外，如果借助黑蒙版进行调整，就能够显示出之前复制图层所起到的作用。

SKILL 263

通过变形改变主体的位置

本例中，我们主要借助变形来改变主体在画面中的位置，从而达到二次构图的目的。

在右侧这张原始照片中，作为主体的最高建筑稍稍偏左，给人的视觉感受是比较别扭的。调整时，选择“裁剪工具”，将光标放在左侧的裁剪线上，选中之后按Shift键向左拉动，在画布的左侧添加一块空白区域，按照之前介绍的方法，在中间建筑的左侧建立矩形选区，进行自由变换，将左侧的空白部分填充起来。

我们也可以对右侧的一些区域进行变形和拉伸，通过多次调整，确保中间的主体建筑正好处于画面的中心位置。再次选择“裁剪工具”，裁掉四周一些空白的区域，完成调整。

这种方法的应用非常广泛，对于调整主体的位置非常有效。

SKILL 264

修掉画面中的杂物

有时候，照片中会有一些杂物，如矿泉水瓶、白色的塑料袋、杂乱的岩石和枯木等，它们都有可能削弱主体的表现力。

在画面的右下角，有一片屋顶的剪影对画面形成了干扰，让画面显得不太干净，可以将其修掉。

在工具栏中选择“污点修复画笔工具”，在选项栏中调整画笔大小，将类型设定为“内容识别”，将光标移动到塑料袋上，单击选中并进行涂抹。完全涂抹后，松开鼠标即可将这个塑料袋很好地消除掉。

第9章

人像摄影后期技法

Chapter Nine

与一般题材的摄影后期不同，人像摄影后期比较特殊，需要对人物的肤色、肤质等进行特殊处理，包括对皮肤进行磨皮处理，对五官进行液化塑型等。本章将介绍一些人像摄影后期技法。

9.1 基本调整

SKILL 265

提亮人物正面

将 RAW 格式文件拖入 Photoshop，照片会自动在 ACR 中打开。

右上图是原始照片，首先对全图的影调进行初步的调整，包括提高曝光值、轻微降低对比度、降低高光值、提亮阴影，从而适当缩小反差，让画面的影调显得更柔和。

接下来我们可以看到人物的正面，特别是面部、腿部几乎都比较暗，因此需要使用局部工具对这些区域进行提亮。在工具栏中选择“调整画笔工具”，之后提高曝光值、降低对比度、降低高光（避免提亮时有一些高光部位过曝）、提亮阴影。然后在人物面部、腿部等比较暗的区域涂抹，将这些区域提亮。我们可以勾选参数面板中的“蒙版选项”复选框，以红色区域显示我们提亮的区域。

SKILL 266

借助眼白等校准白平衡

适当提亮人物面部之后，如果感觉照片偏色，那么我们可以进行白平衡的调整。

调整时回到“基本”面板，选择“白平衡”选项右侧的吸管按钮，将光标移动到人物的眼白、牙齿、黑色的发丝等部位单击，这相当于告诉软件我们选择的位置是黑色、灰色或白色区域。本例中我们选择的是白色的眼白区域，这样软件会自动根据我们定义的白色区域进行色彩还原。

需要注意的是，因为很多人的发色发黄，并且头发可能会染色，所以通常情况下尽量不要选择以头发为基准校准白平衡。

校准白平衡之后，画面整体的色彩会趋于正常。如果感觉色彩还不够理想，可以在“白平衡”选项中调整“色温”与“色调”值，进一步优化画面整体的色调和色彩。完成后单击“打开”按钮，将RAW格式文件在Photoshop中打开。

SKILL 267

利用滤色降低反差

在 Photoshop 中打开照片之后，接下来我们准备降低画面的明暗对比度，也就是反差，让画面整体的影调变得更加柔和。

具体操作时，切换到“通道”面板，按住 Ctrl 键单击红通道，一般来说，红通道对应的是照片的高光区域，这样可以将高光区域载入选区。

因为我们将要选择的是中间调及暗部，所以此时要进行反选。按 Ctrl+Shift+I 组合键，或展开“选择”菜单，选择“反选”选项，均可以对高光选区进行反选，从而选择中间调及暗部。

然后按 Ctrl+J 组合键，将中间调及暗部作为单独的图层提取出来，再将中间调及暗部图层的混合模式改为“滤色”，这相当于提亮了中间调及暗部，就会降低反差。如果提得过亮，那么影调就会过于模糊。所以可以适当降低“不透明度”，让画面的影调看起来更加舒适。

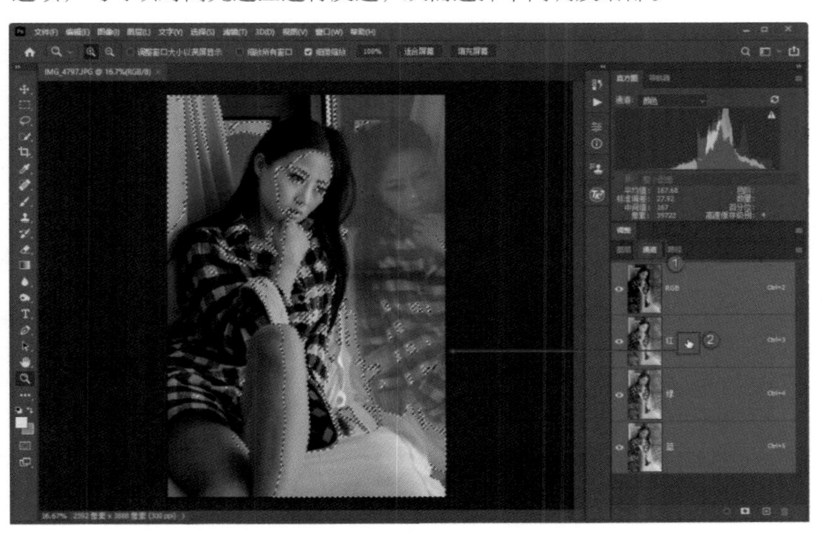

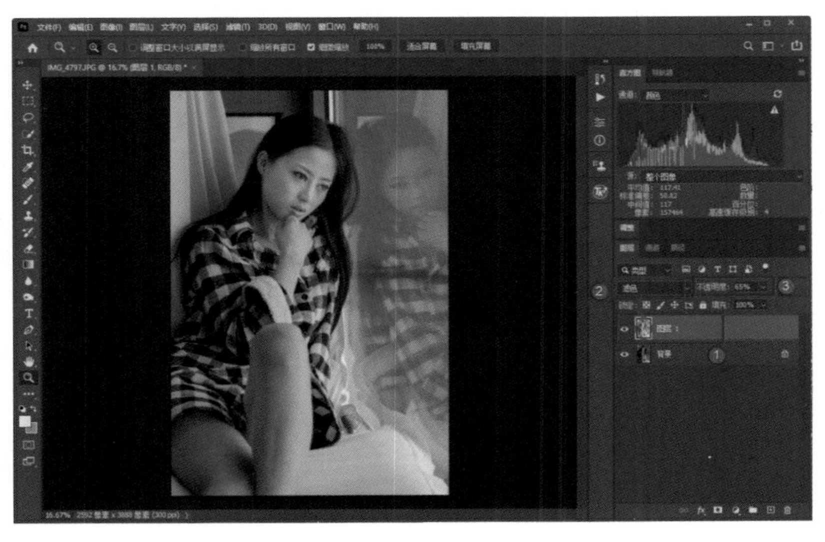

SKILL 268

调整人物之外的区域的色调

人像照片重点表现的是人物，如果照片中环境的饱和度过高，就会削弱人物的表现力。所以，我们首先盖印一个图层，按 Ctrl+Shift+Alt+E 组合键，然后单击选中盖印的图层，在工具栏中选择“快速选择工具”，快速在人物之外的区域拖动以建立选区。

接着创建一个自然饱和度调整图层。通过这个自然饱和度调整图层，我们能降低人物之外的环境部分的自然饱和度，这样周边区域的饱和度就会被降低，从而达到突出人物的目的。

因为选区边缘比较生硬，所以我们需要对其进行一定的羽化。双击自然饱和度调整图层的蒙版图标，打开蒙版属性面板，在其中提高“羽化”值，从而羽化蒙版，让降低饱和度的环境部分与人物部分的过渡更自然。

SKILL 269

用亮度蒙版修复明暗不均的画面

接下来再盖印一个图层，我们的目的是选择照片中一些比较亮的光斑，如背景中白色的铝合金条、人物右下方的白色抱枕等。这些区域的亮度是非常高的，显得非常斑驳、明暗不均，会导致画面看起来比较乱。

具体操作时，先打开“色彩范围”对话框，借助吸管定位这些比较高亮的位置，通过降低“颜色容差”的值，我们可以看到基本上将一些白色的光斑部分选择了出来。然后单击“确定”按钮，这些区域就会被载入选区。

创建曲线调整图层，压暗这些区域。压暗之后，人物面部比如鼻梁部分的一些高光区域也会被压暗，显得不够自然。

这时，在工具栏中选择“画笔工具”，将前景色设为黑色，缩小画笔直径，在不想压暗的位置，特别是人物面部的高光区域进行擦拭，将这些高光区域还原。这样画面的明暗将变得更加均匀，整体影调也变得更加自然。

SKILL 270

用可选颜色为人物调色

对于人物皮肤部分偏色的区域，我们可以使用可选颜色进行调整。比如人物的颈部偏红、偏黄，并且颜色比较深，我们就可以对其进行调整。

创建可选颜色调整图层，选择红色通道，这表示我们要对照片中红色比较重的一些区域进行调整。在红色通道中，增加青色的比例相当于降低了红色的比例，再对洋红和黄色进行微调，降低黑色的比例，那么颈部这一片比较深的红色区域由于被减少了黑色，整体就会变亮一些。

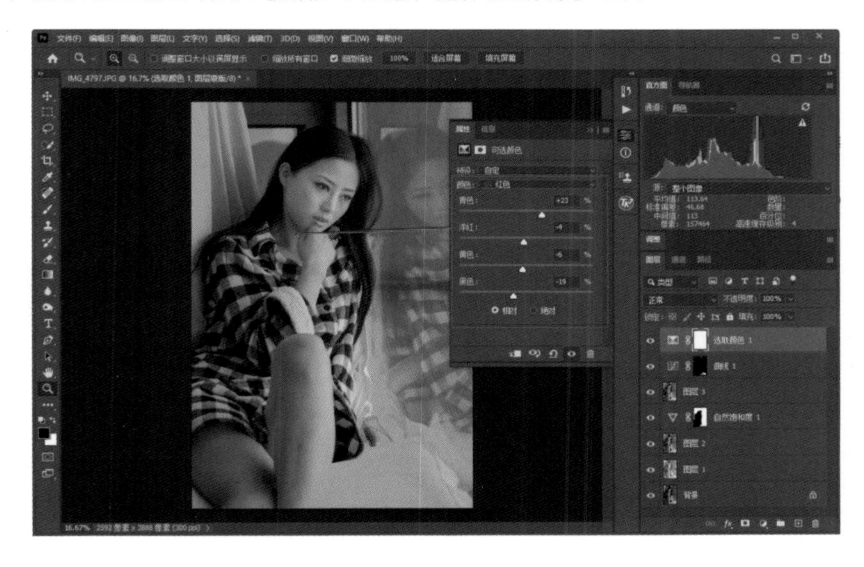

此时颈部严重偏黄，因此我们选择黄色通道，降低黑色的比例，从而对颈部进行提亮。这样，通过可选颜色调整，我们就将人物的颈部调整到一个影调和色彩都比较理想的状态。至此，照片调整初步完成。

9.2 面部精修

SKILL

271 用污点修复画笔工具修复人物面部瑕疵

基本上每个人的面部皮肤都不会绝对完美，上面总会有一些暗斑或黑头等瑕疵，而专业相机具备很高的像素，其镜头具备很强的解像力，能够将皮肤表面一丝一毫的瑕疵都无限放大，使正常看来无伤大雅的瑕疵，在照片中往往显得非常刺眼。在 Photoshop 中，我们可以通过后期处理，将面部瑕疵处理干净，营造出完美的面部肤质。

具体操作时，将照片在Photoshop中打开。要修复人物面部的瑕疵，我们主要借助工具栏中的“污点修复画笔工具”。首先，在工具栏中选择“污点修复画笔工具”。

接着，在选项栏中展开画笔调整选项，适当缩小画笔直径，并调整画笔的硬度以及间距，大多数情况下硬度不宜太高，一般要在 50% 以下，间距可以保持默认，类型设定为“内容识别”即可。然后将光标移动到人物面部的瑕疵上，用画笔笔触覆盖住瑕疵，并让笔触略微大于瑕疵，然后单击，这样就可以修复瑕疵。

该工具的原理是模拟瑕疵周边光滑的皮肤纹理，来填充瑕疵的位置，主要是模拟周边正常的皮肤肤色以及肤质来填充和修复瑕疵部位。

在调整的过程中，针对不同大小的瑕疵，我们要随时调整画笔直径大小，调整的标准是直径应略大于要修复的瑕疵，但也不宜过大，否则会对周边正常的肤质造成干扰，设定完成后，对明显瑕疵进行单击即可修复。

SKILL

272 用仿制图章工具修复人物面部瑕疵

对于绝大部分光滑皮肤上的瑕疵，我们都可以运用上述方法进行修复，但一些特殊位置上的瑕疵在修复时会比较麻烦。如果直接使用“污点修复画笔工具”，虽然能够将瑕疵修复，但是会产生新的干扰，导致瑕疵位置的纹理与周边的皮肤纹理产生差别，显得不够真实、自然。

针对这种情况，我们需要在工具栏中选择“仿制图章工具”，适当缩小画笔直径，标准依然是之前介绍的略大于瑕疵。将“模式”设定为“正常”，“不透明度”为100%，然后按住Alt键，在瑕疵周边正常的皮肤上单击，这表示进行取样，后续可以用取样位置的皮肤来填充和覆盖瑕疵位置。取样之后松开Alt键，将光标移动到要修复的瑕疵上单击，这样就可以以正常的皮肤覆盖瑕疵，从而取得很好的修复效果。

取样时，要沿着皮肤纹理的走向，在瑕疵上方或下方近处的纹理上取样，这样才能得到比较理想的修复效果。

使用“污点修复画笔工具”“仿制图章工具”，我们可以修复人物面部一些明显的瑕疵，得到相对完美的面部肤质。

SKILL 273

人物皮肤美白

人像摄影的特殊之处，在于后期处理时需要对人物的皮肤进行美白。美白的处理过程相对比较简单，下面进行演示。

在 ACR 中打开要处理的人像照片，可以看到人物肤色偏黄，显得暗淡无光。

展开“混色器”面板，切换到“饱和度”子面板，降低红色、橙色和黄色的饱和度。一般来说，大多数人肤色中橙色的比重都是比较大的，因此对于橙色的饱和度，我们可以多降低一些。降低饱和度后，人物的肤色会变浅。

接下来切换到“明亮度”子面板，提高橙色和黄色的值，这相当于提亮了人物的肤色。因为肤色中红色、橙色和黄色的比重比较大，橙色的比重最大，所以要将橙色的值调得更高。可以看到，通过调整，人物的肤色变白、变亮了。

SKILL 274

用面部工具对特定部位进行调整

对于人物面部一些不太理想的位置，我们借助液化滤镜可以进行很好的调整，从而让人物的面部更加精美。

具体调整时，在 Photoshop 中打开照片，展开“滤镜”菜单，选择“液化”选项，打开“液化”对话框，在左侧的工具栏中选择“面部工具”，此时右侧出现了大量可调整的参数。

以调整眼睛为例，我们可以把人物的眼睛调整得稍微大一些，让人物更有神采。在“眼睛”选项组中，单击左右两个参数中间的链接按钮，这表示锁定两只眼睛，我们可以对它们进行同样的调整。锁定之后，拖动参数下的滑块，可以看到左右两侧的参数同时变化，表示两只眼睛同时变大或变小。这里设定提高“眼睛大小”，以让人物的眼睛更加有神采。

SKILL

275 用推动工具对特定部位进行调整

本例中，人物的三庭五眼比例是比较理想的，但正对镜头的下颌角有些突出，我们可以进行适当的微调，而面部工具无法进行这种精细的调整。具体操作时，先在工具栏中选择“推动工具”，在右侧的参数面板中设定合适的画笔“大小”及“压力”等，然后将光标移动到突出的下颌角上单击，再轻轻地向内推动，可以让人物的下颌线更加漂亮。当然，在调整参数时可能要多试几次。初次使用这个工具的用户可能对画笔“大小”及“压力”的设定不是太熟练，建议多试几次。

一般来说，画笔直径要设置得稍微大一些，以避免调整区域与未调整区域结合处的线条出现扭曲、不够平滑。经过调整，人物的下颌角变得更加柔和。

SKILL

276 牙齿与眼白美白

一般来说，牙齿白净会让人物看起来更加健康，眼白白净会让人物的眼睛看起来更加清澈、纯净；如果人物的牙齿和眼白不够白，画面给人的感觉自然不会好。也就是说，牙齿与眼白的细节能严重影响画面整体的效果。下面将介绍牙齿与眼白美白的具体技巧。

在 Photoshop 中打开照片，放大人物面部，可以看到人物的牙齿并不算特别理想，虽然非常干净但不够白。调整时，我们可以在工具栏中选择“海绵工具”。

适当缩小画笔直径，将模式设定为“去色”“流量”尽量降低，一般在9%左右。去色模式是指通过海绵工具将涂抹位置的颜色吸收，从而让颜色变淡。也就是说，在去色模式下，原有的对象会变得更加浅淡，即更白。设定好参数，用画笔在牙齿上涂抹，让原本偏橙色的牙齿变得更淡。

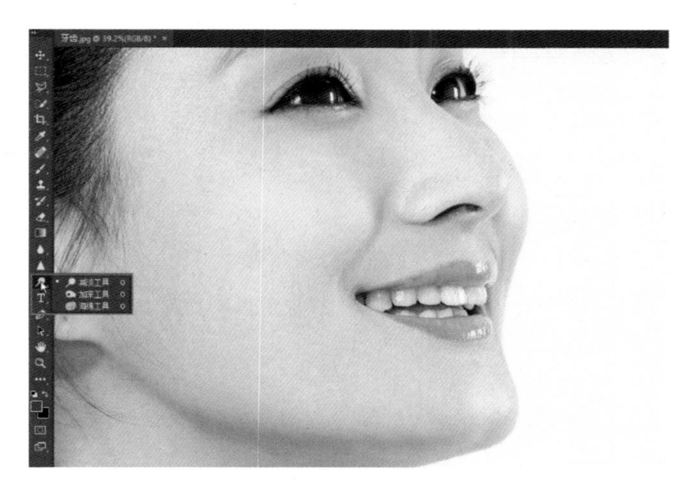

对牙齿进行处理后，我们可以发现牙齿仍然不够白。这时在工具栏中选择“减淡工具”，以进一步提亮牙齿。

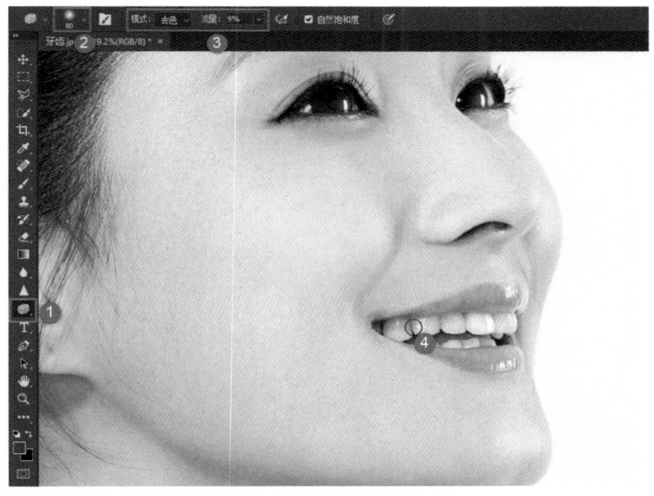

操作时，先调整画笔直径，将“范围”设定为“中间调”（我们主要对牙齿上一般亮度的区域进行提亮），将“曝光度”设为10%左右。然后在牙齿上进行涂抹，之后可以看到牙齿上原有的一般亮度的区域被提亮了，牙齿整体变得更白。

原始照片中，人物牙齿的亮部与暗部反差比较大，显得不够干净。调整之后，牙齿的表现力就更加理想了。

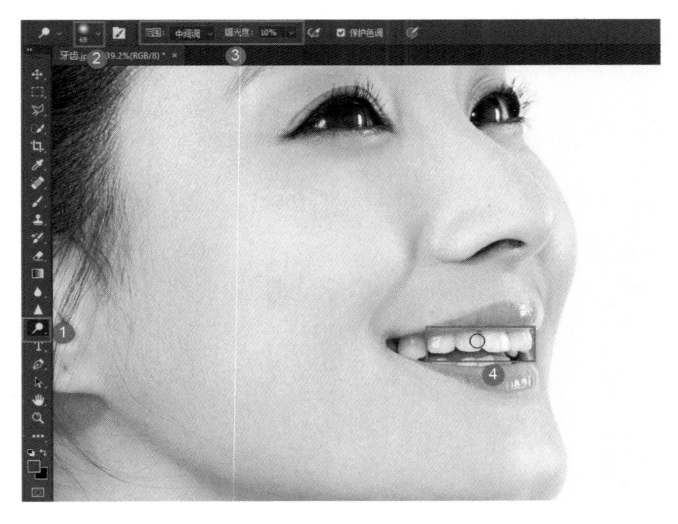

对于远距离的人像写真来说，牙齿美白可能不太必要，但对于商业室内人像来说，牙齿美白往往是必不可少的操作，否则牙齿的一些细节可能会破坏画面的表现力。

对人物眼白的调整同样如此，这里就不再介绍了。

9.3 磨皮

SKILL 277

模糊磨皮

我们来看模糊磨皮的思路和技巧。

打开原始照片，可以看到人物的面部皮肤还是不够理想。

按 Ctrl+J 组合键复制一个图层，单击选中新复制的图层。

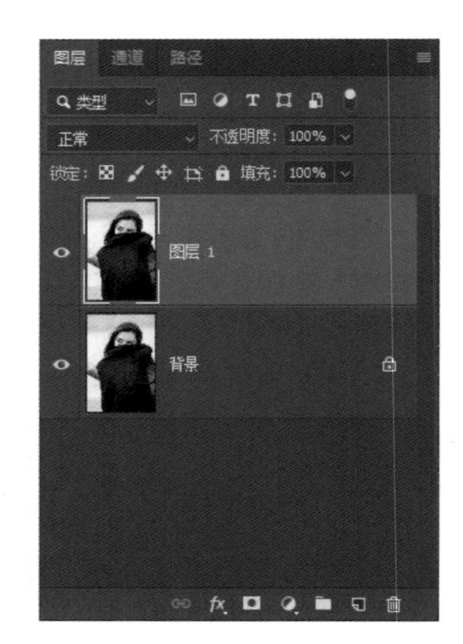

打开“高斯模糊”对话框，在其中设定“半径”的值为4.3左右（这个值能刚好将人物面部变模糊，从而产生皮肤平滑的效果），然后单击“确定”按钮。这样，之前我们复制的图层就产生了模糊效果。

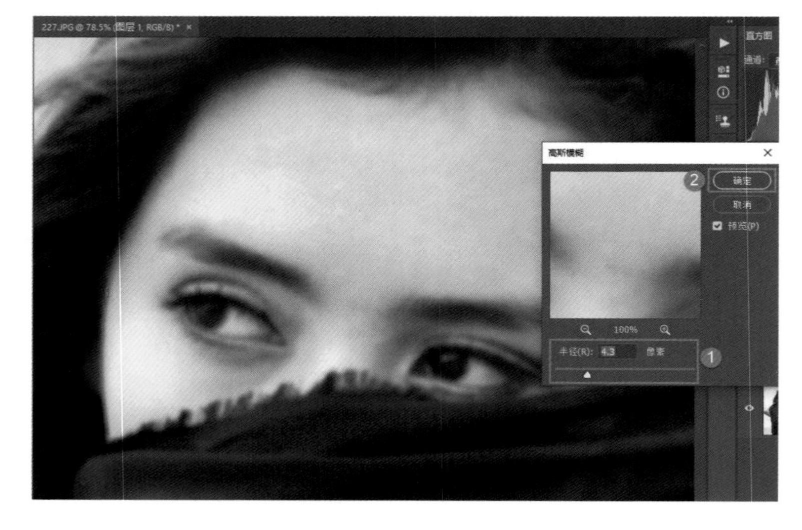

这时，按住 Alt 键并单击“创建图层蒙版”按钮，可以为模糊的图层创建一个黑蒙版。如果不按 Alt 键直接单击“创建图层蒙版”按钮，则会创建白蒙版，白蒙版不会遮挡模糊图层。

单击选中黑蒙版，在工具栏中选择“画笔工具”，将前景色设为白色，适当缩小画笔直径，用画笔在人物面部需要磨皮的部分进行涂抹、擦拭，这样就可以让这些部分呈现出模糊处理后的效果，变得非常光滑、白皙。

在处理过程中，要随时注意调整画笔直径。对于额头等部分，可以使用比较大的画笔进行涂抹，对于眉毛与睫毛中间的眼睑部分，往往需要使用更小的画笔进行涂抹。

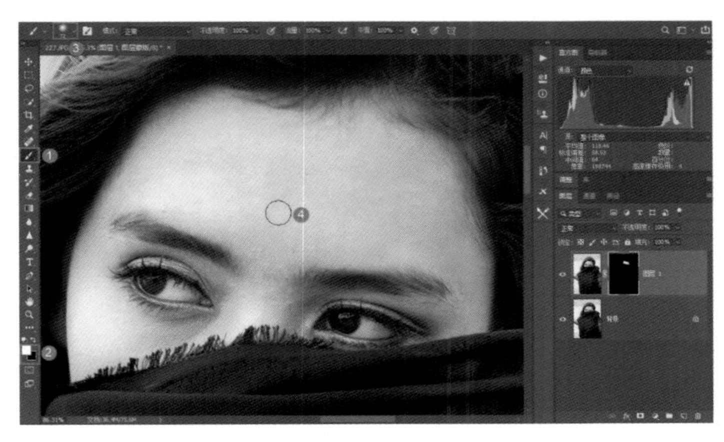

SKILL

278

二次模糊磨皮

经过处理之后，我们可以看到人物额头部分的皮肤变得光滑了很多，但效果仍然不是特别理想，因此我们可以进行二次模糊磨皮处理。

操作时，首先按 Ctrl+Shift+Alt+E 组合键盖印一个图层，然后对盖印的图层进行高斯模糊处理。在进行二次模糊磨皮处理时，我们可以适当地提高模糊的“半径”值，以提高模糊的程度，之后单击“确定”按钮返回。

接下来为上方的模糊图层创建一个黑蒙版，然后使用白色画笔对需要磨皮的区域进行涂抹。经过两次模糊磨皮处理之后，我们可以看到人物额头部分的皮肤变得非常光滑、平整。

SKILL 279

用蒙尘与划痕磨皮

在一些欧美人像作品中，如果人物面部的痘痘、黑头、雀斑等比较多，使用高斯模糊磨皮会有非常好的效果。但对皮肤相对光滑的亚洲人的照片来说，使用高斯模糊磨皮可能会破坏人物皮肤的肤质、纹理，导致画面失真。针对这种情况，我们如果要在 Photoshop 中对亚洲人进行磨皮，使用蒙尘与划痕的效果会更好。

下面我们通过一个具体案例来看如何使用蒙尘与划痕磨皮。

初步处理照片后，将照片在 Photoshop 中打开，按 Ctrl+J 组合键复制一个图层，单击选中新复制的图层，展开滤镜菜单，选择“杂色”中的“蒙尘与划痕”选项。

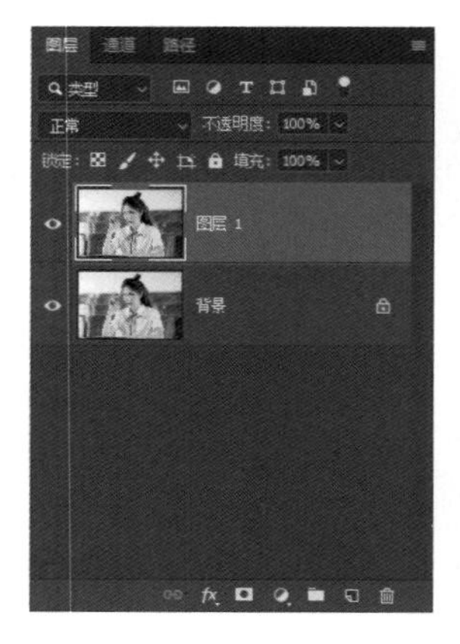

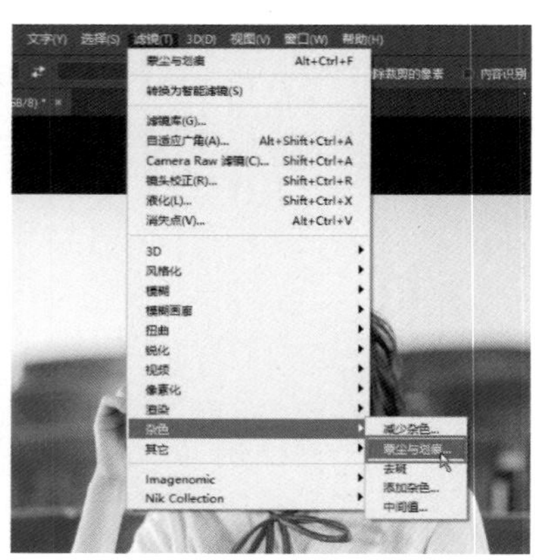

打开“蒙尘与划痕”对话框，在其中将“阈值”设定为2，“半径”设定为8，这样基本上刚好能模糊人物，并保留人物的整体轮廓。注意，这里的参数值只适合本例，在不同的照片中，读者要根据具体情况进行设定。设定好之后，单击“确定”按钮。

单击选中上方已经利用蒙尘与划痕进行处理的图层，按住 Alt 键并单击“添加图层蒙版”按钮，为图层添加一个黑蒙版。

TIPS

这里需要注意，在大多数情况下，上方图层已经默认处于选中状态，不需要再次单击进行选中。之所以我们这里提示单击选中上方的图层，是为了避免因之前有过误操作而选中了其他图层。

单击选中黑蒙版，选择“画笔工具”，将前景色设为白色，调整画笔直径，将画笔的“不透明度”设定为 40% 左右，在人物面部需要磨皮的部分进行涂抹，要注意避开睫毛、眉毛、鼻孔，以及嘴唇等部分，调整完毕后，如果感觉效果过于强烈，可以适当降低蒙版的不透明度。

放大照片可以看到，经过磨皮处理的部位变得非常细腻、光滑。

SKILL

280 用调整画笔磨皮

用调整画笔磨皮是一种非常便捷的磨皮方式，不仅操作非常简单，并且也比较容易理解，但其磨皮效果通常不够理想，对一般的人像摄影来说稍能满足要求，但对于商业级的人像摄影来说，它是不能满足要求的。因为本书主要针对的是一般的摄影爱好者，所以我们依然要介绍这种磨皮方式的具体操作。

首先在 ACR 中打开要进行磨皮的人像照片。打开之后，在工具栏中选择“调整画笔工具”，再稍稍提高“曝光”的值，降低“对比度”，提亮“阴影”值，降低“清晰”度和“去除薄雾”的值，适当缩小画笔直径，然后在人物面部光滑的皮肤区域单击并进行涂抹。涂抹时，要避开睫毛、眼球、嘴唇、鼻孔等部位，以保持这些部位的锐度，而只对光滑的皮肤区域进行调整，这样可以让人物的皮肤变得白皙、光滑。

涂抹时还要随时调整画笔直径，对于眉毛与睫毛之间的眼睑部分，要缩小画笔直径进行涂抹，以确保磨皮效果更加理想。

调整过后，如果感觉效果不是特别明显，人物的面部皮肤仍然不够光滑，可以在确保工具处于激活状态的情况下，适当地大幅度改变磨皮参数，以让磨皮的效果更加明显。

第10章

画质控制：合理锐化

Chapter Ten

锐化是非常有用的功能，可以提高像素边缘的对比度，强化像素边缘轮廓，提升照片的清晰度。合理的锐化几乎可以起到“扭转乾坤”的作用，让用一般镜头拍摄的照片呈现出令人惊艳的画质。本章将对锐化的相关知识进行讲解。

10.1 基本锐化功能

有时，你会发现用单反相机拍摄的照片会给人柔和的感觉，不够锐利和清晰，有时甚至不如用手机或一般的数码相机拍摄的照片那样色彩鲜艳、画质清晰。

之所以出现这种现象，有两个原因：其一，单反相机特意设定了低锐度输出；其二，低通滤镜对照片锐度产生了干扰。

拍摄照片时，进入相机的光线远没有我们想象的那么简单，除了可见的太阳光线之外，其实还有一些红外线、紫外线等不可见的光线。可见光线之外的光线虽然是肉眼不可见的，却能对图像传感器产生一定的影响。

SKILL 281

USM锐化

USM 锐化是传统摄影中应用非常广泛的一种锐化方式，它非常简单、直观，但是随着当前摄影技术的不断发展，这种锐化方式的使用频率可能会越来越低。不过，USM 锐化中有一些基本的参数，学习这些参数的使用方法和原理，可以帮助我们打好摄影后期的基础，为掌握其他工具做好准备。

打开右侧这张照片，展开“滤镜”菜单，选择“锐化”中的“USM 锐化”选项。

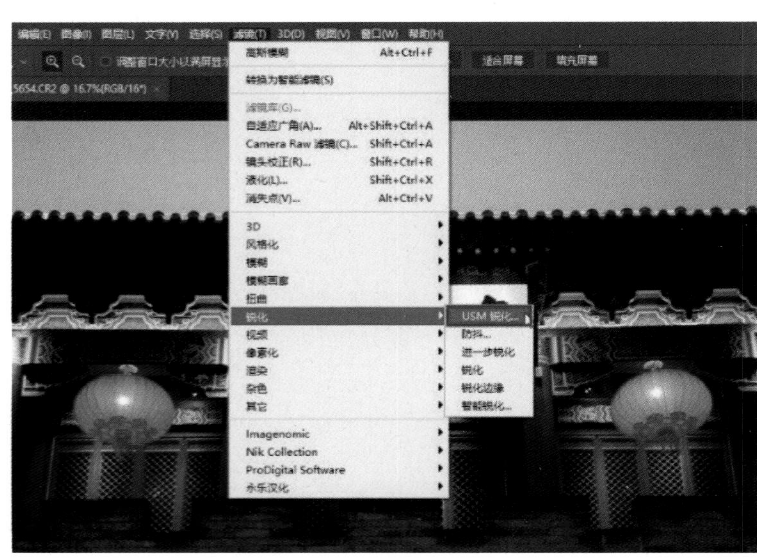

打开“USM锐化”对话框，在其中提高“数量”的值。该对话框中有一个显示出了锐化效果的预览框，如果要对比锐化之前的效果，将光标移动到这个预览框中单击，就会显示锐化之前的效果。通过对比锐化之后和锐化之前的效果，我们可以发现USM锐化的效果还是比较明显的。

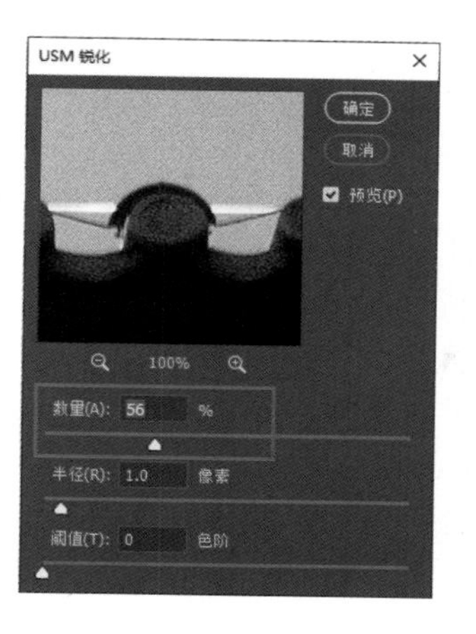

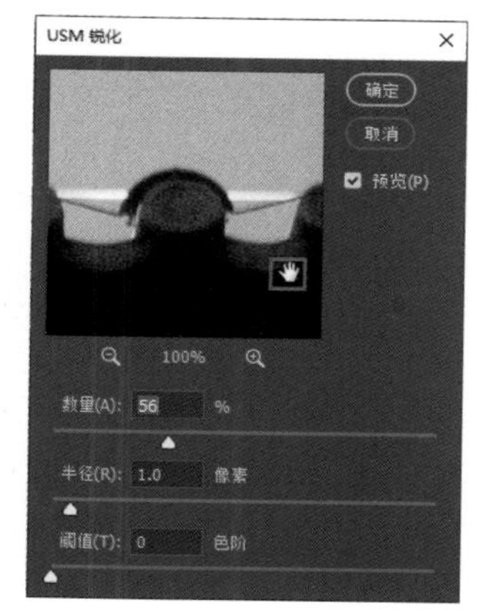

SKILL 282

半径的原理和用途

在“USM锐化”对话框中将“半径”的值提到最高，我们会发现仿佛提高了清晰度，照片的部分景物边缘出现了明显的亮边，而照片中原有的亮部变得更亮，高光溢出，原有的暗部变得更暗，暗部溢出。也就是说，“半径”可以影响锐化的程度，与“数量”所起的作用相近。“半径”的单位是像素，我们在进行锐化时，也是通过强化像素与像素之间的明暗与色彩差别，来达到让照片更清晰的目的。“半径”的值是指像素距离，如果值为1，就是指检索某一个像素与它周边相距一个像素的点，只增强这两个像素之间的明暗与色彩差别，如果设定“半径”的值为50，那么半径为50个像素之内的所有像素之间的明暗与色彩差别就都会得到增强，所以锐化的效果会非常强烈。在一般情况下，“半径”的值不宜超过2或3，即只检索两三个像素范围之内的区域就可以了。

● ◖ ◖ ◖ ◖ SKILL

283

阈值的原理和用途

“阈值”这个参数比较抽象，它的单位是“色阶”，而“色阶”的本意就是明暗。“阈值”的范围是 0 ~ 255，0 是纯黑，255 是纯白，一共有 256 级亮度。“阈值”在锐化当中的作用是，如果两个像素的明暗相差 1，但是设定“阈值”为 2，那么这两个像素就不进行锐化，不强化它们之间的明暗与色彩差别。也就是说，“阈值”是一个门槛，只有像素明暗差别超过了这个门槛，才会强化它们之间的色彩与明暗差别。所以，如果“阈值”设定得非常大，如 255，全图就几乎不进行任何锐化处理。

在摄影后期中，“半径”和“阈值”是两个非常重要的概念。

● ◖ ◖ ◖ ◖ SKILL

284

智能锐化

仅从锐化的功能性上来看，智能锐化比 USM 锐化要强大很多。打开照片，展开“滤镜”菜单，选择“锐化”中的“智能锐化”选项，即可打开“智能锐化”对话框。该对话框与“USM 锐化”对话框相比，主要功能中的“数量”和“半径”两个参数基本上是一样的，区别在于该对话框中没有“阈值”，但有“预设”“减少杂色”等。

打开“智能锐化”对话框后，系统默认对照片进行了处理（“数量”为126%、“半径”为0.8、“减少杂色”为10%）。这种系统默认的设置并不一定能够满足我们的要求，所以我们还是应该进行手动调整。

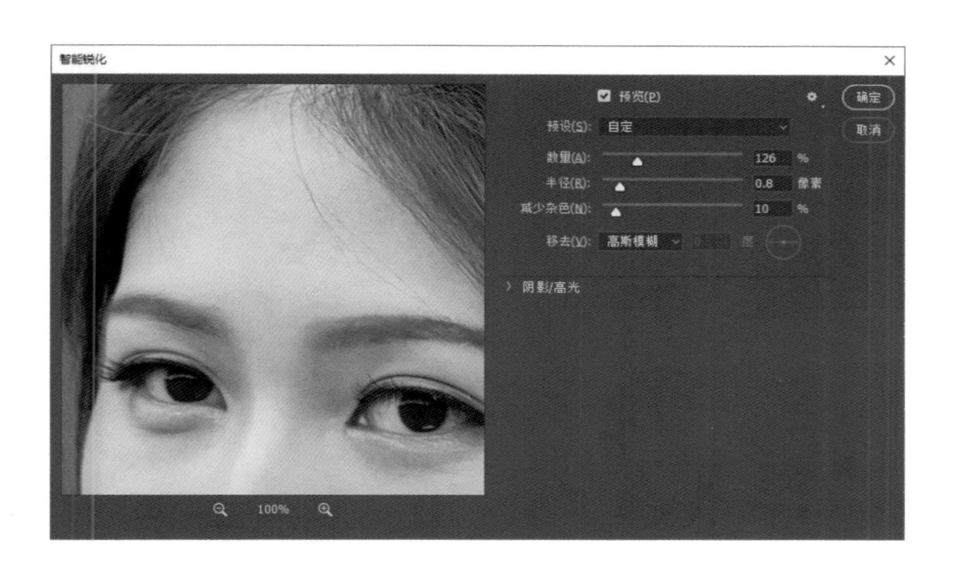

对于“智能锐化”对话框中的“减少杂色”，这个功能在第3章介绍ACR的“细节”面板时已经详细介绍过，它主要起降噪的作用，这里就不再过多地介绍了。

展开“智能锐化”对话框中的“移去”下拉列表，其中有“高斯模糊”“镜头模糊”和“动感模糊”3个选项。我们不用考虑太多，直接设定为“镜头模糊”即可，这样可以对用一些性能不够理想的镜头拍摄的照片进行优化，即对拍摄时因镜头晃动产生的模糊进行校正。但一旦你拍的照片模糊了，无论怎样处理，都不太可能让它变得特别清晰了。

10.2 高级锐化与降噪功能

●◖◖◖◖ SKILL

285 Dfine 2

接下来介绍通过一种第三方软件进行照片降噪的技巧，主要是借助 Nik 滤镜中的 Dfine 2 降噪滤镜对照片进行降噪。

依然是之前这张照片，展开“滤镜”菜单，选择“Nik Collection”，选择“Dfine 2”选项，照片会载入 Dfine 2 降噪界面。

画面中有很多方框，这些方框是检测的点或区域，有些范围比较大，是区域，而有些则近似于点。软件会检测这些点或区域的噪点并分析照片，对画面整体进行降噪。

界面右下方有一个“放大镜”，从中可以看到降噪的效果对比。红线左侧是降噪之前的效果，右侧是降噪之后的效果，可见降噪的效果非常理想，既保持了原有的锐度，又消除了噪点。这种方法非常简单、直观，不需要进行任何设定。完成降噪后单击“确定”按钮，就能返回到Photoshop主界面。

返回 Photoshop 主界面之后，软件会生成一个降噪图层，下方是没有降噪的背景图层，上方是降噪之后的图层，方便我们后续进行局部的调整。有关局部的锐化和降噪，在后面会进行介绍。

SKILL

286 Lab模式下的明度锐化

接下来介绍一种比较高级的锐化。之前介绍的所有锐化，强化的都是像素之间的明暗与色彩差别，都是对照片、对像素的影调和色彩进行锐化。其实对明暗信息进行锐化效果会比较直观，但如果对色彩信息进行锐化，会破坏一些原有的色彩，导致画面显得不够漂亮。而有这样一种锐化方式，是将照片转为Lab模式，只对照片的明暗信息进行锐化，而不对色彩信息进行锐化。下面我们来看看具体的操作过程。

依然是用之前的照片，打开照片之后，展开“图像”菜单，选择“模式”，选择“Lab颜色”选项，也就是将当前的照片转为Lab模式。

此时会弹出一个提示框，提示“模式更改会影响图层的外观。是否在模式更改前拼合图像？”。这是因为当前图层面板中有多个不同的图层，如果不拼合起来的话，这些图层会受影响，因此这里可以选择“拼合”。

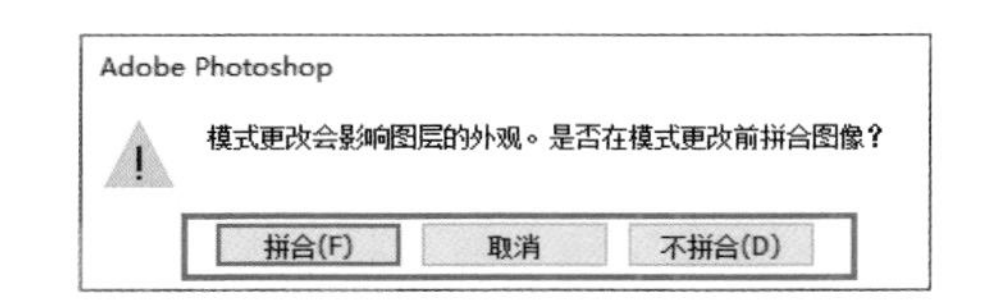

切换到“通道”面板，可以看到其中有4个通道：“Lab复合通道”（也就是彩色通道）、“明度通道”（对应的是照片的明暗信息，与色彩信息无关）、“a通道”（对应着两种色彩的明暗）、“b通道”（对应着另外两种色彩的明暗）。这里选中“明度通道”，展开“滤镜”菜单，选择“锐化”，选择“USM锐化”选项。

打开“USM锐化”对话框，在其中对这张照片的明暗信息进行锐化，这样就不会对色彩信息产生影响了。单击“确定”按钮返回，在“通道”面板中，单击“Lab复合通道”，这样照片就会恢复到彩色状态。

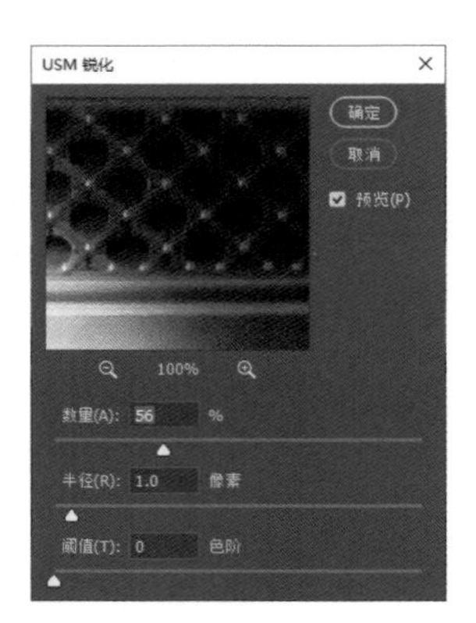

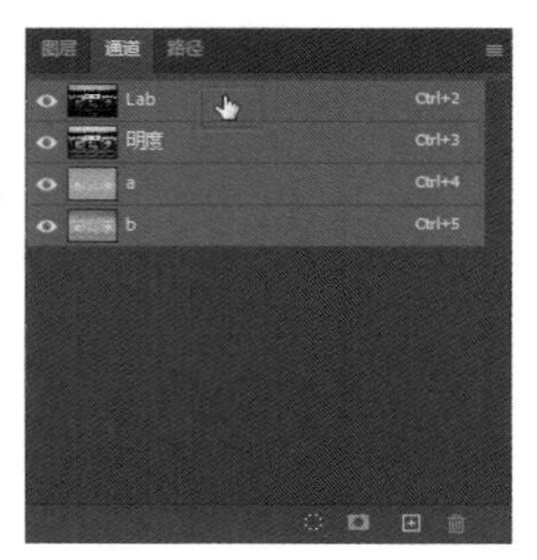

展开“图像”菜单，选择“模式”，选择“RGB 颜色”选项，再将照片转回 RGB 色彩模式，这样就完成了照片的处理。这是 Lab 模式下的明度锐化，这种锐化不会破坏画面的色彩信息，锐化的效果更好，当然操作过程也相对烦琐。

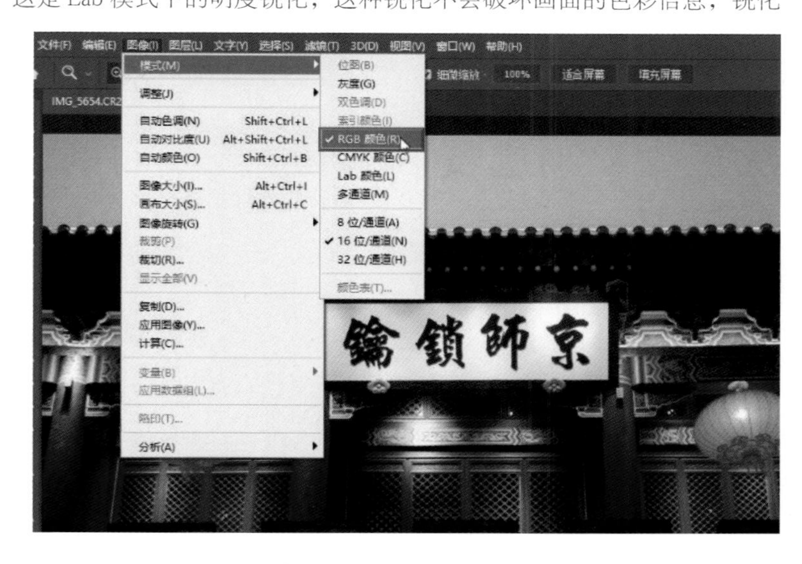

SKILL

287 高反差锐化

下面介绍另外一种效果非常强烈的锐化——高反差锐化，它对建筑类题材的照片非常有效，能够强化建筑边缘的线条，让画面显得非常有质感。

具体操作时，首先打开照片，然后按 Ctrl+J 组合键复制一个图层，单击展开“图像”菜单，选择“调整”，选择“去色”选项，也就是对新复制的图层进行去色处理。

展开“滤镜”菜单，选择“其它”，选择“高反差保留”选项。这样操作的目的是将照片中的高反差区域保留下来，将非高反差区域则排除掉。

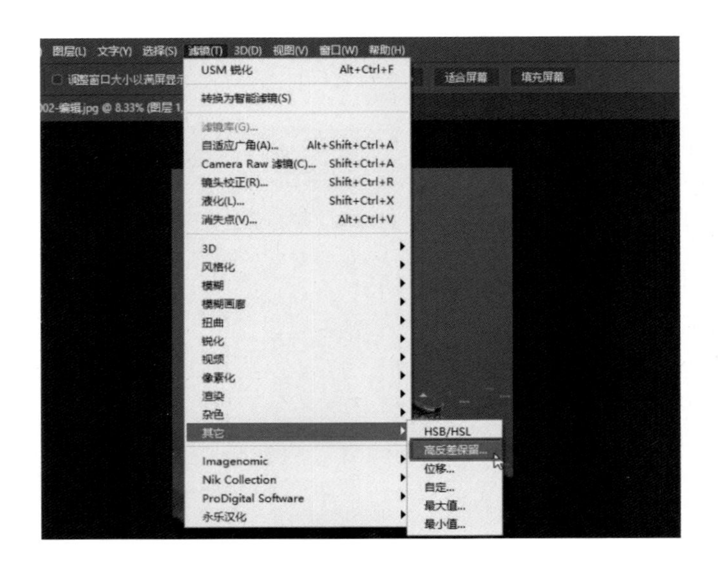

一般来说，景物边缘的线条与其他区域肯定会有较大的差别，这部分就是高反差区域。通过之前的操作，这些区域就会保留下来，锐化的也正是这些区域。在“高反差保留”对话框中拖动“半径”下方的滑块（设定为3.6像素时，查找边缘的效果比较好），单击“确定”按钮，这样就将照片中的一些边缘查找了出来。

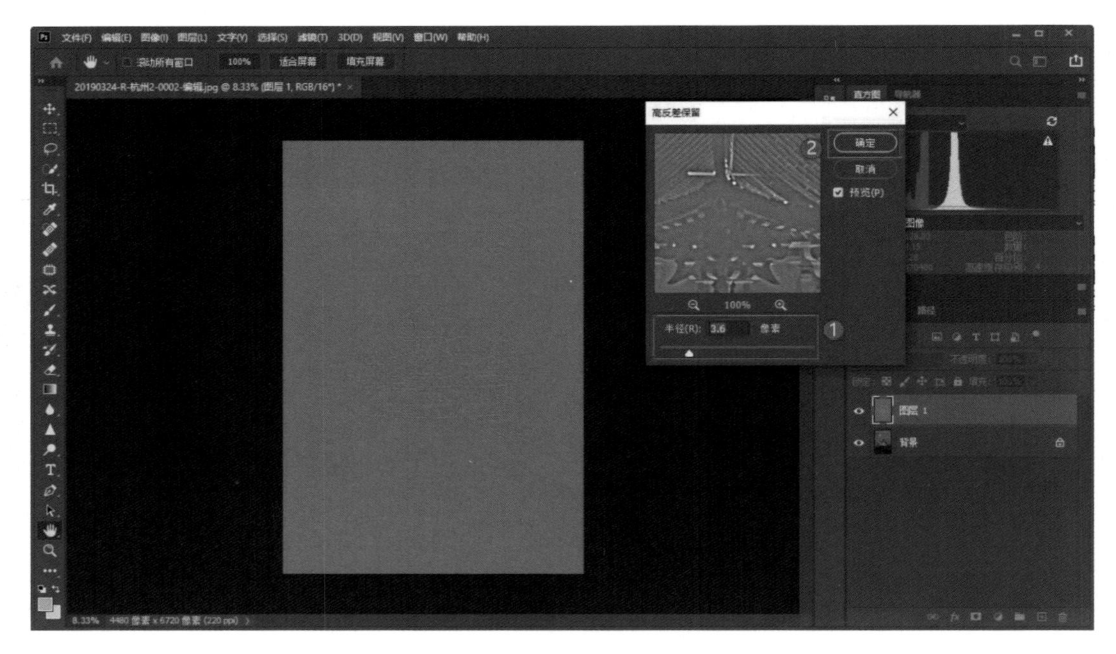

此时的照片处于灰度的状态，画面中只有一些被查找出来的线条，并且软件对这些线条进行了强化。这时只要将灰度图层的混合模式改为“叠加”，就相当于将一些边缘的线条进行了提取和强化，这样就完成了高反差锐化的处理。

因为之前针对“高反差保留”设定的半径值比较大，锐化的强度有些高，导致景物边缘出现了轻微的失真。这没有关系，只要适当降低上方高反差保留图层的不透明度就可以了。

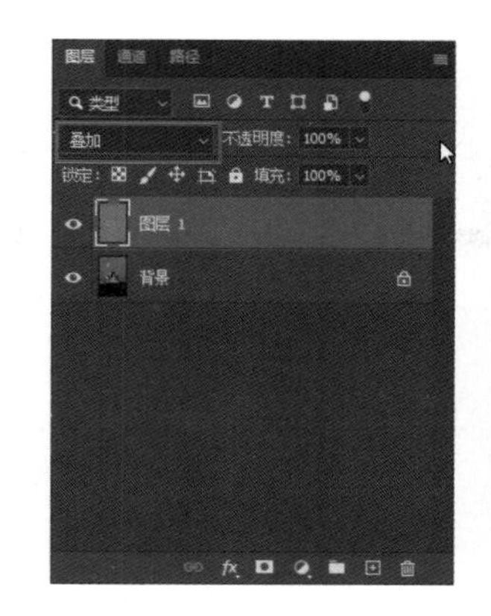

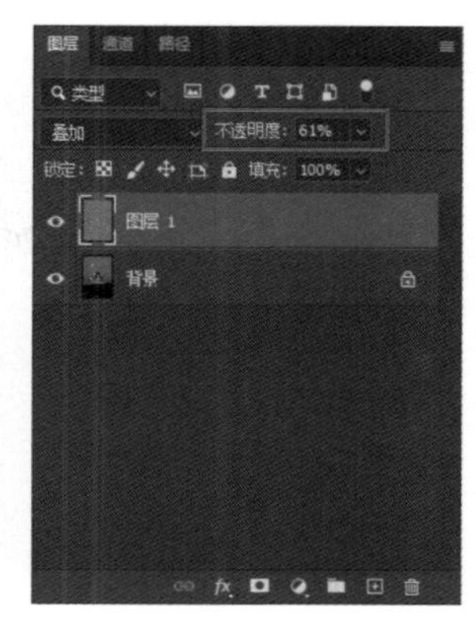

SKILL 288

局部锐化与降噪

所谓“局部锐化”，主要是指对照片的局部，特别是一些主体部分或视觉中心部分进行锐化处理，如对景物的边缘进行强化，让它显得更加清晰。但是对于大片的平面区域来说，是没有必要进行锐化的，因为对平面区域进行锐化不但破坏了它的平滑画质，还导致产生了噪点。

通过之前的调整，树木、天空等区域都进行了一定的锐化，这是没有必要的。因此，按住 Alt 键，单击“创建图层蒙版”按钮为上方的高反差保留图层创建一个黑蒙版，黑蒙版会把当前图层完全遮挡，所以最终显示的照片效果是没有锐化的。

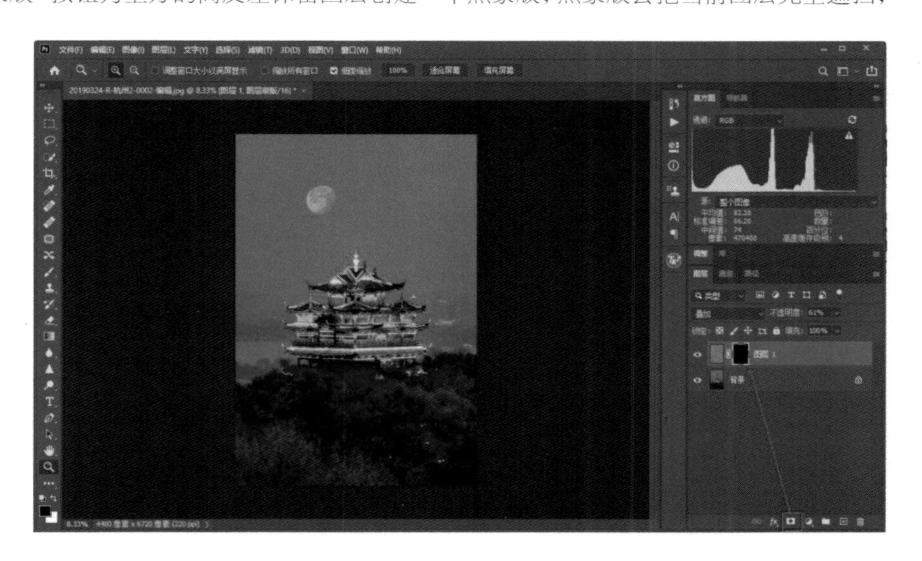

在工具栏中选择“画笔工具”，设定前景色为白色，稍稍降低“不透明度”到80%左右，在建筑、月亮部分进行涂抹，将这两个部分涂白，就显示出了这两个部分的锐化效果，但是前景的树木依然保持黑色，保持被遮挡的状态。最终就显示出想要的清晰区域和锐化效果，但是这种涂抹比较生硬，涂抹区域的边缘比较硬朗，过渡部分不够自然。

双击“图层蒙版”，在弹出的“属性”面板中提高羽化值，以让涂抹的区域与未涂抹区域的过渡变得柔和，这样就实现了照片的局部锐化。

降噪也可以这样处理。在大多数情况下，拍摄场景中比较明亮的部分是没有太多噪点的，比如受光源照射的部分，所以不太需要进行降噪；但是背光的阴影部分提亮之后会产生大量的噪点，所以这些部分要进行大幅度的降燥，具体操作时，我们可以通过蒙版限定，只对暗部进行降噪，对亮部则不进行降噪，从而让画面整体得到更好的画质效果。

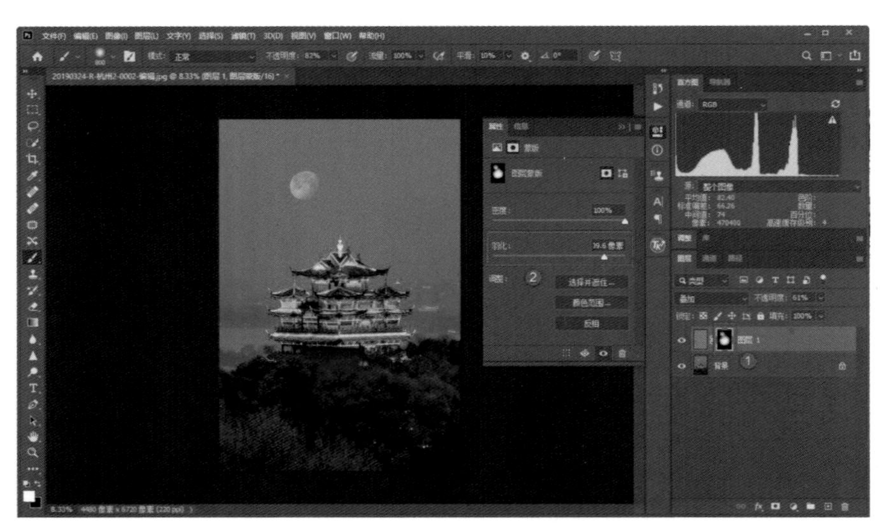

第11章

学习摄影后期的思路

Chapter Eleven

本章将介绍学习摄影后期的一些思路，这些思路包括两方面的内容，第1个方面是如何学习摄影后期，第2个方面是摄影后期有哪些具体的要求，或者说我们要达到什么样的目的。事实上，这些思路也是一种经验性的知识。

11.1 摄影后期学习的6条经验

对于摄影后期的学习，本节总结了 6 条经验，希望对读者有所启发和帮助。

SKILL

289 前期是谱曲

摄影后期实际上是与前期拍摄紧密结合的。有一种说法叫作“前期是谱曲，后期是演奏”，曲子好，才可能演奏出动人的乐章。还有一种说法叫作“巧妇难为无米之炊”，从摄影的角度来说，如果前期的拍摄不够理想，没有很好的照片作为基础，即便我们有很好的后期技术，可能也无法弥补照片的缺陷，最终经过复杂的后期处理后，照片效果依然不理想。

前期拍摄，一定要拍出构图合理、有光有影、色彩相对准确的照片，这样后期才会事半功倍，并且修出的照片的效果也比较理想。

如右侧这张照片并没有进行太多的后期处理，但却非常精彩，容易打动人，主要就是因为前期的构图等比较到位。

SKILL 290

先学原理

很多人花费大量时间学习摄影后期，依然没有真正入门，学过的知识很快就会忘记，这是因为没有找到正确的学习方法和思路。对于学习摄影后期，不要急着追求特别好的修片效果，而应该先从最基本的摄影后期原理开始学习，如混色原理、直方图的基本原理等。

我们掌握了这些原理之后，再学其他知识，就可以做到游刃有余、举一反三，并且在学习一些具体的案例技巧时，也能够看明白或听明白老师所讲的知识。合理的后期，对色彩、影调等进行的调整都是由特定的一些原理来指导的，如果我们掌握了这种原理，面对不同的案例就可以做到举一反三；如果我们没有这种基础，即便学会了这个案例，在面对下一个案例时也依然可能手足无措，不知如何进行处理。

SKILL 291

后练技术

在掌握了一些基本的摄影后期原理之后，很多人比较关心的是后期技术的练习，很多人都被卡在这一个环节。但实际上，这个环节反而是最简单的，往往就是一些工具的简单使用。可能我们在掌握了基本原理之后，经过学习和练习一些案例，就能掌握相关技术、工具、功能的使用方法，但一切的基础都是我们掌握了相关的基本原理，能够真正理解这些技术、工具、功能的内在逻辑。

SKILL 292

积累经验

有了足够的理论知识储备，掌握了熟练的后期技术，之后就需要积累大量后期经验。我们可能会接触到不同题材的照片，针对这些照片进行练习，可以积累很多经验，从而逐步摸索出个人后期风格和个人摄影风格，这样就可以做到真正掌握摄影后期的进阶阶段的内容，提高自己的摄影水平与后期水平。

SKILL 293

提高审美水平

无论是前期拍摄，还是后期修图，都涉及一个非常关键的词——审美。其实，审美在一定程度上决定了你在前期与后期能达到的高度。无论是原理还是技术，我们经过学习之后几乎都可以很快掌握。但是提高审美水平不是一蹴而就的，有些人的审美水平天生就高，在同样的场景中，他拍出来的或修出来的照片就是好看，这是因为他的度把握得好。我们说审美水平是天生的，并不是说后天无法弥补。审美有缺陷，后天可以通过不断练习技术、积累经验，大量欣赏好的摄影作品、绘画作品，甚至听音乐、读好的文学作品来提高。

像右下方这张照片，林中古建筑的色彩层次、光影效果都非常理想，很多人看到此场景后可能就盲目地直接拍摄。实际上，如果你的经验足够，看过足够多好的摄影作品，可能就会想到还要继续等待，等待群鸟飞过或其他能够增加画面生机的一些元素进入画面，那么你拍出的画面就会更有新意。所以，在拍这张照片时，等一群鸽子掠过画面时按下快门，拍出的画面就会显得更有活力。其实这可以说是一种审美水平的体现，但也可以说是一种经验的体现。

SKILL 294

与时俱进

在摄影创作过程中，我们要与时俱进。可以设想一下，二三十年前与现在，大家关注的题材、使用的拍摄方法、应用的后期技术是有很大不同的，虽然有相似之处，但是关注的点却可能大不一样。后期虽然整体的思路没有太大变化，但是技术、理念等还是发生了不小的改变，所以我们要时时学习、与时俱进，使用更新、更好的技术来解决前期与后期的问题，拍摄更受关注的题材，从而让自己的作品风格能够与时俱进，获得大众的喜爱。

在每年的春分和秋分前后，一些正东正西的街道，如长安街，日出时太阳正对街道升起，日落时太阳正对街道落下，即日出或日落时，太阳刚好悬在道路的正上方，这就是“悬日”现象。这种题材的构图比较巧妙，氛围也非常好，比较受大家喜欢。

右侧这张照片是高山、雪山类的题材，比较受大众的喜爱。如果再进行一定的色彩渲染，这种摄影作品就会更讨喜。

11.2 后期修片高级经验

SKILL 295

逻辑通畅

逻辑通畅是指经过后期处理的画面要符合自然规律，画面内容之间的逻辑关系要通畅，如果画面不符合自然规律或画面内容之间缺少逻辑关系，那么无论画面的影调、色彩、构图有多理想，给人的感觉都一定是非常别扭的。

下面通过一个案例来讲解。下方有 3 张素材照片：第一张是草地，第二张是天空中飞行的飞机，第三张是一个人物。

将 3 张照片合成之后，产生了非常精彩的人像摄影作品，如下图所示。实际上这种合成并不是那么简单、直接，而是经过了认真的思考。比如，我们要观察光线的方向，让光线照射的方向一致。另外，从背景素材来看，天空的云层有一定的虚化，并且地景也有一定的虚化，如果我们直接将飞机“贴”在天空中，效果一定不自然，因为不符合景深的虚实关系，所以在合成时，我们也对飞机进行了虚化处理。合成之后，再让各种素材之间的色彩和影调变得协调，这样合成效果就非常完美了。

SKILL

296 戒平

因为我们拍摄的是三维立体的内容，而照片是用平面二维空间来表现三维立体的内容。如果我们拍摄的内容在照片中立体感不够，画面给人的感觉就不会特别好。所以，我们要戒平，即通过景物之间的透视关系、光影的关系，来让拍摄的照片变得更立体。

看左侧这组照片，其实原始照片的效果也不错，无论是色彩、影调还是构图都比较理想。但如果仔细观察，就会发现这张照片不够立体，显得有些平，不够耐看，不会让人有眼前一亮的感觉。

经过处理之后，我们制作出了光束照射的效果，可以看到，处理之后的画面显得更加立体了。

SKILL 297

为无光画面制作光效

有一些散射光场景中，画面本身没有较明显的影调效果，因此会显得比较平。这时我们可以通过局部的强化，甚至制作光效，来让画面变得立体、层次丰富。

像下方左图，本身是一个散射光场景，画面显得比较平淡。后期对天空的蓝色及一些局部进行了压暗，对地景的一些局部进行了提亮。通过这种对比，模拟出带有方向性的散射光，最终让照片显得立体，如下方右图所示。

SKILL 298

为有光画面整体调光效

下方左图是有直射光的场景，影调层次非常丰富，但是因为天空没有云层，并且光线的色彩比较平淡，画面整体显得相对单调。

经过合理的后期处理（效果如下方右图所示），可以看到光线变为暖色调，另外我们为天空添加了一些云层，画面的元素和内容层次因此变得丰富。

SKILL

299 戒画面乱

凌乱的画面给人的感觉一定不会太好，所以我们进行摄影后期处理时，一定要通过各种手段让画面变得干净。很多时候，无论我们使用多大的光圈，对背景进行什么样的虚化，有可能拍摄出来的画面依然是比较乱的。

这时，我们就要合理地利用后期手段，对某一些区域进行修饰，去除一些杂乱的干扰元素，压暗一些不该明亮的区域，降低一些景物的饱和度，并且要让干扰元素之间的明暗及色彩更加协调，从而突出人物，让画面整体显得更加干净。

SKILL

300 戒影调乱

画面影调层次丰富是摄影中非常重要的要求，但是影调层次丰富之后，就容易产生因为影调乱而导致画面变乱的问题。比如说，画面中的光源非常多，就会让影调显得散乱；画面中的局部反光非常多，会产生很多的亮点，也会让影调变得杂乱。对于这种由影调产生的杂乱感，我们一定要在后期中对一些反光点、杂乱的光源点进行压暗或削弱处理，最终让画面中只有一个最为明显的光源。这样，通过这个光源的光线照射与背光处的明暗对比关系，画面既显得立体又变得干净，还符合自然规律。处理的原理其实非常简单，就是受光线照射的区域要亮一些，背光的区域要暗一些，明暗交界的位置应该是一般的中间调区域。当然，要注意的是，对于人像题材的照片，人物的面部可能处于背光区域，按照光线照射的逻辑，可能需要压暗，但是因为人物的面部是最重要的部分，其实可以单独提亮。

像下方左侧这张照片，玻璃窗上有明显的干扰线，色彩也比较乱，而背景中有明显的灯光照射，干扰非常大，墙上的明暗反差也非常大，画面显得杂乱。

后期调整时，我们首先理顺了光线，接下来将背景中一些景物的饱和度降低，让明暗反差减小下来，让整体环境显得更加协调。最终整体环境显得更加干净，而人物也变得更加突出，如下方右图所示。

SKILL

301

戒脏

此处所谓的“脏”，是指照片中的干扰物太多。比如，我们在拍摄风光时，场景中有一些矿泉水瓶、电线杆、电线、树杈等干扰物。对于这种情况，我们只要在后期中借助“污点修复画笔工具”“修补工具”“仿制图章工具”等，对干扰物进行修复就可以了。当然在处理时，一定要慢、要认真，避免因进行大面积的修复而导致景物产生纹理不自然、失真的问题，或出现景物表面质感变弱的问题。

像下方左侧这张照片，前景中深浅不一的雪地让画面显得不够干净。后期对前景的雪地进行了修复，修复了一些深色的区域，最终画面整体就显得比较干净了。

SKILL

302 戒腻

如果我们将照片的饱和度提得特别高，画面可能会让人眼前一亮，但如果仔细观察，就会发现照片特别不耐看，色彩失真，有非常油腻的感觉。这是因为我们在调整画面的饱和度时，将一些不该提高的区域的饱和度也进行了提高。实际上，在摄影后期中，我们应该分区域、分景物对饱和度进行调整。其中有这样几个原则：一般来说，高光区域的饱和度可以高一些，暗部的饱和度要低一些；重点景物的饱和度要高一些，环境元素的饱和度要低一些。

从原始照片中可以看到，人物是最重要的主体部分，而草地和天空都是环境元素，其饱和度一定要降下来，如果不降下来，画面给人的感觉就非常“腻”。

当然这张照片比较特殊，因为人物虽然作为主体，但是如果饱和度过高，其肤色就会显得特别黄，所以人物皮肤的饱和度也不要太高。所以这张照片整体的饱和度都不宜太高，并且天空与地景的饱和度要格外低一些，这样画面就会变得更自然。

SKILL 303

避免锐化过度

对于摄影作品来说，清晰、锐利是一项很重要的要求。但是凡事过犹不及，如果我们将照片的锐度提得过高，画面就会显得非常干涩、不自然。只有合理的清晰度和锐度，才会让画面看起来更加自然。

下方的原始照片清晰度非常高，但是画面显得非常干涩、不够柔和，这就是因为锐度提得过高。处理后，画面的清晰度就比较合理，并且画面整体显得比较柔和。

SKILL

304

避免降噪过度

超长时间的曝光或超高感光度的曝光，都会让照片产生大量的噪点，而噪点会降低画面的画质。所以，我们要对噪点较多的画面进行降噪处理。但是降噪处理会带来新的问题，它会导致画面的锐度大幅度降低以及质感变弱，所以我们在进行降噪时，要避免过度。

右侧的照片是摄影师在意大利多洛米蒂山区拍摄的一张星空照片，感光度非常高，并且曝光时间也比较长，有 15 秒。

在降噪时，通过前后效果对比可以看到，下方右图经过降噪之后，虽然画面中几乎看不到噪点了，但是画面的清晰度下降得非常严重，反而是左图的效果更好。虽然它有一定的噪点，但是它的清晰度和锐度更高，画面显得更有质感。

305 改善画面割裂感

有些时候，我们在拍摄某些明显的主体对象时，主体对象上下都比较空。针对这种情况，我们就必须将主体对象放在画面的中间，如果放在画面偏上或偏下的位置，那么另外一个区域就有大面积的空白，这样构图是不合理的。但放在中间也会有新的问题，就是画面的割裂感会非常强。针对这种情况，我们就可以通过后期来进行改善。

下方原始照片中表现的是画面中间的雪山。可以看到，上方的天空和下方的水面以及中间的雪山有一种割裂的感觉，即画面从中间的湖岸线处一分为二。

针对这种情况，我们在后期进行了特定的处理，即压暗了天空和水面，并且让画面由上边缘和下边缘向中间渐变，这样上方的天空和下方的水面起到了一种过渡视线的作用，将观者的视线引导向画面中间的雪山。这样不但解决了画面割裂的问题，还引导了观者的视线，强调了主体，这种后期就比较合理。

第12章

照片管理

Chapter Twelve

对于摄影师来说，几年下来可能会产生海量的照片，所以照片管理是非常重要的。照片管理的主要内容包括初识照片管理、Lightroom管理照片的技术，本章将分别进行介绍。

12.1 初识照片管理

SKILL

306 在硬盘中建立图库

在胶片摄影时代，每一张照片的产生都要经过深思熟虑，因为胶片创作的成本还是比较高的：有胶卷的成本，有暗房显影的成本，还有冲印的成本。到了数码摄影时代，影像的拍摄和输出成本迅速下降，摄影师可以自由创作，但这势必会产生一个很大的问题，那就是影像数量会迅速增长，我们会面临因照片数量增长过快而难以存储和管理的问题。

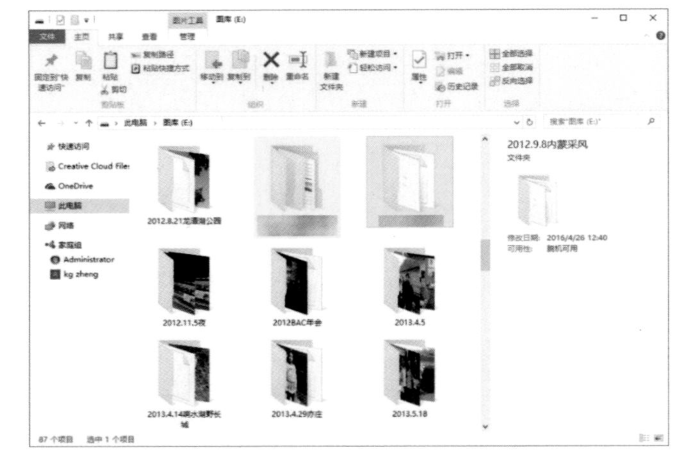

购买大容量的硬盘可以解决照片难以存储的问题。许多用户会将照片分类，按照“日期 + 主题”的方式来新建并命名一个图库，里面是在某个时间点里，在某个地点或某次活动中拍摄的大量照片，一般会有数百张。你的硬盘里可能就有这样的图库。

不用太久，可能只需要 3 年的时间，你的硬盘里就会产生海量的照片和图库。

很明显，我们不可能对一个图库里的所有照片都进行后期处理，因为那样工作量太大了。同时，还会产生一个新的问题，即在不同时期处理的照片有许多是重复的，如你感觉非常满意的照片，会挑选出来在单独的图库里存放；此外还要在原图库里保留，做好备份；而发给朋友查看的照片，肯定也会与这些保留的照片重复。这样就会让检索照片变得困难起来，几年后，当你要使用这些照片时，到底去哪里查找也是一个问题，这无疑会浪费你大量的时间，照片分类、管理的效率也会因此变得非常低。

利用专业的照片管理软件对图库进行管理，则可以有效解决照片的分类、管理、检索等问题。常用的照片管理软件有 Photoshop 中的 Bridge、ACDSee、Lightroom 等。从功能性来看，Lightroom 的照片管理功能无疑是最为强大的。

SKILL 307

照片管理的方式1：硬盘直接管理

其实，大部分后期软件均有照片管理功能，而对于照片的管理，则主要有两大方式。

第一大类比较基础，容易上手，以 Bridge、ACDSee 等为代表。在 Bridge 中，我们打开图库中文件夹所在的位置，就可以对照片进行管理了。这种管理是面向原始照片的，即直接面向图库中所存储的照片。这是什么意思呢？举一个例子，我们利用 Bridge 为图库中的某张照片添加了星级，图库中的这张照片的原始属性就被改变了，被添加了一定的星级，也就是说原始照片被改变了。这种照片管理方式的缺点很明显，即对原始照片的保护力度不够，很容易让你丢失拍摄的原始照片。另外，Bridge 对于计算机硬件的依赖非常明显，我们只能利用它来查看、检索和管理在计算机中存储的照片，如果我们将图库所在的硬盘拿掉，就无法在Bridge中查看照片了。

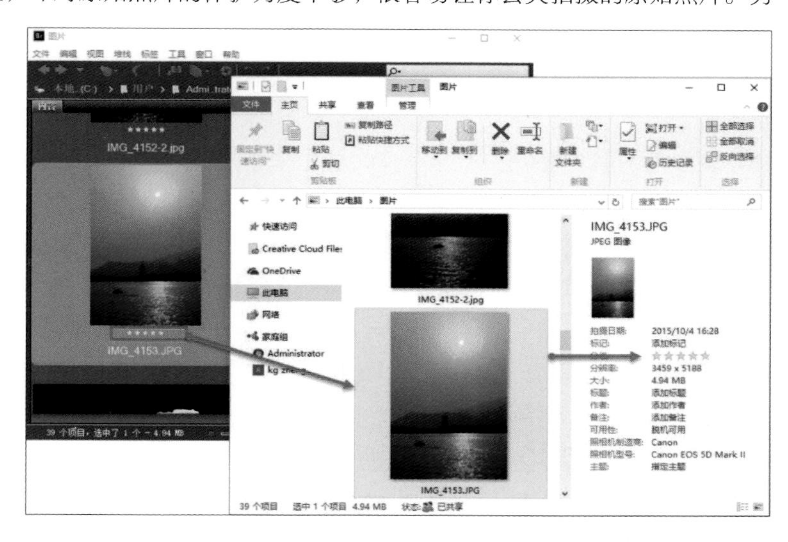

SKILL 308

照片管理的方式2：数据库化管理

第二类照片管理方式以 Lightroom 为代表。打开 Lightroom 之后，我们会发现无法直接看到或打开照片，要对照片进行管理或后期调整，需要先将计算机上的照片导入软件内。将照片导入软件之后，我们可以在软件内部对照片进行排序、标记、检索或编辑，并且这种编辑是在 Lightroom 内部完成的，对计算机中的原始照片没有任何影响。这里最大的一个亮点在于，所有的操作都是在 Lightroom 中进行的，不会影响计算机硬盘中存储的文件，从而避免计算机中产生大量的重复照片，或者丢失原始照片。

Lightroom 将照片的拍摄日期、拍摄机型、镜头信息、光圈、快门等原始数据，以及压缩后的照片视图等导入，并通过这些信息与计算机上的原始照片对应。这样做最大的优势就是不会破坏原始照片，我们对照片进行的标记以及编辑，都保存在 Lightroom 内；另外，只要照片已经被导入 Lightroom，即便将存储原始照片的硬盘拿走，我们也依然可以在 Lightroom 内对照片进行浏览、标记、排序等操作。

SKILL 309

Lightroom管理照片的逻辑

我们经常网购商品，知道所有在淘宝、京东等网站销售的商品是存储在线下实体仓库中的。但网店店主会将商品的照片、名称、所在地、定价等信息都录入数据库，然后通过网店界面将其展示在消费者眼前，消费者只要在网店中浏览和挑选商品就可以了。如果赶上“双十一”等促销日，网店还会推出一些促销活动，将某些商品放在一起销售。例如，他们可能会将原本单独销售的相机与背包放在一起销售，那消费者在网上就可以看到相机和背包放在了一起，并有了统一的报价；但在线下实体仓库中，相机还是在相机库房，背包还是在背包库房，网店店主只是在网店内将相机和背包的信息放在了一起，它们的位置实际并没有变化。

这个过程与 Lightroom 管理照片的原理是一样的。拍摄好的照片，其 EXIF 里都有大量的信息，如拍摄日期、拍摄机型、镜头信息、光圈、快门等，以及摄影师对照片进行的特定标注。Lightroom 可以依据这些信息对照片进行分类，如将使用相同光圈值拍摄的照片分为一类，或将用相同机型拍摄的照片分为一类等。我们可以利用具体光圈值、机型等关键字进行检索和查找。举个例子，在 Lightroom 中，我们计划将图库中所有使用 EF 70-200mm f/2.8L IS II USM 镜头拍摄的照片都查找出来，进而将其提取出来存储在一起。实际操作也非常简单，我们只要按照镜头型号将所有符合条件的照片都查找出来，然后在软件的“收藏夹”中新建一个文件夹，将照片都存储到里面就可以了。

12.2 Lightroom管理照片的技术

SKILL

310 目录是什么

目录是 Lightroom 中非常重要的一个概念，此“目录”并不是传统意义上的那种目录。我们知道，Lightroom 要实现照片管理功能，需要先将照片信息导入数据库，那你可以这样认为，目录就是你导入的照片的数据库。这个数据库记录了你在 Lightroom 中对照片进行的所有操作，包括标记、调整等。如果你对照片进行了大量的处理，并最终决定输出，此时才会对原始照片应用你的处理设定。与此同时，原始照片依然是原始照片，并没有发生任何变化。

第一次打开 Lightroom 时，软件会默认新建一个名为“Lightroom Catalog.lrcat”的空白目录（数据库），我们将照片导入 Lightroom，其实就是导入了这个默认的目录。后续我们不断导入新的照片，那么这些新照片也会被导入默认的目录。我们每次打开 Lightroom，都需要先载入这个目录，才能管理导入的照片。如果不进行设定，经过一段时间之后，这个目录的照片数量会越来越多，并且记录的信息量也会越来越大，这样每次打开 Lightroom 时，载入目录的时间就会变长，相当于 Lightroom 的启动时间变长了。

我们通过建立不同的目录可以解决这个问题。举一个例子，从 2010—2016 年，我拍摄了近 2 万张照片，如果我只有一个目录，那每次启动 Lightroom 都需要载入这个有近 2 万张照片的目录，启动速度会非常慢，如右图所示。但如果我为 2010 年拍摄的照片建立一个名为“2010”的目录；为 2011 年拍摄的照片建立名为“2011”的目录；……这样每次启动 Lightroom 就只会载入只有几千张照片的某一年份的目录（上次使用该软件时用到的目录），这样软件的启动和运行速度就会很快了。

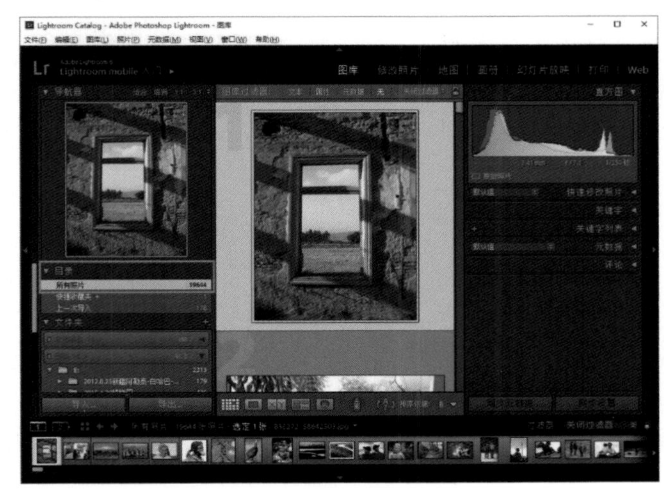

SKILL 311

新建目录

前面已讲过初次打开 Lightroom 后，软件会自动创建一个名为“Lightroom Catalog.lrcat”的目录，该目录是一个加密的文件，默认存放在“C:\Users\Administrator\Pictures\Lightroom”这一路径下。我们对照片进行的标记、处理信息，都会不断地被添加进这个默认目录中，这样该目录就会在接下来的时间里不断变大。我们再次打开 Lightroom 时，载入该目录的时间也就会越来越长。

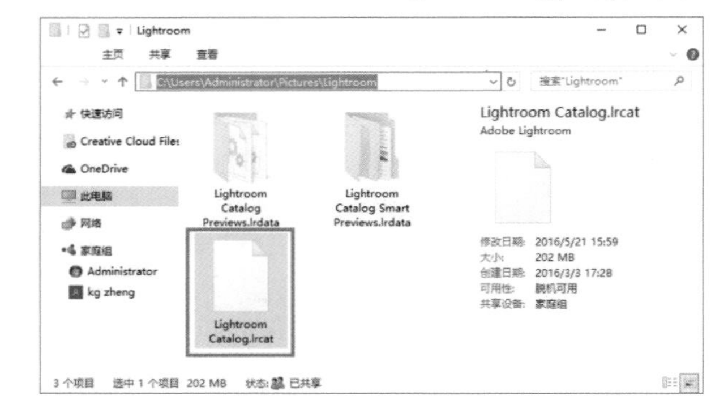

为了避免默认目录占用系统越来越大的存储空间，我们可以新建一些不同的目录，来对图库进行分类和管理。先在“文件”菜单内选择“新建目录”选项，接下来输入文件名，并选择新创建的目录的保存路径，这里我们将新创建的“2015 年图库”保存在默认目录所在的文件夹。需要注意的是，创建新目录后，Lightroom 会自动从当前的界面退出并重新启动，然后载入新创建的“2015 年图库”目录。

用同样的方法，我们可以创建多个目录，然后将计算机中的所有图库分别导入对应的目录。

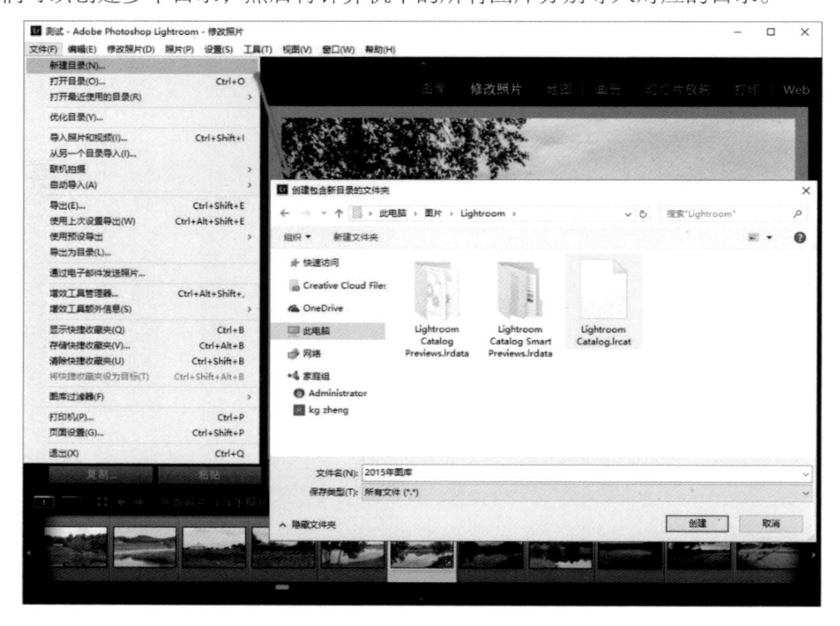

SKILL 312

切换目录

假如我们正在 Lightroom 中使用“‘2015 年”目录，但现在突然需要使用“2016 年”目录，只要先在“文件”菜单内选择“打开目录”选项，然后找到目录所在的文件夹，选择对应的目录文件即可。当然，我们也可以在“打开最近使用的目录”列表中选择想要载入的目录。同样，切换了不同的目录后，Lightroom 需要重新启动。

SKILL 313

星标

对照片进行标记，是 Lightroom 管理照片的核心功能。

常用的照片标记主要有3种，分别是星标、旗标和色标。在Lightroom照片显示区下方的工具栏内，可以看到这 3 类标记工具。如果没有看到某种标记工具也没关系，只要在工具栏最右侧单击倒三角按钮，展开下拉菜单，在其中勾选缺少的标记工具就可以了。

标记工具的使用方法非常简单，先来看星标的使用方法。在照片显示区中，先单击选中某张照片，然后将光标移动到工具栏的星标上，在几颗星的位置单击，就为照片添加了几颗星的星标。例如，先选中某张照片，然后在工具栏中星标的 3 星位置单击，就将该照片标记为了 3 星；如果要取消星标，在第 3 颗星上再单击一次即可。

另外，对于尚未添加星标的照片，在将光标移动到照片上时，你会发现照片底部有 5 个小黑点，此处与工具栏中的星标一样，在某个黑点上单击，就可以将照片标记为不同的星级，取消星标的方法也是再次单击对应位置。

星标是最常见的一种标记工具，几乎所有的后期软件都有星标功能。甚至数码单反相机也内置了这种功能，这让你在拍完照片后就可以为照片添加星标、完成分类。在实际应用中，我建议不要将星标设置得过于复杂，使用 2 种或 3 种星标即可。

假如你将照片分为了 1 ~ 5 级星标，除了你最满意的 5 星照片之外，其他 4 种级别的照片你想怎么处理？给人看吧，觉得不够好。自己留着？又有什么意义呢！

其实对于照片的管理，我从来都只用 3 种星标：1 星、3 星和 5 星。其中，1 星代表留用而不删除，偶尔浏览一下作为纪念；3 星代表准备处理的原始照片；5 星代表我自己比较满意的、处理之后的照片。

为照片添加好星标之后，在工具栏下方的过滤器中，我们可以使用星标过滤器工具挑选照片。本例中，我们设置“≥ 4 星”的过滤条件，就可以将图库中 4 星及以上星级的照片全都过滤出来，进而显示在照片显示区。

SKILL 314

旗标

与星标相比，旗标简单、实用了很多，只分为“标记为留用”和“设置为排除”两种。选中某张照片之后，单击旗帜图标，即可将照片标记为留用；如果单击带“×”号的旗帜，则将照片标记为排除，表示最终你可能会删除该照片。使用快捷键操作会让标记过程更为简单，具体操作是，单击选中某张照片，按P键可将照片标记为留用，按X键则表示将照片标记为排除。如果操作出现了失误，可以按U键取消已经添加过的标记。

一般情况下，在照片刚导入Lightroom后，使用旗标对照片进行筛选会非常方便。对焦、曝光等出现严重问题的照片，可以直接标记为排除，其他照片可标记为留用或不进行标记。这样就可以对筛选过后留下的照片进行下一步的处理。

SKILL 315

色标

顾名思义，色标是为照片添加某种特定色彩的标记。默认情况下有红色、黄色、绿色、蓝色和紫色 5 种色标。许多人不明白色标的含义所在，也不知道怎样使用色标标记照片，这是因为他们把色标想得太复杂了。个人感觉，对色标最简单的应用是结合照片的色彩进行标记。例如，对于夏季包含大量绿植的风光照片，就可以将其标记为绿色；对于蓝天白云的一般风光照片，则可以将其标记为蓝色；而在早晚两个时间段拍摄的暖调画面，可以将其标记为红色；等等。

SKILL 316

手动更改色标的含义

色标的含义其实我们是可以更改的。具体操作时，在菜单栏中选择“元数据”菜单，依次选择“色标集”“编辑”选项。这时会打开“编辑色标集”对话框，在该对话框中我们可以对色标代表的含义进行修改，最后单击“更改”按钮即可完成操作。

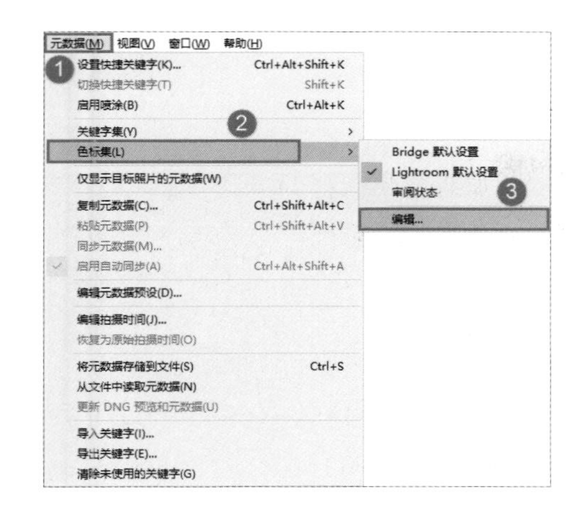

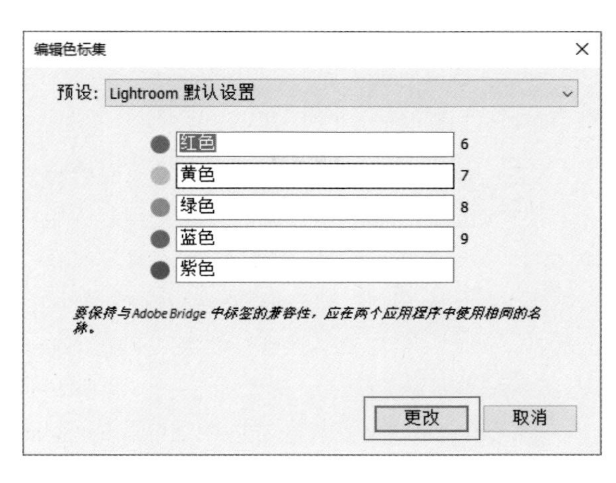

SKILL 317

关键字

对于专业摄影师或高产的业余爱好者，对照片进行关键字的设定和管理是必不可少的。专业摄影师可能会有检索和快速查找大量图片的要求，有关键字的帮助会让这一工作事半功倍，从而快速找到需要的照片；而对高产的业余爱好者来说，若干年以后，可能会很难记起几年前的今天拍摄过什么照片，甚至忘记了照片的拍摄场景、拍摄地点，如果照片有关键字标识，那我们就不用担心忘记照片的拍摄地点、拍摄对象等信息了。

我们在导入照片时可以顺便添加关键字，但匆忙之际难免犯错，所以强烈建议在将照片导入完成后，再认真地进行关键字添加操作。这一切主要在Lightroom界面右侧的关键字面板中进行。

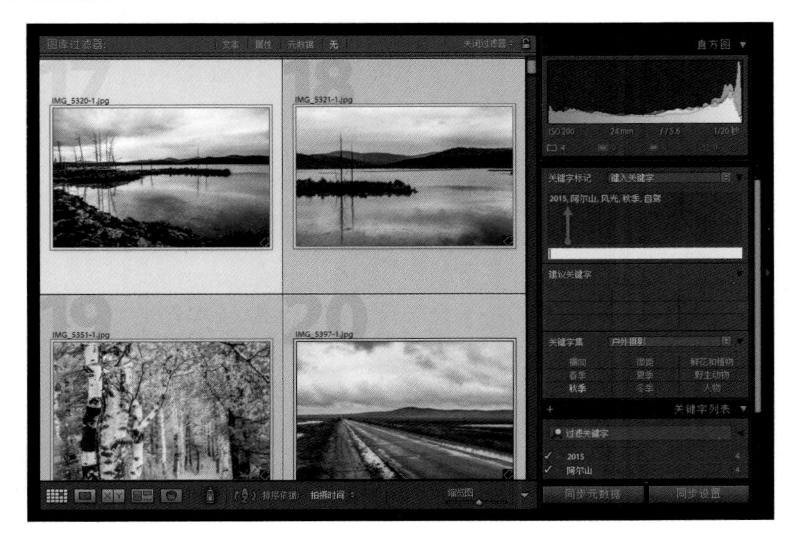

SKILL 318

收藏夹

导入Lightroom的照片，最初是以文件夹的形式进行组织的，并且不同存储位置的文件夹是分隔开的，这在左侧面板的“文件夹”子面板中可以看到。但“收藏夹”子面板则是一套完全不同的体系，这套体系打破了计算机中文件夹的组织形式，从全图库的范围来组织照片。

举一个例子，我在计算机中的照片保存在“2015.3.4鸟巢”“2015.4.29植物园”等多个文件夹内，导入Lightroom时，这些文件夹也被保留了下来，这在“文件夹”子面板中可以看到。但借助收藏夹功能，我就可以在2015年拍摄的所有照片中挑选自己满意的照片，并即时地将其纳入收藏夹中。并且在这个过程中，对于所有文件夹，我不需要逐个挑选，只要设定一定的过滤条件，将自己最满意的照片筛选出来放入收藏夹就可以了。

下面来看具体的操作过程。首先，单击展开“收藏夹”子面板，在其中唯一的条目“智能收藏夹”上单击右键，在弹出的快捷菜单中选择“创建收藏夹集”选项，弹出“创建收藏夹集”对话框，在其中为将要建立的收藏夹设定名称，本例中我们将收藏夹命名为“2015作品”。至于下面的位置选项，先不要处理，单击“创建”按钮即可。

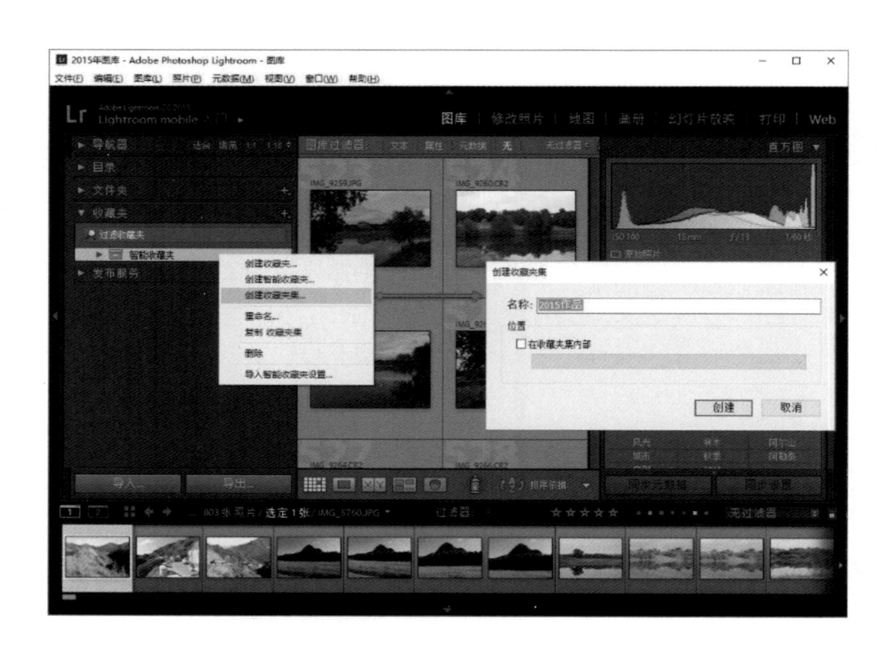

我们还可以在这个收藏夹的内部创建几个子收藏夹，如人像、风光、微距、建筑等，本例中我们创建的是风光子收藏夹。创建方法也比较简单，右键单击“2015 作品”收藏夹，在展开的菜单中选择“创建收藏夹”选项，在弹出的对话框中将名称命名为“风光”，在下方勾选“在收藏夹集内部”复选项，并在下拉框中选择“2015 作品”，这样就表示我们新建的“风光”收藏夹位于“2015 作品”收藏夹的内部，是一个子收藏夹。

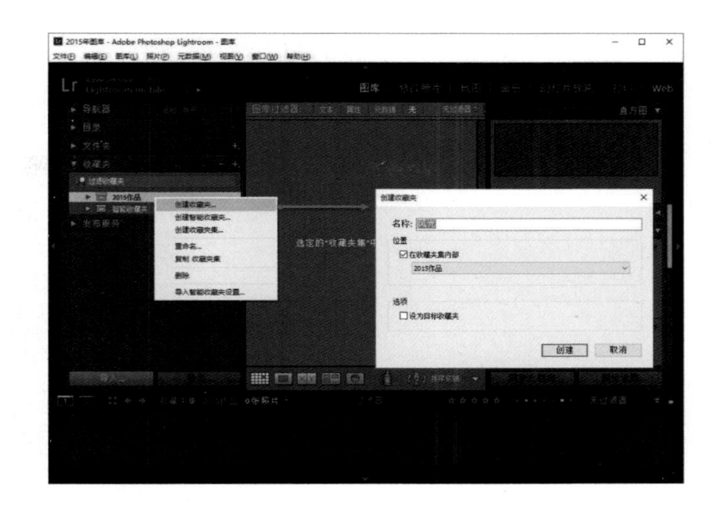

SKILL

319 智能收藏夹

相比于普通的收藏夹，智能收藏夹的功能更为强大，使用起来可能会更方便。在建立智能收藏夹的时候，我们要设定过滤和筛选条件，这样能在建立好智能收藏夹的同时，将符合条件的照片就导入进来。

来看具体的操作过程。右键单击收藏夹中的某个条目，在弹出的菜单中选择“创建智能收藏夹”，就可以弹出“创建智能收藏夹”对话框。在该对话框中，有关名称、位置的设定，与前面介绍的普通收藏夹的相关设定是一样的。我们将新建的智能收藏夹命名为“人像”，也放在 2015 作品收藏夹内，这里不再赘述操作方法，主要来看下面的匹配设置。在匹配区域，默认有一个过滤条件，你可以设定过滤条件为星级，规定大于等于 4 星的照片会被筛选出来。在过滤条件最右侧，单击 + 号按钮可以新建一个过滤条件，我们设定为文件名，规定文件名包含“chendi”的照片会被过滤出来。用同样的办法可以新建多个过滤条件，最终单击“创建”按钮完成操作。这样，同时满足以上多个过滤条件的照片，就会被自动添加到创建好的人像收藏夹内。

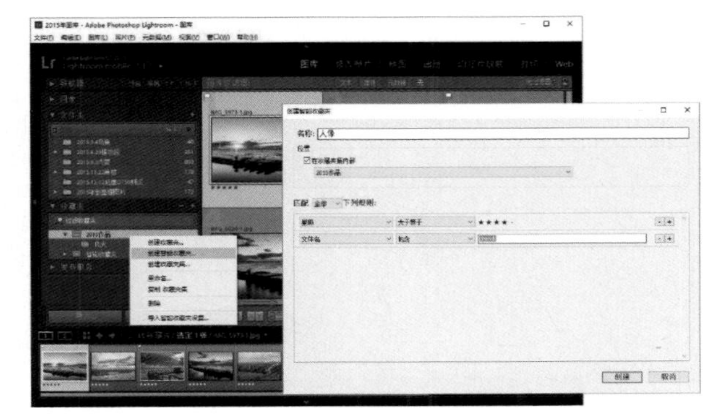

这时，你就可以看到符合条件的照片已经被保存到了“人像”收藏夹中。

SKILL

320 照片检索与筛选

为照片添加星级、旗标或色标，都是为了标记照片，为后续进行照片检索和筛选做好准备。

照片显示区上方的图库过滤器中有 4 个选项，分别为文本、属性、元数据和无，在进行照片检索之前，系统默认处于无过滤条件的状态，此时照片显示区会显示出所打开文件夹中的所有照片，无论照片是否有标记。

先来看第 1 个选项。单击“文本”，使其处于高亮显示状态。在“文本”后的下拉列表中可以选择文件名、关键字等筛选条件，本例中设定以文件名为筛选条件，然后在右上方输入“IMG”，表示我们将要筛选出文件名中包含“IMG”的照片，如右图所示。这样最后照片显示区中就只会显示文件名中包含“IMG”的照片。

第 2 个选项为属性。该选项简单了很多，可以旗标、星级和色标为标准来进行照片的筛选。例如单击第 1 个旗标，表示筛选条件为“留用的照片”，这样就可以将所有留用的照片都筛选出来，如下图所示。从图中可以看到，标注了旗标的照片都被筛选了出来，本次一共筛选出了 12 张照片。

筛选条件是可以组合使用的，我们可以在设定筛选“留用的照片”的基础上，再在后面的星级中设定筛选“≥ 3 星”，这样筛选条件就变为了“留用的照片”+“≥ 3 星”，最终满足筛选条件的照片就会变少。这样就剔除了虽然标有旗标，但不满足“≥ 3 星”的几张照片。

当然，你还可以继续增加筛选条件，进行更多条件的筛选，这样可以更精确地筛选出你想要的照片。

第3个选项为元数据。单击“元数据”后，下方会显示多组非常详细的过滤条件，默认情况下有“日期”“相机”“镜头”“标签”4个选项卡。在这些选项卡中，你可以将照片的标记、拍摄时间、拍摄器材、参数等设为过滤条件，并且可以组合多个条件进行过滤，这样你就可以快速、精确地检索出满足不同筛选条件的照片。

最重要的一点是，元数据下的选项卡是可以更改的。例如，在“日期”子选项卡左上角单击，会弹出下拉列表，在列表中可以选择其他显示类型，本例中我们选择“关键字”，那么“日期”选项卡就变为了“关键字”选项卡，如下图所示。

而如果我们单击选项卡右上角的下拉标记，在下拉菜单中可以选择“添加列”，这样就可以让元数据过滤器显示出更多的选项卡。你还可以设定新添加的选项卡为旗标、星级、色标，甚至是相机的光圈、ISO感光度、快门等详细的EXIF参数等，这样你就可以非常精准地对照片进行检索与筛选了。

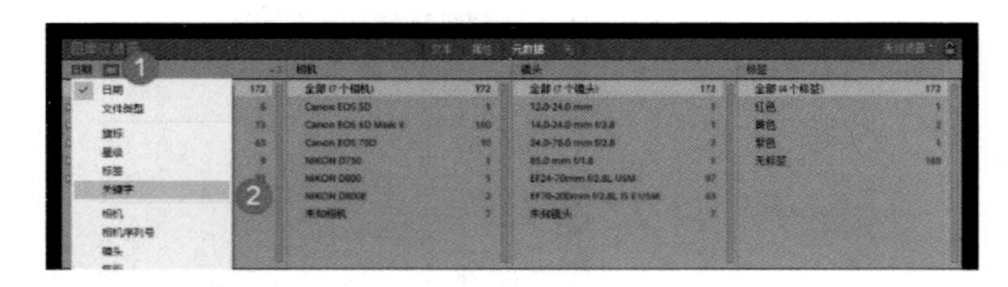

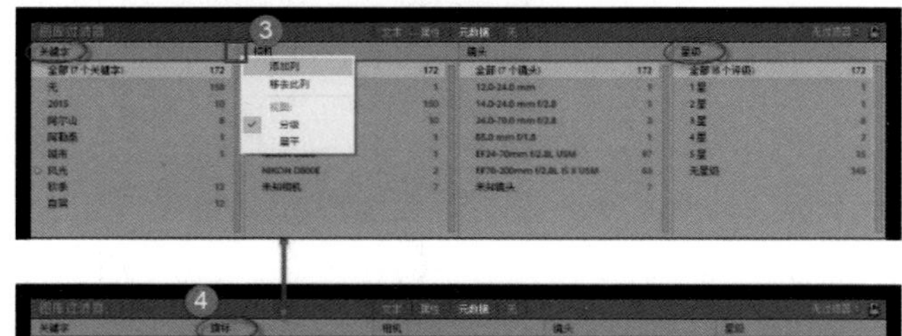

来看一个具体的例子，我们的目的是查找出用Canon EOS 70D相机以F/2.8光圈拍摄的照片。设定元数据显示出光圈、ISO感光度等详细的EXIF参数，然后设定过滤条件为F/2.8、Canon EOS 70D，那么照片显示区就会显示出我们需要的照片，如右图所示。

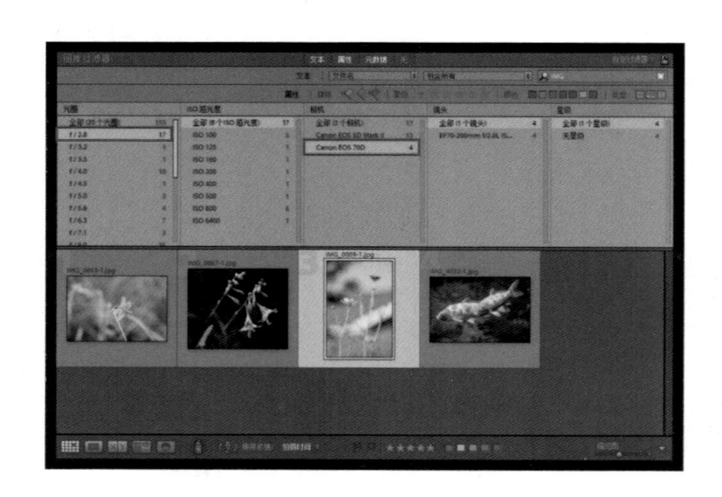